Methodik zur Integration pulverbettbasierter additiver Fertigungstechnologien in Fertigungsprozessketten

Methodology for the Integration of Powder Bed-based Additive Manufacturing Technologies in Manufacturing Process Chains

Von der Fakultät für Maschinenwesen
der Rheinisch-Westfälischen Technischen Hochschule Aachen
zur Erlangung des akademischen Grades eines
Doktors der Ingenieurwissenschaften
genehmigte Dissertation

vorgelegt von

Moritz Wollbrink

Berichter:

Univ.-Prof. Dr.-Ing. Thomas Bergs
apl. Prof. Dr.-Ing. Wolfgang Boos

Tag der mündlichen Prüfung: 18. März 2022

ERGEBNISSE AUS DER PRODUKTIONSTECHNIK

Moritz Wollbrink

Methodik zur Integration pulverbettbasierter additiver Fertigungstechnologien in Fertigungsprozessketten

Herausgeber:
Prof. Dr.-Ing. T. Bergs
Prof. Dr.-Ing. Dipl.-Wirt. Ing. G. Schuh
Prof. Dr.-Ing. C. Brecher
Prof. Dr.-Ing. R. H. Schmitt

Band 20/2022

WZL | RWTH AACHEN UNIVERSITY

Fraunhofer IPT

Bibliografische Information der Deutschen Nationalbibliothek
Die Deutsche Nationalbibliothek verzeichnet diese Publikation in der Deutschen Nationalbibliografie; detaillierte bibliografische Daten sind im Internet über https://portal.dnb.de abrufbar.

Moritz Wollbrink:

Methodik zur Integration pulverbettbasierter additiver Fertigungstechnologien in Fertigungsprozessketten

1. Auflage, 2022

Gedruckt auf holz- und säurefreiem Papier, 100% chlorfrei gebleicht.

Apprimus Verlag, Aachen, 2022
Wissenschaftsverlag des Instituts für Industriekommunikation und Fachmedien
an der RWTH Aachen
Steinbachstr. 25, 52074 Aachen
Internet: www.apprimus-verlag.de, E-Mail: info@apprimus-verlag.de

Druck: CPI Druckdienstleistungen GmbH, Ferdinand-Jühlke-Straße 7 I 99095 Erfurt

ISBN 978-3-98555-070-8

D 82 (Diss. RWTH Aachen University, 2022)

Vorwort und Danksagung

Preamble and Acknowledgement

Die Prozesskettengestaltung und die additive Fertigung haben mich von Beginn an durch meine Zeit am Fraunhofer-Institut für Produktionstechnologie IPT begleitet. Daraus ist das Thema dieser Dissertation erwachsen, dessen besondere Relevanz ich in Forschungs- und vielen Industrieprojekten gemeinsam mit immer konstruktiven Projektpartnern erfuhr.

Besonders bedanke ich mich bei dem Lehrstuhlinhaber für Technologie der Fertigungsverfahren am Werkzeugmaschinenlabor der RWTH Aachen und Direktoriumsmitglied sowie Leiter des Bereichs Prozesstechnologie am Fraunhofer IPT, Herrn Prof. Thomas Bergs, für die Begleitung und Betreuung hin zu meiner Promotion. Das von ihm geschaffene exzellente Umfeld am Institut mit fortwährendem Praxisbezug hat erheblich zum Gelingen der Arbeit beigetragen. Ich bedanke mich bei Herrn Prof. Wolfgang Boos für die freundliche Übernahme des Korreferats und damit das Einbringen der Perspektive des Lehrstuhls für Produktionssystematik am Werkzeugmaschinenlabor. Weiterhin danke ich Herrn Prof. Johannes Henrich Schleifenbaum als Lehrstuhlinhaber für Digital Additive Production für sein Engagement als Prüfungsvorsitzender. Frau Prof. Julia Kowalski danke ich herzlich für die Übernahme des Beisitzes.

Für die Bereitschaft, Fallbeispiele zur Validierung der entwickelten Methodik bereitzustellen, danke ich der Scheuermann + Heilig GmbH, namentlich Herrn Steffen Scheuermann für die Unterstützung von ihm persönlich und durch sein Team. Außerdem danke ich Herrn Raphael Lienau von der LMT Fette Werkzeugtechnik GmbH & Co. KG für die Zurverfügungstellung von hilfreichen Daten und Informationen. Genauso möchte ich mich bei der Aeronamic B.V., vertreten durch Herrn Renko Overmeen und sein Team, für die Unterstützung bedanken.

Während meiner Zeit am Fraunhofer IPT hat mich stets Herr Prof. Kristian Arntz sehr positiv begleitet und mir die Freiheit der selbstbestimmten Leitung vieler sehr spannender Projekte rund um den Globus gegeben. Ihm danke ich dafür und für die fachliche Erstkorrektur dieser Dissertation. Ich richte meinen Dank an Dr. Dominik Heeschen, der mir den Weg in die Gruppe Technologieorganisation ermöglicht hat und Lars Johannsen, mit dem ich die längste gemeinsame Zeit in der Gruppe verbringen durfte. Meinen ehemaligen Kollegen Dr. Marcel Prümmer, der zur kritischen Durchsicht meiner Arbeit bereit war, Tim Dröscher, Marcel Wilms, Rainer Horstkotte, Oliver Henrichs, Sebastian Weber, Grzegorz Stepien und Christian Lürken danke ich für die großartige Zeit am Institut. Außerdem danke ich herzlich meinen Abschlussarbeitern. Besonders sei Tammo Dannen erwähnt, der einen wichtigen Beitrag zum Gelingen dieser Arbeit erbracht hat und nunmehr ebenfalls zu meinen ehemaligen Kollegen zählt. Neben meinen Abschlussarbeitern danke ich meinen studentischen Hilfskräften, die mich mit großem Einsatz während der Institutszeit unterstützt haben. Ergänzend danke ich allen Kolleginnen und Kollegen, mit denen ich als Leiter des Geschäftsfelds Werkzeugbau zusammenarbeiten durfte sowie allen weiteren Mitarbeiterinnen und Mitarbeitern des Fraunhofer IPT in den Fach- und Dienstleistungsabteilungen.

Abschließend bedanke ich mich sehr herzlich für die bedingungslose Unterstützung meiner Eltern, meines Bruders und der gesamten Familie. Meiner Freundin Corinna danke ich für die großartige Begleitung während des gesamten Promotionsprozesses, die manchmal notwendige Geduld und den immerwährenden positiven Zuspruch!

Aachen, März 2022 Moritz Wollbrink

Inhaltsübersicht

Outline

Inhaltsverzeichnis

Table of Contents

Formelzeichen und Abkürzungsverzeichnis

Formula Symbols and Abbreviations

Formelzeichen

a_d	mm	Kantenabstand zweier Schichten (Treppenstufeneffekt)
a_e	mm	Arbeitseingriff (Schnittbreite)
a_m	mm	mittlerere Profilhöhe (Treppenstufeneffekt)
a_p	mm	Schnitttiefe
b	mm	Breite
c_G	€	Grundkosten
c_{Pk}	€	Prozesskettenkosten
c_R	€	Rüstkosten
c_S	€	Fertigungssonderkosten
c_T	€	Transportkosten
c_Z		Kosten-Kennwert
d	mm	Durchmesser
DLZ	min	Durchlaufzeit
e		Prozesskettenelement
E_{TB}		max. Anzahl Technologien eines Technologiebündels
G_{PFf}		normierte Gewichtung fertigungsstrategisches Prozesscharakteristikum
$G_{PFf,rel}$		normierte, relative Gewichtung fertigungsstrategisches Prozesscharakteristikum
h	mm	Höhe
h_d	µm	Bahnabstand Belichtung (engl. hatch distance)
h_S	µm	Schichtstärke
j		Bearbeitungselement
J		Anzahl Bearbeitungselemente eines Werkstücks
k		Kompaktprozesskette eines Bearbeitungselements
K		Anzahl Kompaktprozessketten eines Bearbeitungselements
l	mm	Länge
m		Anzahl Kompaktprozessketten für Bearbeitungselement
M		max. Anzahl Kompaktprozessketten für Bearbeitungselement
$\bar{N}$		Kontur-Normalvektor
n		natürliche Zahl (Anzahl, laufende Nummer, auch als Index), Drehzahl
$\bar{P}$		Positionsvektor Zugangspunkt Fertigungsmittel

P_{Ff}		fertigungsstrategisches Prozesscharakteristikum
Pk_{l}		Prozesskettenlängenwert
$Pk_{l,eta}$		Prozesskettenlänge, etabliert
$Pk_{l,gen}$		Prozesskettenlänge, generiert
$Pk_{l,rel}$		Prozesskettenlängenvergleichswert
PkP	%	Prozesskettenperformance
PkS		Prozesskettenähnlichkeit
R		Spannweite
Ra	µm	arithmetischer Mittelwert der Oberflächenprofilordinaten (Mittenrauwert)
Rz	µm	größte Höhendifferenz des Oberflächenprofils (Rautiefe)
Sa	µm	mittlere arithmetische Höhe der skalenbegrenzten Oberfläche
S_{PFf}		Wertungssumme fertigungsstrategisches Prozesscharakteristikum
S_Z		Ziel-Strategiewert
t	mm	Tiefe
t_G	min	Grundzeit
t_H	min	Hauptzeit
t_R	min	Rüstzeit
t_T	min	Transportzeit
t_W	min	Wartezeit
t_Z		Zeit-Kennwert
T_{eta}		Anzahl Fertigungstechnologien etablierte Fertigungsfolge
T_{g3}	HRC	Werkstoffhärte nach Rockwell, Skala C
T_{gen}		Anzahl Technologien generierte Fertigungsfolge
$T_{gn,F}$		Technologiekennzahl Fertigungstechnologie, global
$T_{gn,W}$		Technologiekennzahl Werkstück, global
T_{ident}		Anzahl identischer Technologien generierte/etablierte Fertigungsfolge
$T_{ln,W}$		Technologiekennzahl Werkstück, lokal
T_{neu}		Anzahl bisher nicht auftretender Technologien einer Fertigungsfolge
TB_n		Anzahl global vorhandener Bauteiltechnologien
$Tk_{n,WTB,j}$		Anzahl alternativer Technologieketten eines Technologiebündels
T_V		Technologievarianz
v_f	m/min	Vorschubgeschwindigkeit
v_s	mm/s	Scangeschwindigkeit
w		Klassenbreite

WTB		Weiterbearbeitungstechnologiebündel
WTB_n		Anzahl Weiterbearbeitungstechnologiebündel
$\bar{x}$		Mittelwert
Z_c	%	Zieldimension Kosten
Z_S	%	Zieldimension Fertigungsstrategie
Z_t	%	Zieldimension Zeit
α	°	Drehwinkel um die x-Achse
β	°	Drehwinkel um die y-Achse
ζ	°	Neigungswinkel
θ_g		Transformation, global, bezogen auf Werkstück
$\theta_{l,n}$		Transformation, lokal, bezogen auf individuelles Bearbeitungselement
$\theta_{l,N}$		Transformation, lokal, bezogen auf gesamte Bearbeitungselemente
κ, T_{g4}	S/m	spezifische elektrische Leitfähigkeit
$\rho_{StützRel}$	%	Stützstrukturdichte im Vegleich zur erreichbaren Werkstoffdichte
σ		Standardabweichung

Abkürzungen

2,5D	zweieinhalbdimensional
2D	zweidimensional
3D	dreidimensional
#A	Aufspannoption
abs.	absolut
ACAM	ACAM Aachen Center for Additive Manufacturing GmbH
Al	Aluminium
AM	additive Fertigung (engl.: Additive Manufacturing)
AMF	Dateiformat für Additive Fertigung (engl.: Additive Manufacturing Format)
ASTM	American Society for Testing and Materials
aut.	automatisch
AV	Arbeitsvorbereitung
AWFM	Aachener Werkzeug- und Formenbau Management
BJ	Bindemittelauftrag (engl.: Binder Jetting)
BPMN	Geschäftsprozessmodell und -notation (engl.: Business Process Model and Notation)
CAD	Rechnerunterstütztes Konstruieren (engl.: Computer-aided Design)

CAM	Rechnerunterstützte Fertigung (engl.: Computer-aided Manufacturing)
CAx	Rechnerunterstütztes x (engl.: Computer-aided x)
DIN	Deutsches Institut für Normung e. V.
DLP	Digital Light Processing
DLZ	Durchlaufzeit
dt.	deutsch
EB-PBF	Elektronenstrahlschmelzen (engl.: Electron Beam Powder Bed Fusion)
EDM	Funkenerosion (engl.: Electrical Discharge Machining)
EN	Europäische Norm
engl.	englisch
et al.	und andere (lat.: et alii)
ext.	extern
#F	Formelement
fert.	fertigungs[…]
Ff	Fertigungsfolge
FMEA	Fehlermöglichkeits- und Einflussanalyse
g	global (bezogen auf gesamtes Bauteil)
geschl.	geschlossen (bezogen auf Konturen)
h	Stunde[n]
HIP	heißisostatisches Pressen
HRC	Werkstoffhärte nach Rockwell, Skala C
HSC	Hochgeschwindigkeitsfräsen (engl.: High Speed Cutting)
HV	Werkstoffhärte nach Vickers
i. A. a.	in Anlehnung an
i. S. (v.)	im Sinne (von)
i. V. m.	in Verbindung mit
ILT	Fraunhofer-Institut für Lasertechnik ILT
IPT	Fraunhofer-Institut für Produktionstechnologie IPT
ISO	International Organization for Standardization
IT	Internationale Toleranz, auch: Grundtoleranz (engl.: International Tolerance)
IWS	Fraunhofer-Institut für Werkstoffe und Strahltechnik IWS
KI	Künstliche Intelligenz
KO	Konstruktion
konst.	konstant

l	lokal (bezogen auf einzelnes Bearbeitungselement)
lat.	lateinisch
LB-PBF	Laserstrahlschmelzen (engl.: Laser Beam Powder Bed Fusion)
LMD	Laserauftragschweißen (engl.: Laser Metal Deposition)
m	Meter
man.	manuell
max.	maximal/Maximum
min	Minute
min.	minimal/Minimum
ML	Maschinelles Lernen
NC	Numerische Steuerung (engl.: Numerical Control)
org.	organisatorisch
Pk	Prozesskette
PkP	Prozesskettenperformance
QFD	Qualitätsfunktionendarstellung (engl.: Quality Function Deployment)
QS	Qualitätssicherung
rd	rund
rel.	relativ
RWTH	Rheinisch-Westfälische Technische Hochschule
#S	Stützelement
S	Siemens
s.	siehe
S.	Seite
sic	wirklich, genau so (lat.)
SLA	Stereolithografie
SLS	Selektives Lasersintern (engl.: Selective Laser Sintering)
sog.	sogenannt
STL	Standard Triangulation Language
STP	Standard for Exchange of Product Model Data
TB	Technologiebündel
Ti	Titan
Tk	Technologiekette
UML	vereinheitlichte Modellierungssprache (engl.: Unified Modeling Language)
UV	Ultraviolett

V	Vanadium
VDI	Verein Deutscher Ingenieure e. V.
VDMA	Verband Deutscher Maschinen- und Anlagenbau e. V.
vgl.	vergleiche
vs.	versus
WB	Wärmebehandlung
WBA	WBA Aachener Werkzeugbau Akademie GmbH
WGP	Wissenschaftliche Gesellschaft für Produktionstechnik WGP e. V.
Ws	Werkstück
WTB	Weiterbearbeitungstechnologiebündel
WZL	Werkzeugmaschinenlabor
XML	Erweiterbare Auszeichnungssprache (engl.: Extensible Markup Language)

Kurzfassung

Abstract

Seit den frühen Entwicklungen in den achtziger Jahren des zwanzigsten Jahrhunderts und mit zunehmender Bedeutung in den letzten Jahren avanciert die additive Fertigung zu einer Gruppe hochrelevanter Fertigungsverfahren. Die stetig wachsende Verfahrensgruppe wurde in den letzten Jahren über die Prototypenfertigung hinaus zu einem Direktfertigungsverfahren für das industrielle Umfeld weiterentwickelt. Neben den etablierten subtraktiv-formgebenden Fertigungsverfahren ergänzen die additiven Verfahren das Möglichkeitsportfolio der produzierenden Industrie. Die direkte Verknüpfung zwischen 3D-CAD-Modell – also virtuellem Design – und Werkstückaufbau – also der »Materialisierung« von Ideen – führt zu einer digitalen Fertigungstechnologie. Parallel existiert großes Potenzial hinsichtlich industrieller Anwendung der additiven Fertigung, unterstützt durch Mechanisierung, Automatisierung und Prozesskettenintegration. Der langfristig ökonomisch wie technologisch effektive Einsatz der additiven Fertigung kann nur gelingen, wenn diese Potenziale adressiert werden. Dem Schwerpunkt der Prozesskettenintegration widmet sich die vorliegende Arbeit, mit Fokus auf metallischen Bauteilen.

Im Gegensatz zu subtraktiven Fertigungsverfahren zur Bearbeitung von maschinenbaulichen Werkstücken sind additive Fertigungsverfahren bisher nicht hinreichend in Fertigungsprozessketten integriert. Dies ist notwendig, um typische Qualitätsanforderungen an Produkte durch sequenzielle Bearbeitung zu erreichen. Dabei ist zu beachten, dass die besonderen Eigenschaften additiv gefertigter Bauteile zu einer neuartigen Betrachtung bei der Prozesskettengestaltung führen. Gleichzeitig bietet die additive Fertigung als digitale Fertigungstechnologie Vorteile bei der Unikat- und Kleinserienfertigung und ermöglich so Individualisierung und Anpassbarkeit von Produkten. Die Prozesskettenintegration von additiver Fertigung – und damit deren Verknüpfung mit subtraktiver Fertigung – muss also auf individuelle Bauteilanforderungen reagieren können und unterschiedlichste Fertigungsmittel mit ihren technologischen Leistungsfähigkeiten berücksichtigen.

In dieser Dissertation wird eine Methode zur Beschreibung von Bauteilen und deren Anforderungen entwickelt, die den Eigenschaften additiv gefertigter Werkstücke gerecht wird und ebenso für die Weiterbearbeitung geeignet ist. Weiterhin werden bestehende Methoden zur Generierung und Gestaltung von Fertigungsprozessketten derart adaptiert und erweitert, dass additiv-subtraktive Prozessketten entwickelt werden können. Schließlich werden diese Elemente in eine gemeinsame Methodik integriert. Damit wird Fertigungsexpert·innen unabhängig von ihrer Expertise im Bereich Fertigungsplanung oder additive Fertigung ein Tool zur Verfügung gestellt, mit dem kennzahlenbasiert neue Prozessketten umgesetzt und strategische Entscheidungen zur zukünftigen Ausrichtung einer Fertigungsumgebung erleichtert werden können. Die Umsetzung in eine prototypische Software und die Validierung anhand von drei Praxisbeispielen stellt die praxisgerechte Anwendbarkeit der Methodik sicher.

Abstract

Kurzfassung

Since the early developments in the eighties of the twentieth century and increasing importance in recent years, additive manufacturing has advanced to a group of highly relevant manufacturing processes. In recent years, this steadily growing group of processes has been developed beyond prototype production into a direct manufacturing process for industrial application. In addition to the established subtractive manufacturing processes, the additive processes complement the portfolio of possibilities in industry. The direct link between 3D CAD model – i.e. virtual design – and workpiece structure – i.e. the »materialization« of ideas – leads to a digital manufacturing technology. In parallel, there is great potential for the industrial application of additive manufacturing, supported by mechanization, automation and process chain integration. The long-term economically and technologically effective use of additive manufacturing can only succeed if these potentials are addressed. The present work is dedicated to the focus of process chain integration, and in particular, concentrates on metallic components.

In contrast to subtractive manufacturing processes for the machining of mechanical components, additive manufacturing processes have not yet been sufficiently integrated into manufacturing process chains. This is necessary in order to achieve typical product quality requirements through sequential processing. The special properties of additively manufactured components lead to a novel type of consideration in the process chain design. At the same time, additive manufacturing as a digital manufacturing technology offers advantages in one-of-a-kind and small batch production and thus enables individualization and customizability of products. The process chain integration of additive manufacturing – and thus its linkage with subtractive manufacturing – has to be able to respond to individual component requirements and take into account a wide variety of manufacturing resources with their technological performance.

In this dissertation a method for the description of components and their requirements is developed, which meets the characteristics of additively manufactured workpieces and which is also suitable for further processing. Furthermore, existing methods for the generation and design of manufacturing process chains are adapted and extended in such a way that additive-subtractive process chains can be developed. Finally, these elements are integrated into a combined methodology. This provides manufacturing experts, regardless of their expertise in the field of production planning or additive manufacturing, with a tool that can be used to implement new process chains based on key figures and facilitate strategic decisions on the future orientation of a manufacturing environment. The implementation in a prototypical software and the validation on the basis of three practical examples ensures the practical applicability of the methodology.

1 Einleitung

Introduction

Seit den 1960er Jahren etabliert sich die additive Fertigung in der Forschung und seit den späten 1980er Jahren zunehmend in der industriellen Anwendung. Die ersten Entwicklungen von Prozessen und Maschinen der additiven Fertigung beziehen sich auf polymerbasierte Anwendungen, die erste kommerziell erhältliche Maschine zur Verarbeitung eines Photopolymers erscheint 1987. Zwölf Jahre später, 1999, erlangen das am Fraunhofer-Institut für Produktionstechnologie IPT entwickelte Controlled Metal Build-up (CMB, engl. [KLOC15, S. 159]) und das am Fraunhofer-Institut für Lasertechnik ILT entwickelte Selektive Laserstrahlschmelzen Marktreife. Beide Verfahren dienen der Verarbeitung von Metallen [WOHL19a, S. 3]. Zur gleichen Zeit wird auch in den USA intensiv an dem Lasersintern von Metallen geforscht und u. a. von General Electric vorangetrieben [CART93]. Seitdem ist es gelungen, eine große Verfahrensvielfalt zu entwickeln und die einzelnen Prozesse fortwährend zu optimieren. Wenngleich der Absatz weltweit verkaufter additiver Fertigungssysteme (ca. 2,5 Mrd. € im Jahr 2019 [WOHL20, S. 92]) im Vergleich zum Absatz von Werkzeugmaschinen (75,2 Mrd. € im Jahr 2018 [DÍAZ20, S. 9]) gering ist und die Verfahrensgruppe damit eine Nische bedient, ist das Wachstum der Erlöse aus verkauften Anlagen und angebotenen Dienstleistungen dennoch beachtlich. In den Jahren 2014 bis 2018 betrug die Wachstumsrate 26,6% [WOHL19, S. 164–166]. Die zunehmende Bedeutung der additiven Fertigungsverfahren in der Zukunft wird durch zahlreiche Analysen verdeutlicht [MUNS21, S. 4; WOHL19, S. 341; KAJI18, S. 70–71; GRAN18, S. 8]. Exemplarisch geht das Strategieberatungsunternehmen Strategy& davon aus, dass sich das weltweite Marktvolumen der additiven Fertigung von 1,8 Milliarden Euro im Jahr 2015 auf 22,6 Milliarden Euro im Jahr 2030 vergrößern wird [PWCS18]. Dies entspricht einem durchschnittlichen Wachstum von jährlich 17,6%.

Der durch die genannten Kennzahlen und Randbedingungen beschriebene Bedeutungszugewinn der additiven Fertigung zeigt sich in einem immer breiteren Einsatz in der produzierenden Industrie. Um der weiteren Verbreitung und effizienten Integration der Fertigungstechnologien Vortrieb zu leisten, sind angepasste und neue Methoden erforderlich, wozu diese Arbeit einen Beitrag leisten soll.

1.1 Ausgangssituation und Motivation

Initial Situation and Motivation

Anforderungen an Produkte steigen. Als Schlagworte sind Variantenvielfalt und Derivatisierung, Individualisierung, Komplexitätssteigerung und Funktionsintegration zu nennen. Variantenvielfalt entsteht durch an spezifische Anforderungen angepasste Produkte. Derivatisierung ist die Ableitung eines neuen Produkts von einem bestehenden. Hieraus ergibt sich eine steigende Variantenvielfalt. Die Personalisierung und bedürfnisspezifische Anpassung von Produkten werden mit dem Begriff Individualisierung zusammengefasst. Steigende Produktanforderungen ergeben sich zudem aus technischen Gründen – und führen zu Komplexitätssteigerung. Als Spezialfall der Komplexitätssteigerung ist die Funktionsintegration einzuordnen. Diese fortwährend aktuellen Herausforderungen adressiert – zusätzlich getrieben durch die COVID-19-Pandemie – die additive Fertigung als Kernelement von Digitalisierungsstrategien [ROHL21, S. 7].

Die produzierende Industrie stellt sich auf diese sich dynamisch ändernden Faktoren mit technologischen, organisatorischen und strategischen Maßnahmen ein. Strategisch sind dies Maßnahmen zur Ausrichtung und Anpassung von ausgewählten Geschäftsmodellen, versorgten Absatzmärkten sowie angebotenen Produkt- und Dienstleistungsportfolios. Organisatorisch können die Verteilung und inhaltliche Zuordnung von Beschäftigten bestimmt werden, genauso wie die Gestaltung von Prozessabläufen in den verschiedenen Organisationseinheiten eines Unternehmens. Technologisch müssen Unternehmen produktseitig und fertigungsseitig wettbewerbsfähige Lösungen anbieten – beide bedingen sich gegenseitig. Aus einer marktgetriebenen Perspektive (»market pull«, engl.), respektive der Kundenwünsche, ergeben sich die oben genannten Schlagworte. Auch die anbietergetriebene Perspektive (»market push«, engl.) führt zu diesen Schlagworten. Dabei fällt der Technologieführerschaft [PORT98, S. 128] und der damit verbundenen Perspektive, innovative Produkte anbieten zu können, eine bedeutende Rolle zu. Erlaubt ein Unternehmen Erforschung, Entwicklung von und Investitionen in Fertigungsmittel, können aus fertigungstechnischen Möglichkeiten innovative Produkte entstehen, die sich wiederum mit den oben genannten Schlagworten zusammenfassen lassen. Für die Produkt- und Fertigungsperspektive lässt sich in diesem Fall der Begriff *technology push* (engl.) gebrauchen. Mit den beschriebenen technologischen Maßnahmen ist ein Absetzen von Wettbewerbern möglich, ohne an einem Preiskampf teilzunehmen und über Kostenführerschaft eine Preisführerschaft zu realisieren. Der Ansatz der Technologieführerschaft wird besonders in entwickelten Ländern, die typischerweise Hochlohnländer sind, verfolgt [STAT21b; BREC11, S. 33].

Die technologische Führung bei der Fertigungstechnologie und bei den angebotenen Produkten ist folglich ein bedeutender Faktor für langfristigen Erfolg im Wettbewerb [BOOS17, S. 41; KORN16; BREC11, S. 59]. Unternehmen erlangen diese technologische Führung bei der Fertigungstechnologie z. B. durch kontinuierliche Prozessparameteroptimierungen (z. B. Verringerung der Oberflächenrauheit oder Reduzierung des Verschleißes beim Einsatz geometrisch optimierter Fräswerkzeuge [GRGU19, S. 906–907; UHLM16, S. 217]), durch das Erweitern von Prozessgrenzen (z. B. Einsatz von Feinstkorngraphit als Elektrodenwerkstoff in der Senkfunkenerosion, der zu verringertem Elektrodenverschleiß führt [KLOC07, S. 78]) oder den Einsatz in der eigenen Fertigung bisher nicht eingesetzter Technologien. Hierzu zählt die sich zunehmend verbreitende additive Fertigung. Im Kontext der Weiterentwicklung von Fertigungsalternativen hat die additive Fertigung einen signifikanten Einfluss auf die zukünftige Ausgestaltung von Geschäftsmodellen für die Produktion. Savolainen et al. gehen dabei von einem inkrementellen, sich schrittweise entwickelnden, weniger von einem disruptiven Einfluss auf die produzierende Industrie aus [SAVO20, S. 11]. Eine Prozessoptimierung gelingt hier nicht durch die Weiterentwicklung eines bestehenden Verfahrens. Ein Beispiel dafür ist die Frästechnologie, innerhalb derer sich durch erhöhte Drehzahlen und Vorschubgeschwindigkeiten die Verfahrensvariante Hochgeschwindigkeitsfräsen (HSC, engl.: High-Speed Cutting) entwickelt hat. Die inkrementelle Entwicklung der additiven Fertigung, die dennoch oft als disruptiv beschrieben wird [SAVO20, S. 1; KARA18, S. 3; ARCA17, S. 1], ergibt sich aus der diametral unterschiedlichen Ausgestaltung der Technologiegruppe im Vergleich zu historisch eingesetzten Fertigungstechnologien – additiv versus subtraktiv.

Additive Fertigungstechnologien sind besonders geeignet, den Herausforderungen der Variantenvielfalt und Derivatisierung, Individualisierung, Komplexitätssteigerung und Funktionsintegration zu begegnen. Eine geringere Kosten-Stückzahlabhängigkeit von additiven Fertigungstechnologien [HINK13, S. 15] im Vergleich zu subtraktiven Fertigungstechnologien und der typischerweise schichtweise Aufbau von Bauteilen aus einem Halbzeug, welches vollständig unabhängig von der zu erzeugenden Bauteilgeometrie ist, ermöglichen die holistische Begegnung der vorgenannten Herausforderungen durch diese Technologiegruppe. Als ein Beispiel für Komplexitätssteigerung ist die Fähigkeit, geschlossene, innenliegende Strukturen zu erzeugen, zu nennen. Ein Beispiel für Funktionsintegration ist die Fähigkeit, relativ zueinander bewegliche Elemente in einem monolithisch aufgebauten Bauteil zu realisieren.

Neben diesen für die additive Fertigung spezifischen Eigenschaften und Fähigkeiten, die den disruptiv wahrgenommenen Charakter der Technologiegruppe unterstreichen, bergen die Fertigungstechnologien jedoch ebenso spezifische Herausforderungen: Oberflächeneigenschaften reichen qualitativ nicht an die mit den meisten subtraktiven Technologien erzielbaren Eigenschaften heran, gleiches gilt für das Erreichen von Maßtoleranzen. Eine weitere Besonderheit ist das regelmäßige Vorhandensein von Stützstrukturen [GIBS21, S. 165–166]. Diese Strukturen dienen ausschließlich dem Ermöglichen oder Verbessern des additiven Bauprozesses und sind für die eigentliche Bauteilstruktur bzw. -funktion überflüssig oder gar nachteilig und müssen entfernt werden. Diese Eigenschaften erfordern bei maschinenbaulichen Bauteilen im Regelfall eine Weiterbearbeitung. Durch die Anwendung subtraktiver Fertigungstechnologien können Oberflächeneigenschaften und Maßtoleranzen im Anschluss an den additiven Aufbauprozess eingestellt und Stützstrukturen entfernt werden. Daraus ergibt sich die Notwendigkeit, das additive Fertigungssystem gemeinsam mit subtraktiven Fertigungstechnologien in eine Prozesskette zu integrieren. Um einen verbesserten Output der gesamten Prozesskette zu erzielen, ist es obligatorisch, die an der Prozesskette beteiligten Fertigungstechnologien effizient aufeinander abzustimmen. Dies gilt bereits in der Planungsphase. Additive Fertigungsprozesse können oft nicht unterbrochen werden, was spontane Reaktionen auf Kundenaufträge einschränkt, zudem ist die Maschinenzuordnung eines Bauauftrags in der Regel fix [STIT20, S. 16]. Auch aus ökonomischer Perspektive ist eine Abstimmung notwendig: Die Herstellkosten eines auf der additiven Fertigung beruhenden Bauteils ergeben sich bis zu 64 % aus der Weiterbearbeitung. Bei Pulverbettverfahren liegt dieser Wert bei 41 %. [SIMP20]

Unternehmen, die die Einführung einer für sie neuen Fertigungstechnologie planen, können auf eine Vielzahl an Methoden zurückgreifen [HEES15; NAU12; MORY04; WANG00; MYIN94]. Diese erlauben eine ökonomische und technologische Beurteilung, Auswahl und Integration von neuen Technologien. Ebenso stehen vielfältige Methoden zur Entwicklung, Ausgestaltung und Determination von Fertigungsprozessketten, also die Verknüpfung mehrerer Fertigungstechnologien zur Verfügung [REY20; WEGE16; MORY04; JURK04; SCHM03; EICH03; TROM01; FALL00]. Die beschriebenen spezifischen Eigenschaften von additiver Fertigung erfordern jedoch eine spezifische Herangehensweise zur Integration dieser Technologien in Fertigungsprozessketten. Daraus ergeben sich Ziel und Nutzen dieser Arbeit.

1.2 Zielsetzung

Objective

Das *übergeordnete Ziel* dieser Arbeit ist es, die produzierende Industrie zu befähigen, neue Fertigungstechnologien, explizit additive Fertigungstechnologien, einzusetzen. Dabei liegt der Fokus auf dem methodisch fundierten Einfügen einer neuen bzw. weiteren Fertigungstechnologie in Fertigungsprozessketten, nicht auf der technischen Qualifikation von Verfahren und Prozessen. Grundsätzlich stehen dazu bereits Ansätze zur Verfügung, die oft nur bedingt in der praktischen Anwendung verankert sind. Diese gilt es auf ihre Eignung für den Spezialfall additive Fertigung zu untersuchen und vorhandene Lücken durch Modifikationen und Erweiterungen zu schließen.

Konkretes Ziel der Arbeit ist die Entwicklung einer Methodik, die es produzierenden Industrieunternehmen erlaubt, auf wissenschaftlicher Basis additive Fertigungstechnologien in ihre bestehenden Fertigungsumgebungen zu integrieren. Vorhandene Fertigungsmittel und vorhandenes Fertigungswissen werden als maßgebliche Randbedingungen der Methodik affiliert. Ebenso wird die Notwendigkeit, additiv hergestellte Bauteile einer Weiterbearbeitung zu unterziehen, inkludiert, um Design- und Funktionsanforderungen erfüllen zu können. Die Methodik soll dem praktischen Einsatz standhalten und sich dazu auf Anforderungen aus der Praxis stützen. Wissenschaftlich-objektive Kriterien sollen die Anwendung der Methodik in einem generischen Umfeld ermöglichen und rein erfahrungsbasierte Lösungen aus der Praxis ablösen.

Als Forschungshypothese nach KUBICEK [KUBI77, S. 25] lässt sich der Betrachtungsbereich wie folgt beschreiben:

> *Mit einer quantitativen Methodik zur Abstimmung vorhandener Prozessschritte für die Weiterbearbeitung additiv gefertigter Bauteile ist die anforderungsgerechte Integration additiver Fertigungstechnologien in bestehende Prozessketten möglich.*

Eine weitere Konkretisierung des Erkenntnisdefizits ergibt sich nach Abschluss von Abschnitt 3.6 mit der Formulierung detaillierender Forschungsfragen.

1.3 Aufbau der Arbeit

Structure of Thesis

Zum Verständnis des Aufbaus der Arbeit wird dieser nachfolgend beschrieben (Abbildung 1-1). Der Aufbau der Forschungsarbeit lehnt sich an die Ausführungen von ULRICH zur Managementforschung an [ULRI76] [ULRI01a].

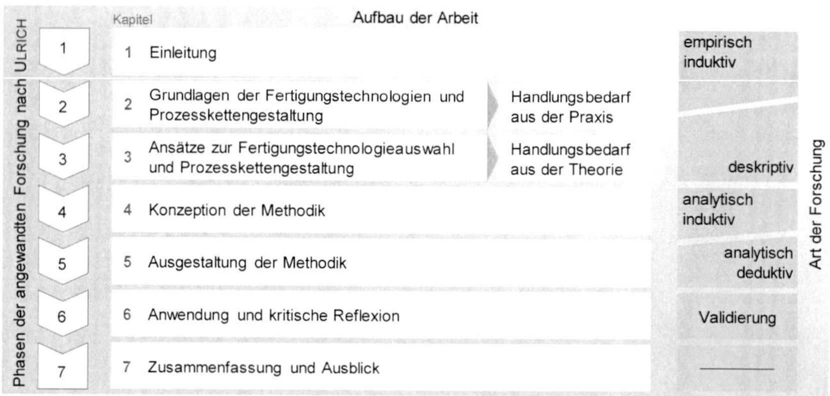

Abbildung 1-1: Aufbau der Arbeit, Phasen der Forschung nach ULRICH [ULRI01a, S. 194–197]

Die Phasen der angewandten Forschung nach ULRICH sind wie folgt definiert; zugeordnet sind die jeweils mit den Phasen befassten Kapitel [ULRI01a, S. 195]:

1. Erfassung und Typisierung praxisrelevanter Probleme (Kapitel 1, 2)
2. Erfassung und Interpretation problemrelevanter Theorien und Hypothesen empirischer Grundlagenwissenschaften (Kapitel 2, 3)
3. Erfassung und Typisierung problemrelevanter Verfahren der Formalwissenschaften (Kapitel 3)

4. Erfassung und Untersuchung des relevanten Anwendungszusammenhangs (Kapitel 2, 3, 4)
5. Ableitung von Beurteilungskriterien und Gestaltungsmodellen (Kapitel 4, 5)
6. Prüfung der Regeln und Modelle im Anwendungszusammenhang (Kapitel 6)
7. Beratung der Praxis (Kapitel 6, 7)

In der Einleitung als *erstem Kapitel* wird das Thema dieser Arbeit motiviert und grundlegend in den aktuellen wissenschaftlich-industriellen Kontext eingeordnet. Außerdem wird die Zielsetzung beschrieben und die Struktur der Arbeit erläutert.

Das *zweite Kapitel* umfasst den Grundlagenteil. Hierin wird der Stand der Technik untersucht und aufgearbeitet, der Betrachtungsbereich wird umrahmt. Der Stand der Technik bezieht sich auf eine Übersicht der additiven Fertigungsverfahren und deren aktuelle Leistungsfähigkeit im industriellen Einsatz. Außerdem werden relevante Weiterbearbeitungstechnologien, die allesamt subtraktiven Fertigungstechnologien zuzuordnen sind, umrissen. Als weiterer Bestandteil wird die Generierung und Ausgestaltung von Fertigungsprozessketten in das Technologiemanagement eingeordnet.

In *Kapitel 3* werden die Übersicht der Methoden zur Generierung und Ausgestaltung von Fertigungsprozessketten vertieft. Damit wird die wissenschaftliche Perspektive einbezogen. Die Vertiefung geht mit einer kritischen Auseinandersetzung und fundierten Bewertung der verfügbaren Methoden einher. Damit wird die objektivierte Auswahl von Ansätzen als Basis der weiteren Bearbeitung in den Folgekapiteln ermöglicht. Leerstellen in den Methoden können aufgedeckt und durch die vorliegende Arbeit so geschlossen werden.

Im *vierten Kapitel* wird aufbauend auf den Erkenntnissen aus Kapitel 2 und 3 die Methodik konzipiert. Das Konzept bezieht vorhandene Methoden zur Prozesskettengenerierung und -ausgestaltung ein, integriert eine Fertigungsmittelbewertung sowie -auswahl und ergänzt die maßgeblichen Anforderungen der additiven Fertigung hinsichtlich ihrer Auswirkungen auf subtraktive Fertigungstechnologien.

Die in erster Näherung zusammengefügten Fragmente werden in *Kapitel 5* ausgestaltet. Dazu zählen das Modifizieren einzelner Methoden und das Etablieren von Schnittstellen, um eine holistische und vollständig ineinandergreifende Methodik zu entwickeln. Die Unterkapitel befassen sich mit den zu berücksichtigenden Bauteilen, den verfügbaren Fertigungsmitteln, der Fertigungsprozesskettengestaltung und deren anschließender Bewertung und Selektion.

Im nachfolgenden *Kapitel 6* wird die erarbeitete Methodik durch drei Praxisanwendungen validiert. Die Methodik wird schrittweise durchlaufen, wobei konkrete Anwendungsfälle aus Industrieunternehmen die Basis darstellen. Die Ergebnisse der Validierung werden abschließend einer kritischen Reflexion unterzogen.

Das *siebte Kapitel* schließt die Arbeit ab. Die erarbeiteten wissenschaftlichen Erkenntnisse werden gemeinsam mit den Ergebnissen der praktischen Nutzung der Methodik zusammengefasst. Weiterer Forschungsbedarf an den sich aus dieser Arbeit ergebenden neuen Ansätzen wird im Ausblick adressiert.

2 Grundlagen des Betrachtungsbereichs

Basics of Field of Observation

Kapitel 2 umfasst den Stand der Technik in der Forschung und der Industrie. Der Betrachtungsbereich wird eingegrenzt, beschrieben und dessen Status quo mit Bezug auf eine Methodik zur Integration pulverbettbasierter additiver Fertigungstechnologien in Fertigungsprozessketten aufbereitet. Die verwendeten Begriffe werden definiert, Erklärungen und Einordnungen zu additiven und subtraktiven Fertigungstechnologien vorgenommen sowie organisatorisch-strategische Randbedingungen zur Prozesskettengestaltung aufgegriffen.

2.1 Definition in dieser Arbeit genutzter Begriffe

Terminology

Dieser Abschnitt beinhaltet die Definition zentraler Begriffe der Arbeit, die zu einem einheitlichen Verständnis des Geschriebenen notwendig sind. Einige der genannten Begriffe werden in unterschiedlichen Veröffentlichungen unterschiedlich Verstanden. Dies wird durch die nachfolgenden Beschreibungen, die sich zumeist an der im fertigungstechnischen Kontext verbreitetsten Definition orientieren, ausgeschlossen [HOFM65, S. 728].

Dem Titel dieser Arbeit entsprechend wird eine Methodik entwickelt. Dazu werden zunächst die drei Begriffe Methode, Methodik und Methodologie voneinander abgegrenzt: *Methodologie* ist die Lehre der wissenschaftlichen Methoden und damit als Metawissenschaft einzuordnen [RAMB20; DUDE19]. In dieser Arbeit wird ›Methodologie‹ verwendet, wenn die übergeordnete Auswahl und Bewertung von Methoden vorgenommen werden; dies ist nicht unmittelbarer Teil der Methodikentwicklung. Eine *Methodik* ist eine »festgelegte Art des Vorgehens« [DUDE19a]. Mit Methodik wird die Synthese von einzelnen Methoden beschrieben, wie sie auch im Rahmen des vorliegenden Ansatzes vollzogen wird. Methoden münden also in einer integrierten Methodik. Eine *Methode* ist ein »auf einem Regelsystem aufbauendes Verfahren zur Erlangung von (wissenschaftlichen) Erkenntnissen oder praktischen Ergebnissen« [DUDE19b]. Im Kontext dieser Arbeit sind dies verfügbare und wissenschaftlich begründete Vorgehensweisen.

Additive Fertigung

Die *additive Fertigung* ist auch unter den Begriffen generative Fertigung und 3D-Druck bekannt. Historisch wurde besonders im deutschsprachigen Raum der Begriff generative Fertigung geprägt [SCHI14; VDI14]. Weltweit findet additive Fertigung, bzw. Additive Manufacturing (AM, engl.), eine große Verbreitung. Besonders in populärwissenschaftlichen und nichtwissenschaftlichen Veröffentlichungen hat sich zunehmend der Begriff 3D-Druck bzw. 3D printing (engl.) etabliert und hält auch in wissenschaftlichen Arbeiten Einzug. Vorangetrieben wurde diese Entwicklung durch die US-amerikanische AM-Community, die, gebündelt bei »America Makes«, begrifflich und inhaltlich industrielle Fertigung, Forschung und Hobbyanwendung[1] zusammenführt [AMER13]. Die ursprüngliche und genormte Bedeutung von 3D-Druck bezieht sich jedoch auf ein spezifisches Verfahren, welches die »Fertigung von Gegenständen durch Ablagerung eines Werkstoffs mit einem Druckkopf, einer Düse oder einer anderen Drucktechnologie« [DIN17, S. 9] ermöglicht [KRUT98, S. 534–535].

[1] Hobbyanwender·innen werden als *Maker* (engl.) bezeichnet; der Begriff wird von America Makes aufgegriffen [CAMB18, S. 63–65] [ANDE12, S. 17–19]. America Makes zählt Unternehmen, US-amerikanische Universitäten und die National Science Fundation zu ihren Mitgliedern [AMER19].

Weiterhin wird 3D-Druck zur Beschreibung von für Privathaushalte erschwingliche Maschinen genutzt. Hierbei trifft die Verfahrensbeschreibung regelmäßig zu. Aufgrund der eindeutigen Beschreibung einer gesamten Technologiegruppe, der globalen Verbreitung sowie der Verwendung in nationalen und internationalen Normen wird nachfolgend der Begriff additive Fertigung verwendet [DIN17, S. 5; DIN16, S. 5; VDI14, S. 2–3].

Subtraktive Fertigung

Wie in Abschnitt 2.2 erläutert wird, lässt sich die additive Fertigung nicht eindeutig in die bestehende Gruppierung von Fertigungsverfahren im Sinne der DIN 8580 eingliedern. Um eine begriffliche Unterscheidung der in DIN 8580 erfassten Verfahren und der additiven Fertigung zu ermöglichen, werden die in dieser Arbeit relevanten bisher erfassten Verfahren mit dem Sammelbegriff *subtraktive Fertigung* beschrieben [PERE19, S. 12; YILI19, S. 203; DIN17, S. 20]. Explizit soll dieser Begriff die trennenden Fertigungsverfahren Spanen, Abtragen und Reinigen umfassen [DIN03, S. 10]. In der Literatur werden mit gleicher Interpretation die Begriffe »konventionelle Fertigung«, »klassische Fertigung« oder »etablierte Fertigung« verwendet. Diese drei Begriffe werden oft missverständlich oder nicht eindeutig verwendet. So umfasst die Fertigung mit konventionellen Verfahren z. B. das Drehen oder Schleifen. Im Gegensatz dazu stehen nicht-konventionelle Verfahren [SNOE86, S. 467], zu denen die additive Fertigung gezählt werden kann [BÖCK13, S. 4], darüber hinaus zudem die Funkenerosions-, Laser-, Elektronen- und Wasserstrahlverfahren [PRAS18, S. 203–204].

Technologie

Der Begriff *Technologie* leitet sich aus dem griechischen téchnē (dt.: Technik) und lógos (dt.: Wissenschaften, »-logie«) ab und wird mit handwerklich oder kunstfertig übersetzt [WOLF91, S. 3–4]. In der Literatur findet sich aktuell keine konsistente Verwendung der Technologiebezeichnung. SCHUH, BULLINGER und ROPOHL verstehen unter dem Begriff Technologie die Wissensbasis oder das Wissen in Bezug auf naturwissenschaftliche und technische Zusammenhänge [SCHU11, S. 33–34; ROPO09, S. 31; BULL94, S. 32–33]. Nach SCHUH beinhaltet Technologie »Wissen, Kenntnisse und Fertigkeiten zur Lösung technischer Probleme sowie Anlagen und Verfahren zur praktischen Umsetzung naturwissenschaftlicher Erkenntnisse« [SCHU11, S. 34]. SPUR projiziert die Perspektive von Prozess und Produktion in den Technologiebegriff: »Prozessgestaltung zum Erzeugen, Wandeln und Verteilen der Güter in einer Produktionswirtschaft« [SPUR98, S. 83], wobei er die historische Begriffssynthese von BECKMANN [BECK06; BECK77] einbezieht [SPUR09, S. 78–79]. Das Technologieverständnis in der vorliegenden Arbeit bezieht sich auf jenes von SCHUH und SPUR.

Verfahren

Die Bezeichnungen *Fertigungsverfahren* und *Fertigungstechnologie*, die in der Literatur häufig eine synonyme Verwendung finden [KNOC05, S. 5; ULLM95, S. 6–7], werden im Folgenden differenziert. Fertigungsverfahren werden als »Verfahren zur Herstellung von geometrisch bestimmten festen Körpern« beschrieben [DIN03, S. 4]. Nach HEESCHEN wird das Fertigungsverfahren »durch die Geometrie des Werkzeugs und der im Einsatz entstehenden Kinematik definiert« [HEES15, S. 34]. Ergänzend sei die *Verfahrensausprägung* als weiter spezifizierte Beschreibung eines Verfahrens definiert. So ist beispielsweise die 5-Achs-Fräsbearbeitung eine Ausprägung des Verfahrens Fräsen. Die Fertigungstechnologie grenzt sich davon durch die Konkretisierung des Fertigungsverfahrens ab, indem die Dimensionen Mensch, Maschine und Prozess berücksichtigt werden. Der Begriff Fertigungstechnologie ist damit, auch im Sinne der Definition zu Technologie, als komplexer zu verstehen, da er weitere Randbedingungen als allein die physikalische Funktionsweise eines Systems einbezieht. FALLBÖHMER schreibt von »Fertigungstechnologien und der daraus hervorgehenden

Fertigungsverfahren« [FALL00, S. 2]. Zusammenfassend ist ein Fertigungsverfahren einer Fertigungstechnologie subordiniert. Einer weiteren Detaillierungsstufe zuzuordnen ist der Begriff *Fertigungsprozess*. Der Fertigungsprozess schließt spezifische Parameter und (physikalische) Daten ein, die zur Prozessführung erforderlich sind. Er kann durch seine Wirkvorgänge konkretisiert oder als Blackbox aufgefasst werden [MAUR08, S. 9]. Abbildung 2-1 stellt die Einordnung der beschriebenen Begriffe dar.

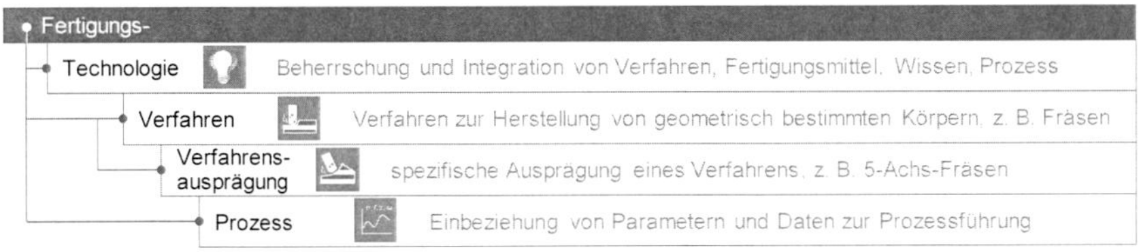

Abbildung 2-1: Einordnung der Begriffe Fertigungstechnologie, -verfahren und -prozess

Bauteil

Bauteil wird als übergeordneter Begriff für zu bearbeitende oder bearbeitete, zu handhabende oder zu montierende Elemente verwendet. Die Literatur ist dazu nicht eindeutig, da die Begriffsverwendung regelmäßig vom Kontext abhängt [CIRP04, S. 24]. Liegt ein vorgefertigtes Element aus einem definierten Werkstoff vor, das geometrisch nicht bearbeitet ist, wird der Begriff *Halbzeug* verwendet [CIRP04, S. 4]. Dieses kann z. B. in Platten- oder Pulverform vorliegen. Die Teilmenge der Bauteile, die zu bearbeiten sind bzw. sich in Bearbeitung oder Verarbeitung befinden, werden als *Werkstücke* bezeichnet [CIRP04, S. 26]. Sobald an einem Werkstück keine weitere Veränderung vorgenommen wird und dieses somit seinem Einsatzzweck genügt, wird es mit *Fertigteil* benannt [CIRP04, S. 26]. Ein oder mehrere Fertigteile, die i. d. R. montiert sind und an den Kunden übergeben werden können, werden als *Produkt* bezeichnet [MÖHR18a]. Abweichend werden werkzeugfallende, spezifisch definierte Produkte zur Unterscheidung mit dem Wort *Artikel* beschrieben [HENN18].

Prozesskette

Für den Begriff *Prozesskette* (Pk) gibt es in der Literatur keine einheitliche Verwendung oder Definition [BRAN08, S. 19–22]. Die Prozesskette dient im allgemeinen ingenieurwissenschaftlichen Zusammenhang zur Beschreibung der den Produktlebenszyklus umfassenden Phasen, angefangen bei der Produktidee über die Entwicklung und Fertigung bis hin zu nachgelagerten Serviceleistungen [WEST16, S. 7–8; WILL08, S. 7; SCHÄ03, S. 3–5; KLOC96, S. 289]. Im praktisch angewandten Sprachgebrauch im Umfeld der Bauteilfertigung im Allgemeinen und additiven Fertigung im Speziellen ist der Prozesskettenbegriff ebenfalls weit verbreitet [BOOS19, S. 8–9; PONT18, S. 24; VDI14, S. 6; BREC11, S. 181]. Eine weiter fokussierte Betrachtungsweise haben FALLBÖHMER und TROMMER, die den Begriff in der Fertigungstechnik für die Abfolge von Prozessen zur Erzeugung von Gütern verwenden [FALL00, S. 13–14; TROM01, S. 29–30]. Auf Basis dieser Definition erfolgt eine Detaillierung des Begriffs der fertigungstechnischen Prozesskette. Dabei bleibt der Begriff Prozesskette als übergeordnete und allgemeingültige Beschreibung undefinierten Detaillierungsgrads für zeitlich nacheinander abfolgende und qualitativ zumeist aufeinander aufbauende Abschnitte der Erzeugung eines Bauteils bestehen. Die folgende Detaillierung gliedert sich in drei Stufen, die dabei von Stufe zu Stufe konkretisiert wird.

Unter *Technologiekette* (Tk) versteht FALLBÖHMER »die abstrakte, produktionsmittelunabhängige Kombination von Fertigungstechnologien bzw. Fertigungsverfahren in definierter Reihenfolge zur Herstellung eines Funktionsträgers« [FALL00, S. 14]. In dieser ersten Stufe erfolgt die Auswahl von Fertigungstechnologien folglich unabhängig von einem spezifischen Unternehmen und damit unabhängig von spezifischen Fertigungsmitteln. In der nächsten Stufe, der *Prozessfolge* nach FALLBÖHMER bzw. der Fertigungsprozessfolge nach TROMMER, wird die Technologiekette durch eine direkte Zuordnung von Produktionsmitteln zu den einzelnen Technologien erweitert [FALL00, S. 14; TROM01, S. 32]. In der letzten Stufe, der *Fertigungsfolge* (Ff), wird die Prozesskette um »die im Materialfluss zur Herstellung des Bauteils notwendigen Transport-, Handhabungs-, Lagerungs- und Prüfschritte« ergänzt [TROM01, S. 32]. Weiterhin erfolgt eine betriebsmittelbezogene Zuordnung der Technologien [FALL00, S. 15]. In der vorliegenden Arbeit werden ausgehend von den Anforderungen an Bauteile, die aus additiv gefertigten Werkstücken entstehen, Technologieketten entwickelt. Aus diesen werden durch Einbeziehung der konkreten Produktionsumgebung von Unternehmen Prozessfolgen abgeleitet.

In dieser Dissertation wird immer dann der Begriff Prozesskette verwendet, wenn keine eindeutige Zuordnung zu den zuvor beschriebenen Detaillierungsebenen (Abbildung 2-2) möglich oder sinnvoll ist oder bewusst eine übergreifend-neutrale Formulierung erforderlich ist. Es wird in zwei Ebenen unterschieden: Die Fertigungsprozesskette, die eine Abfolge von Fertigungsprozessen beschreibt und übergeordnet die fertigungsorganisatorische Prozesskette, welche die Abfolge von agierenden Unternehmenseinheiten beschreibt. Dies kann z. B. die Abfolge Konstruktion – Arbeitsvorbereitung – Fertigung – Montage sein.

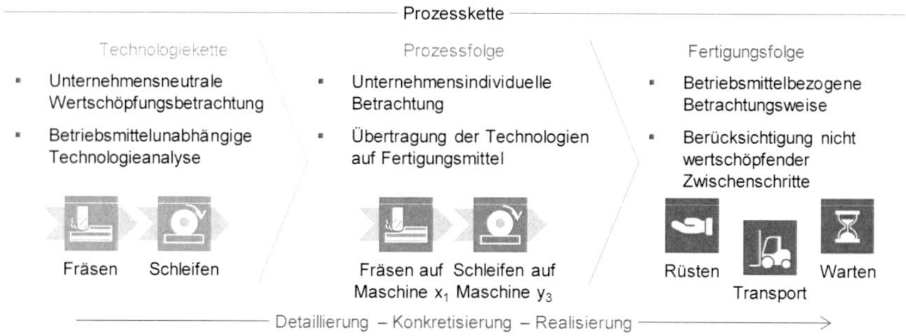

Abbildung 2-2: Detaillierung des Prozesskettenbegriffs

Weiterbearbeitung

Formuliertes Ziel dieser Arbeit ist die Befähigung von Unternehmen, die additive Fertigung in Fertigungsprozessketten einzubinden. Das sequenzielle Durchlaufen von solchen Prozessketten, die additive Fertigung beinhalten, bedingt die Betrachtung der Prozessschritte *nach* der additiven Fertigung. Gemeinhin wird der Begriff Nachbearbeitung verwendet [HÄUS19, S. 421; DIN17, S. 16; GEBH16, S. 19; GRUN15, S. 49; VDI13, S. 33; SEHR10, S. 9]. Der Begriff ist jedoch additiv-zentrisch konnotiert, da eine Nachrangigkeit der weiteren Bearbeitungs- und Behandlungsschritte eines Werkstücks immaniert wird. Dies ist regelmäßig nicht der Fall, da erst durch die additive Fertigung in sequenzieller Kombination mit subtraktiver Fertigung geforderte Produktanforderungen erreicht werden können. Im weiteren Verlauf findet die Beschreibung der Prozessschritte, die sich der additiven Fertigung anschließen, mit dem Begriff *Weiterbearbeitung* statt. Durch die internationale Prägung der Branche additive Fertigung hat sich zudem, auch im deutschen Sprachraum, der Begriff *Postprocessing* (engl.: post-processing) für sich anschließende subtraktive Bearbeitung etabliert [GIBS21, S. 457; KAYN19, S. 84; GEBH19, S. 73; DIN17, S. 16; VDI13, S. 33]. Post-processing wird wörtlich und sinngemäß mit Nachbearbeitung übersetzt. Als adäquate Analogie zu Weiterbearbeitung bietet sich im Englischen der Begriff further processing an [MASL19, S. 75; PONT18, S. 24].

2.2 Kategorisierung additiver Fertigungstechnologien

Categorization of Additive Manufacturing Technologies

Die Entwicklung der additiven Fertigung in den letzten 30 Jahren zeichnete sich besonders durch die Ausprägung einer Vielzahl von Technologien und Verfahrensvarianten aus [KLOC15, S. 127]. Die Flexibilität dieser wird durch die direkte Fertigung aus den 3D-CAD-Daten eines Bauteils ermöglicht, bei der Zwischenschritte in der Herstellung, wie das Fertigen von Werkzeugen, entfallen [VDI14, S. 6].

Der Begriff *additive Fertigung* beschreibt somit eine Gruppe verschiedener Technologien und Verfahrensvarianten, zudem unterschiedliche einsetzbare Werkstoffe und Einsatzzwecke [DIN17, S. 21–25; DIN16, S. 7–14]. Er ist »der Allgemeinbegriff für jene Technologien, mit denen [...] Gegenstände durch sukzessive Zugabe von Werkstoffen erzeugt werden« [DIN17, S. 20]. Damit ist eine Zuordnung innerhalb der etablierten, zumeist subtraktiven Fertigungstechnologien nicht möglich. Die zentrale Norm »Fertigungsverfahren« [DIN03] enthält keine vollständig geeignete Hauptgruppe, Gruppe oder Untergruppe, in der sich die additiven Fertigungstechnologien gebündelt einordnen lassen. GEBHARDT [GEBH16, S. 93] schlägt die Einordnung in die Hauptgruppe Urformen vor. Richtet man sich darüber hinaus nach den Definitionen der Hauptgruppen, können mehrere Hauptgruppen gewählt werden [DIN03, S. 4–5]:

- Hauptgruppe 1, Urformen: »Fertigen eines festen Körpers aus formlosem Stoff [...]«
- Hauptgruppe 4, Fügen: »auf Dauer angelegtes Verbinden [...] von mehreren Werkstücken geometrisch bestimmter fester Form oder von eben solchen Werkstücken mit formlosem Stoff [...]«
- Hauptgruppe 5, Beschichten: »Fertigen durch Aufbringen einer fest haftenden Schicht aus formlosem Stoff auf ein Werkstück [...]«
- Hauptgruppe 6, Stoffeigenschaft ändern: »Fertigen durch Verändern der Eigenschaften des Werkstoffes [...]«

Aufgrund der Inkonsistenz werden in dieser Arbeit die Fertigungsverfahren nach DIN 8589 und die additiven Fertigungsverfahren entsprechend der spezifischen Norm DIN EN ISO/ASTM 52900 parallel betrachtet. Dazu gliedert dieser Abschnitt die additive Fertigung in die oben beschriebenen Dimensionen auf und begründet die Auswahl der im weiteren Verlauf konkret betrachteten Verfahrensvarianten, Werkstoffgruppen und Einsatzzwecke [KLOC15, S. 130].

2.3 Einsatzzweck additiver Fertigungstechnologien

Operation Purpose of Additive Manufacturing Technologies

Die Ursprünge der additiven Fertigung sind polymerverarbeitende Technologien. Die direkte Fertigung von Prototypen und die damit einhergehende Verkürzung der Produktentwicklungszeit war zu Beginn die Motivation, die Entwicklung der additiven Fertigung voranzutreiben [KLOC15, S. 128]. Daraus bildete sich der Begriff *Rapid Prototyping*, der gerade den Prototypbau mit einer schnellen Bauteilherstellung verknüpft. Der Begriff wurde fortan auch synonym zu ›additive Fertigung‹ verwendet, wenngleich er inhaltlich nicht kongruent ist. Prototypen erfüllen nicht den vollen Aufgabenbereich eines Produkts, um beispielsweise in frühen Phasen der Produktentwicklung festgelegte Eigenschaften zu überprüfen. [GIBS21, S. 540–541; GEBH16, S. 6–7; VDI14, S. 5; VDI93, S. 8, 11]

Mit fortschreitender Entwicklung wurde es möglich, Funktionselemente direkt zu fertigen [KLOC15, S. 127]. Wird durch additive Fertigungstechnologie ein Werkstück hergestellt, das die Funktionen und Eigenschaften eines Fertigteils erfüllt, wird der Begriff *Rapid Manufacturing* genutzt [GEBH19, S. 11–12]. Dieser Begriff ergab sich aus dem bereits im Produktentwicklungskontext etablierten Rapid Prototyping. Mit ›rapid‹ wird durch die wörtliche Übersetzung in deutsche Sprache Schnelligkeit assoziiert, was missverständlich sein kann. In diesem Zusammenhang soll nicht zwangsläufig eine schnelle Fertigung zum Ausdruck gebracht werden, sondern insbesondere die Möglichkeit einer werkzeuglosen Fertigung, direkt aus einer CAD-Datei, ohne obligatorische Einbindung weiterer Fertigungsschritte. Aufgrund der beschriebenen Amphibolie wird der Begriff Rapid Manufacturing im weiteren Verlauf dieser Arbeit nicht genutzt. Die dem Rapid Manufacturing subordinierten Begriffe lassen hingegen eine weitere Unterteilung des Einsatzzwecks der additiven Fertigung zu. Werden durch additive Fertigung Bauteile erzeugt, die selbst als Endprodukt genutzt werden, wird der Begriff *Direct Manufacturing* (auch: *Direct Digital Manufacturing* [GIBS21, S. 49]) verwendet [GEBH19, S. 11–12; VDI14, S. 3–4]. Einige Quellen verwenden die Begriffe Rapid Manufacturing und Direct Manufacturing synonym [VDI14, S. 3–4; GIBS10, S. 37, 363]. Dient die Technologie zur Erzeugung von Bauteilen, die dem Abformen dienen, wie bei Hohlformen und Werkzeugen oder deren Komponenten, ist dies mit *Direct Tooling* bezeichnet. [GEBH19, S. 14] Die begriffliche Unterteilung ist in Abbildung 2-3 dargestellt. Ergänzend existiert der Begriff *Rapid Tooling*. Darunter können additive oder subtraktive Technologien, wie z. B. das Fräsen eines Aluminiumwerkzeugs oder das Vakuumgießen mit einer Silikonform, zur Prototypwerkzeugherstellung subsumiert werden [KLOC15, S. 161; KUO13, S. 245; STEI08, S. 49–50]. Die in Abbildung 2-3 zugeordneten Prototypenarten beschreiben in ihrer Reihenfolge die steigenden Anforderungen an den additiven Fertigungsprozess. Die steigenden Anforderungen treffen jeweils auf die Direktfertigung und die Prototypenwerkzeugfertigung zu. Ebenso verhält es sich mit der Unterteilung der Losgröße. Je größer diese ausfällt, desto höher sind die technologischen Anforderungen an den Prozess. Dies gilt für die Serienwerkzeugfertigung genauso wie für die Direktfertigung.

Abbildung 2-3: Einsatzzwecke der additiven Fertigung

Zusammengefasst existieren die Einsatzzwecke Prototypfertigung und Funktionsteilfertigung, die jeweils eine Werkzeugfertigung sein können. Für alle drei Einsatzzwecke kann die Weiterbearbeitung durch subtraktive Fertigungstechnologien relevant sein. Durch typische Anforderungen des Werkzeugbaus und des allgemeinen Maschinenbaus [WITT13, S. 23] sind technische Funktionsbauteile der Gruppen Direct Tooling und Direct Manufacturing mit erhöhter Relevanz für die Weiterbearbeitung einzustufen [KLOC15, S. 159–160].

Abgesehen von den erläuterten Einsatzzwecken wird die additive Fertigung wiederholt als Substitutionstechnologie subtraktiver Fertigungstechnologien angeführt. In Ausnahmefällen trifft dies zu. Es ist die Hörgeräteindustrie in den USA zu nennen; dieser Markt ist innerhalb von 16 Monaten durch die additive Fertigung von Kunststoffbauteilen dominiert worden, welche bis dato eingesetzte Gießverfahren vollständig verdrängt hat [DAVE15, S. 43]. Weitläufig kann die additive Fertigung, zumal in der Verarbeitung von metallischen Werkstoffen, jedoch nicht der generellen Technologiesubstitution zugeordnet werden. Vielmehr ergänzt sie bestehende Fertigungsprozessketten und erlaubt innovative Design- und Fertigungslösungen (vgl. Abschnitt 2.4.2).

2.3.1 Werkstoffe zur additiven Fertigung

Materials for Additive Manufacturing

Durch die große Anzahl unterschiedlicher Fertigungstechnologien innerhalb der additiven Fertigung können viele unterschiedliche Werkstoffgruppen und Werkstoffe verarbeitet werden. Die in Abbildung 2-4 aufgelisteten Werkstoffgruppen sind entsprechend DIN EN ISO 52900 in Kombination mit VDI 3405 genormt [DIN17; VDI14].

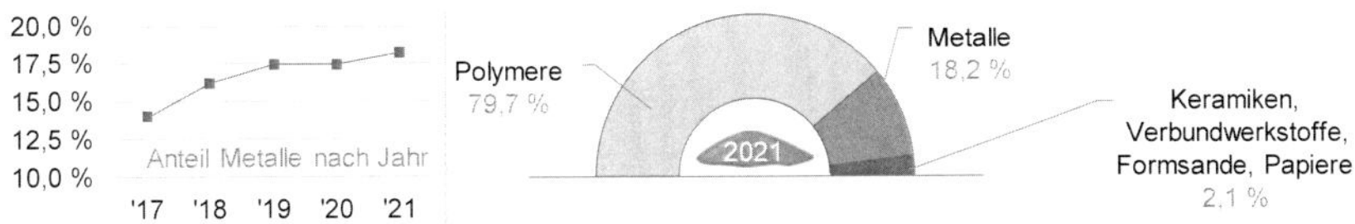

Abbildung 2-4: AM-Werkstoffgruppen und weltweite Marktanteile nach Umsatz [WOHL21, S. 120]

Außerdem können Werkstoffe bzw. Materialien aus weiteren Gruppen, die dem nicht-fertigungstechnischen Bereich zuzuordnen sind, additiv verarbeitet werden. Dazu zählen Beton (Architektur, Bauwesen), Biomaterialien bzw. medizinische Wirkstoffe (Biologie, Medizin) und diverse Nahrungsmittel (Ökotrophologie) [GEBH19, S. 180; WOHL19, S. 176]. Durch die besondere Bedeutung der metallischen Werkstoffe – mit einem zusätzlichen Schwerpunkt auf Stählen – im allgemeinen Maschinenbau sowie im Werkzeugbau ergibt sich für die weiteren Betrachtungen eine Fokussierung auf ebendiese Werkstoffgruppe [DÖHR20, S. 74; DÖHR12, S. 12-13, 26; ROOS11, S. 4]. Für die additive Fertigung lässt sich eine jährliche Steigerung von knapp einem Prozentpunkt beim Einsatz von Metallen in den Jahren 2017 bis 2021 feststellen [WOHL21, S. 120; WOHL20, S. 106; WOHL19, S. 177; WOHL18, S. 155; WOHL17, S. 159].

2.3.2 Additive Fertigungstechnologien und Verfahrensausprägungen

Additive Manufacturing Technologies and Process Variants

Durch den schichtweisen Aufbau des Werkstücks bei der additiven Fertigung, der in der DIN EN ISO 17296-2 beschrieben wird, fällt eine Einordnung in die vorherrschende Systematik der Fertigungsverfahren schwer (vgl. Abschnitt 2.2) [DIN16]. In diesem Zusammenhang wird der Begriff Schichtbauprinzip kurz erläutert. Nach GEBHARDT beruht das Prinzip darauf, dass theoretisch jeder Körper in Scheiben aufgeteilt und somit auch durch diese aufgebaut werden kann. Für die additive Fertigungstechnologie wird das Aufteilen eines Bauteils automatisiert, indem ein 3D-CAD-Modell in einzelne Schichten zerlegt und diese während des additiven Fertigungsprozesses in definierter Reihenfolge aufgebaut werden. Bei der Anwendung aller additiver Fertigungsverfahren werden nicht nur die Bauteilgeometrie, sondern auch die Werkstoffeigenschaften durch verfahrensinhärente physikalische oder chemische Einwirkung definiert [GEBH16, S. 1–2].

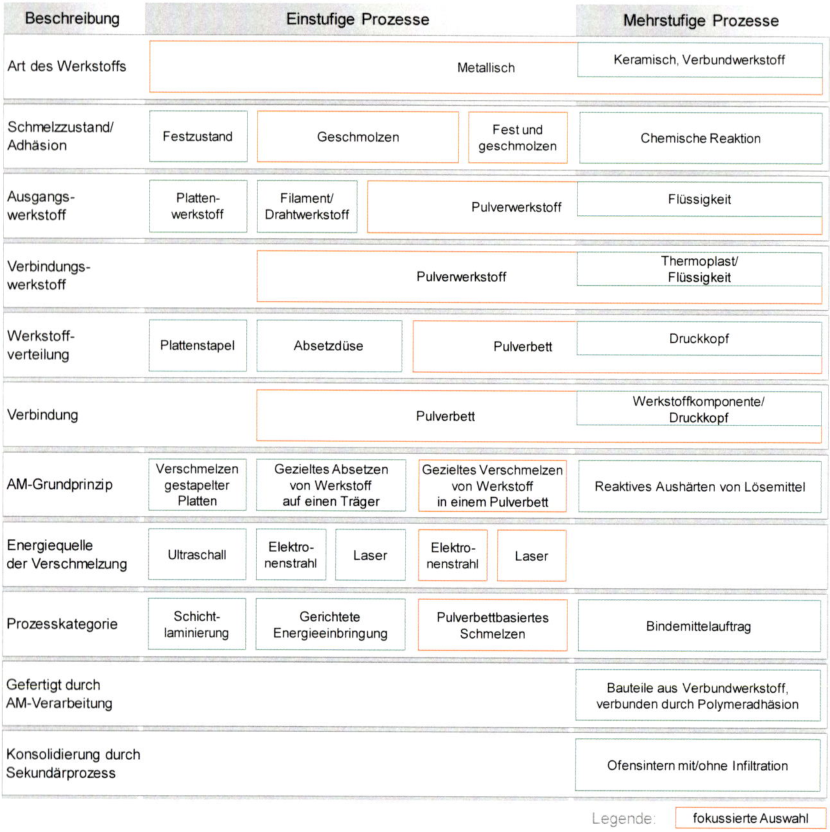

Abbildung 2-5: **Überblick über pulverbettbasierte additive Fertigungsverfahren für metallische Werkstoffe, Synthese von DIN EN ISO/ASTM 52900 [DIN17]**

Die additiven Fertigungsverfahren zur Verarbeitung metallischer Werkstoffe sind in Abbildung 2-5 systematisch aufgeführt und in orange hervorgehoben. Neben der Werkstoffgruppe wird der Ausgangszustand des Werkstoffs berücksichtigt, wobei die Pulverform die größte Verbreitung im praktischen Einsatz besitzt[2].

Bedingt ist dies durch die Verwendung in mehreren additiven Fertigungsverfahren, zu denen das pulverbettbasierte Laser- und Elektronenstrahlschmelzen, das binderauftragbasierte Fertigen sowie Teile der Auftragschweiß- und Sprühverfahren zählen. Zum Fügen der

[2] Die Verbreitung der metallpulverbasierten additiven Fertigungsverfahren lässt sich u. a. an den Marktanteilen der Maschinenhersteller [WOHL21, S. 113–117] und der Relevanz einzelner Verfahren bei Dienstleistern für additive Fertigung ablesen [WOHL21, S. 126; WOHL19, S. 188]. Von WOHLERS befragte Dienstleister bieten zu 52,9 % metallpulverbettbasierte additive Fertigung an [WOHL21, S. 127], insgesamt beläuft sich der Marktanteil aller Darreichungsformen von Metallen für additive Fertigung auf 18,2 % [WOHL21, S. 120]. Dies lässt den Rückschluss zu, dass Metallpulver von großer Bedeutung sind.

Pulverpartikel können, wie bereits angedeutet, unterschiedliche Energiequellen herangezogen werden. Darauf basierend ergibt sich eine weitere Einteilung der Verfahren. Genutzte Energiequellen sind der Laser- oder der Elektronenstrahl, die beide mit genügender Energiedichte, Auflösung und Geschwindigkeit ein Schmelzbad an einer – je nach Verfahren – diskreten oder dynamisch wechselnden Position erzeugen können. Außerdem kann die kinetische Energie von beschleunigten Pulverpartikeln genutzt werden.

Erfolgt die Verbindung der Pulverpartikel nicht energetisch, kommen Bindemittel zum Einsatz. Dies sind in der Regel flüssige, chemisch an der Luft oder unter UV-Licht aushärtende Polymerwerkstoffe, die dem Pulverbett ortsaufgelöst hinzugegeben werden [GOKU17, S. 2; MICH92, S. 246]. Abschließend ist eine Unterteilung in die sogenannten Prozesskategorien möglich: Hierbei findet die maßgebliche Unterscheidung zwischen lokalem Werkstoffauftrag und ebensolcher Energieeinbringung und selektivem Schmelzen des Werkstoffs in einem Pulverbett statt.

2.4 Pulverbettbasierte additive Fertigungstechnologien

Powder bed-based Additive Manufacturing Technologies

Aufgrund der spezifischen qualitativen Bauteileigenschaften und der wirtschaftlichen Bedeutung der pulverbettbasierten additiven Fertigungstechnologien bilden diese den Betrachtungsfokus der gesamten Arbeit und widmet sich diesen der folgende Abschnitt.

2.4.1 Grundlagen pulverbettbasierter additiver Fertigung

Basics of Powder bed-based Additive Manufacturing

Zu den pulverbettbasierten additiven Fertigungsverfahren zur Verarbeitung von metallischen Werkstoffen gehören der Bindemittelauftrag (BJ, engl. Binder Jetting), das Elektronenstrahlschmelzen (EB-PBF, engl. Electron Beam Powder Bed Fusion) und das Laserstrahlschmelzen (LB-PBF, engl. Laser Beam Powder Bed Fusion). Die Erläuterung des Prinzips findet anhand des LB-PBF statt. Die beiden weiteren Verfahren und deren Unterschiede zum LB-PBF sind im Anhang A.1 dargestellt.

Laserstrahlschmelzen (LB-PBF)

Den grundsätzlichen Aufbau einer Maschine für das LB-PBF zeigt Abbildung 2-6. Die LB-PBF-Technologie verwendet als Werkstoff in der industriellen Anwendung einkomponentiges, sortenreines Metallpulver, welches im Prozess vollständig aufgeschmolzen wird [GUDO15, S. 21; KRUT05, S. 55]. In Forschungsansätzen werden mehrkomponentige Pulverwerkstoffe oder mehrere verschiedenartige Pulver verarbeitet [NADI19; BIND18]. Grundsätzlich werden bei dem LB-PBF nach der Erstellung und Aufbereitung des 3D-CAD-Modells drei Verfahrensschritte wiederholt. Diese Schritte sind in Abbildung 2-7 schematisch wiedergegeben. Nachdem ein Werkstück diese Schritte durchlaufen hat, muss es gereinigt und bei Bedarf weiterbearbeitet werden. Zu Beginn des sequenziellen LB-PBF-Prozesses wird das Pulver auf die Bauplattform mit Maßen bis zu 800 mm×400 mm×500 mm [SENV19] aufgetragen und anschließend mit einer Bürste, Walze, Silikonlippe oder Leisten aus Keramik oder Werkzeugstahl geglättet [SNOW19, S. 79; MERK15, S. 11].

Diese Funktionseinheit wird als *Beschichter* bezeichnet. Überschüssiges Pulver wird in einem Sammelbehälter aufgefangen und kann wiederverwendet werden. Die Bauplattform kann je nach Maschinenmodell auf bis zu 500 °C aufgeheizt werden. Dadurch wird der Temperaturgradient entlang der Aufbaurichtung verringert, der zu Rissbildung und Werkstückverzug führen kann [GIBS21, S. 126; KLOC15, S. 147]. Nach dem Pulverauftrag wird das Pulver lokal aufgeschmolzen. Zum Aufschmelzen des im 3D-CAD-Modell festgelegten Bereichs wird ein Laserstrahl über eine Optikeinheit fokussiert und mithilfe von Galvanometerantrieben gesteuerten Spiegeln (Galvanometerscanner) über das Pulverbett gelenkt. Dabei wird nicht nur die neu aufgetragene Pulverschicht aufgeschmolzen, sondern auch ein Verbund mit der zuvor aufgeschmolzenen Pulverschicht hergestellt.

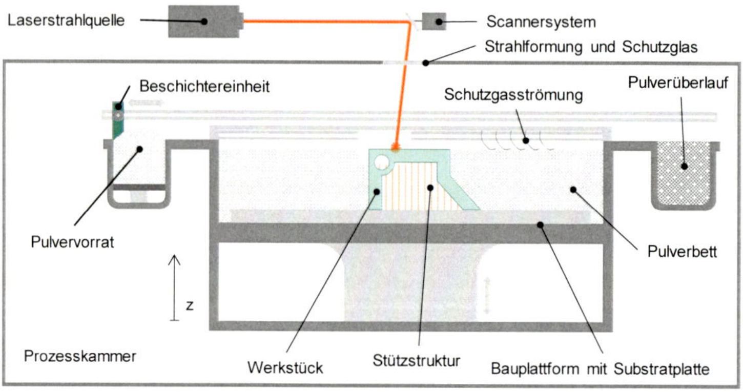

Abbildung 2-6: Anlagenprinzip Laserstrahlschmelzen

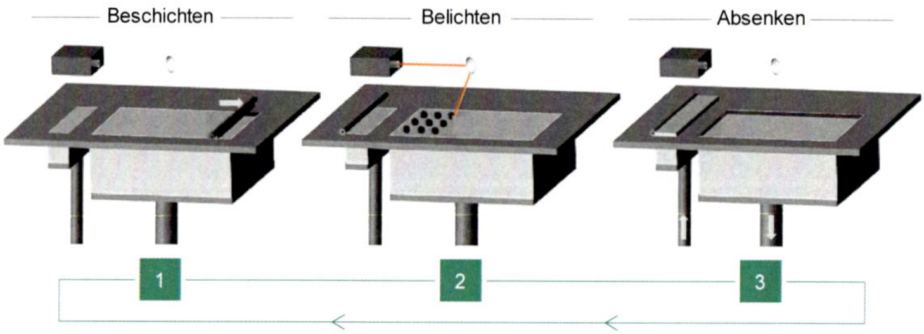

Abbildung 2-7: Prozessschritte Laserstrahlschmelzen

Am Markt sind Maschinentypen verfügbar, die ein bis vier Laserstrahlen über das Pulverbett führen können, in entsprechender Anzahl sind Optikkomponenten und Galvanometerscanner verbaut. Das Aufschmelzen der Pulverschicht findet unter einer Schutzgasatmosphäre (z. B. Argon, Stickstoff, deren Mischung) statt und so eine unkontrollierte Oxidation des Werkstoffes verhindert [GUDO15, S. 77; KLOC15, S. 147]. Die aufgeschmolzene Schicht erstarrt durch Ableitung der Wärme in das umgebende Pulvervolumen bzw. die bereits erstarrten Werkstückelemente unterhalb des Schmelzebads. Sind alle aufzuschmelzenden Bereiche durch den Laserstrahl erreicht worden, wird die Bauplattform um eine definierte Schichtstärke abgesenkt. Typischerweise liegt die Schichtstärke in einem Intervall von 20–80 µm. Sie kann jedoch in Abhängigkeit multipler Prozessparameter und dem verwendeten Werkstoff zwischen 10 und 200 µm variiert werden [GEBH16, S. 617–629; KLOC15, S. 147]. Zur Herstellung von Oberflächen mit hoher Qualität sind minimale Schichtstärken anzustreben, welche jedoch zu einer verlängerten Bauzeit führen. Es ist möglich, die Schichtstärke während der Produktion eines Bauteils zu variieren. Oberflächen mit hohen Anforderungen können langsamer und Oberflächen mit geringeren Anforderungen schneller aufgebaut werden [KUSH09, S. 26; BUCH11, S. 272]. Werden alle Prozessparameter berücksichtigt und richtig eingestellt, können mit diesem Verfahren Bauteile hergestellt werden, die hinsichtlich ihrer Eigenschaften ein ähnliches Qualitätsniveau wie Gussteile aufweisen oder dieses übertreffen [LIVE17, S. 262]. Die wesentlichen Prozessparameter nach GIBSON zeigt Abbildung 2-8 [GIBS21, S. 143].

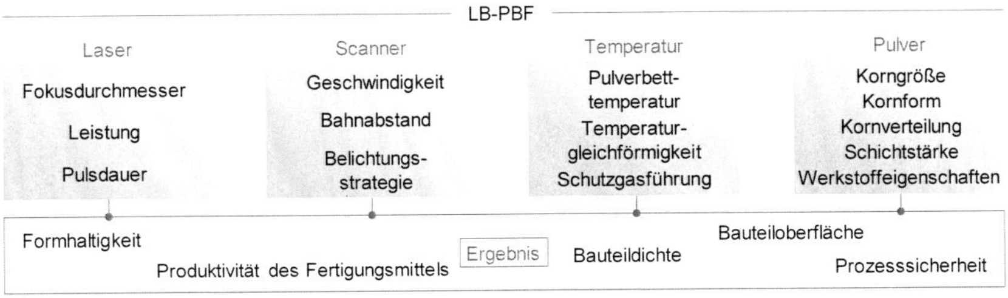

Abbildung 2-8: Prozessparameter LB-PBF i. A. a. GIBSON [GIBS21, S. 143]

Die Prozessparameter weisen dabei starke Interdependenzen auf. Der Einfluss der Prozessparameter auf die Qualität der Werkstücke ist maschinen-, prozess- und werkstoffabhängig und nur selten untereinander vergleichbar [KUSH09, S. 27].

Industrialisierungsansätze von AM-Maschinenherstellern

Die Prozessentwicklung und Prozessqualifizierung für spezifische Anwendungsfelder oder konkrete Kundenforderungen schreitet bei den beschriebenen Verfahren voran. Dabei rückt zunehmend die Industrialisierung der Prozesse, Verfahren und gesamten Technologie in den Entwicklungsfokus der Maschinenhersteller. Folglich sind integrierte Maschinensysteme entstanden, die der additiven Fertigung vor- und nachgelagerte Prozessschritte kombinieren. Anhand der wirtschaftlichen Bedeutung[3] verschiedener Maschinenhersteller enthält Abbildung 2-9 deren Industrialisierungsansätze.

Ergänzend ist das Konzept des Maschinenherstellers Additive Industries B.V. aufzuführen. Dabei handelt es sich um ein modulares Maschinenkonzept, das als Kernkomponente ein oder mehrere Maschinenmodule zur additiven Fertigung enthält; ergänzend können Module zur Substratplattenhandhabung, Wärmebehandlung, Lagerung sowie ein Handhabungssystem zum Transport zwischen den Modulen ergänzt werden [ADDI19, S. 15–19]. Es ist das höchstintegrierte additive Fertigungssystem, das einzelne Weiterbearbeitungsschritte direkt einbindet. Die subtraktive Bearbeitung ist jedoch – wie bei allen weiteren Maschinen und Konzepten – noch nicht umgesetzt. Auch konkret definierte Schnittstellen zu Weiterbearbeitungstechnologien sind nicht vorgesehen. Eine umfassende Betrachtung der Integration von additiver Fertigung und notwendiger Weiterbearbeitung findet folglich weder im angewandten [KASS19; KARA18] noch im wissenschaftlichen [THOM16, S. 27; MELL14, S. 194–195] Kontext statt. Lediglich einzelne Aspekte oder Verfahren werden isoliert betrachtet (z. B. in [HÄUS19; DENK18; FRAN17; FREY07; CLEM04]).

---

3 Die Wirtschaftlichkeit beschreibt hier den Anteil befragter Dienstleister für additive Fertigung, welche die Maschinen der genannten Hersteller besonders wirtschaftlich einsetzen können. [WOHL19, S. 188]

Maschinen-hersteller	Wirtschaft-lichkeit in %	Funktionsintegration/ Verkettung	Berücksichtigung der Weiterbearbeitung
Additive Industries B.V.	keine Angabe	▪ Pulververteilung ▪ Pulverzurückführung ▪ Kalibrierung ▪ teilbare Substratplatten ▪ Pulverabsaugung ▪ Wärmebehandlung ▪ Magazinierung	▪ integriertes Transportsystem für potenzielle Weiterleitung von Substratplatten an Weiterbearbeitungseinheit ▪ weitere Einrichtungen siehe Funktionsintegration
Arcam AB	3,6	▪ Pulververteilung ▪ Pulverzurückführung ▪ Kalibrierung	▪ keine Angaben
EOS GmbH	16,7	▪ Pulverhandhabung ▪ Nullpunktspannsystem ▪ teilbare Substratplatten ▪ man. Entpackstation	▪ Kooperationen zur roboterbasierten Handhabung, Prozesskettenintegration LB-PBF, Wärmebehandlung und Sägen
Renishaw PLC	3,6	▪ Pulverhandhabung	▪ Kooperation zur roboterbasierten Handhabung
SLM Solutions Group AG	3,6	▪ Pulverhandhabung ▪ man./aut. Entpackstation ▪ ext. Vorwärmen/Abkühlen der Bauplattform ▪ aut. Transport der Bauplattform	▪ keine Angaben

Abbildung 2-9: Industrialisierungsansätze ausgewählter Maschinenhersteller für LB-/EB-PBF[4]

Zusammenfassung der drei pulverbettbasierten additiven Fertigungsverfahren

Die Betrachtung der drei pulverbettbasierten additiven Fertigungsverfahren, mit denen eine Verarbeitung von metallischen Werkstoffen möglich ist, zeigt, dass insbesondere die Technologie LB-PBF besondere Anforderungen an die weitere Bearbeitung der additiv gefertigten Werkstücke stellt (Abbildung 2-10).

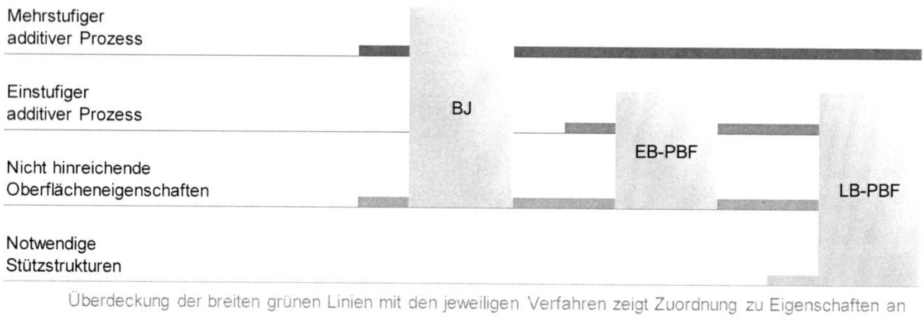

Abbildung 2-10: Grundlegende technologische Abgrenzung der pulverbettbasierten Verfahren

LB-PBF ist ein einstufiges Verfahren, das nicht bestimmte Weiterbearbeitungsschritte bereits per Definition umfasst. Zudem reichen erzielbare Oberflächeneigenschaften für viele maschinenbauliche Anwendungen der Bauteile nicht aus. Als Alleinstellungsmerkmal gegenüber den weiteren pulverbettbasierten Verfahren sind im Regelfall Stützstrukturen bei der Werkstückfertigung notwendig. Aus diesen Gründen fokussiert sich die Arbeit in den folgenden Abschnitten primär auf das Laserstrahlschmelzen.

[4] Stand 2020. Additive Industrie: [ADDI19, S. 11–29];Arcam: [ARCA17, S. 11]; EOS: [EOSG19, S. 2–3; NEVE19, S. 2]; Renishaw: [RENI18, S. 2]; SLM: [SLMS19, S. 4]

2.4.2 Alleinstellungsmerkmale pulverbettbasierter additiver Fertigung

Unique Features of Powder bed-based Additive Manufacturing

Die pulverbettbasierte additive Fertigung besitzt einige Alleinstellungsmerkmale, die andere additive, subtraktive oder formgebende Fertigungsverfahren nicht aufweisen. Bei unmittelbar für die additive Fertigung entwickelten Bauteilen schlägt sich dies in spezifischen Konstruktionsrichtlinien nieder [DIN20; LEUT19; KUMK18]. Typische Realbauteile sind in Abbildung 2-11 dargestellt.

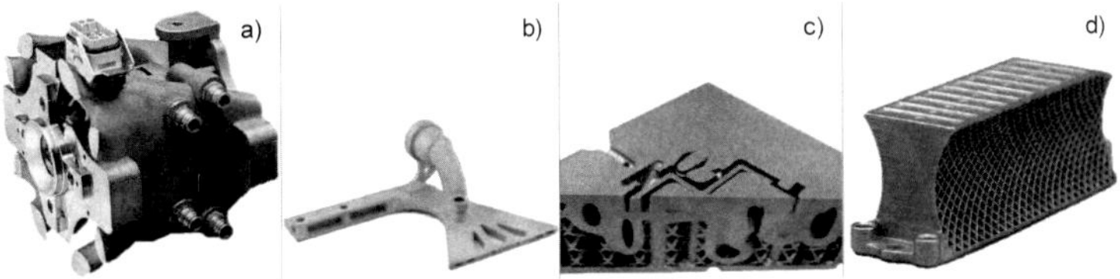

Abbildung 2-11: LB-PBF-gefertigte Bauteile (a: Spritzgießwerkzeug [PROT19], b: Sauggreifer [MATE19], c: Werkzeugeinsatz [DIET17], d: Saugschuh [KRAU19])

Da die Bauteilentwicklung außerhalb des Betrachtungsbereichs liegt und bestehende Fertigungsumgebungen samt existierendem Bauteilportfolio betrachtet werden, sei auf die zuvor genannten Normen und Arbeiten u. a. von Leutenecker-Twelsiek [LEUT19] und Kumke [KUMK18] verwiesen. Im Weiteren wird auf Unterschiede der Verfahrenscharakteristika eingegangen. Neben den Verfahrenscharakteristika, die eine grundlegende bauteileigenschaftsbasierte Unterscheidung der Verfahren zulassen, entfallen bei der additiven Fertigung sämtliche Aufwände und Kosten für formgebende Werkzeuge.

Eine aggregierte vergleichende Übersicht urformender Fertigungsverfahren und Pulvermetallurgie (Metallpulverpressen und Wärmebehandlung) mit dem LB-PBF-Verfahren gibt Abbildung 2-12. Anhand relevanter Verfahrenseigenschaften und erzeugter Bauteileigenschaften findet eine qualitative und quantitative Einordnung statt. Es wird deutlich, dass nur geringe Schnittmengen zwischen den urformenden Verfahren und dem LB-PBF bestehen (grüne Hervorhebungen in Abbildung 2-12).

Das Sandgießen ist teilweise geeignet, Unikate zu fertigen, was auf die weiteren aufgelisteten Verfahren aufgrund großer Aufwände zur Werkzeugfertigung nicht zutrifft. Im Feingießverfahren lassen sich ähnliche Mittenrauwerte wie bei LB-PBF erzielen, zudem besteht eine relativ große Geometriefreiheit, die jedoch durch eine Maximalkomplexität von Formkernen begrenzt ist. Bei allen weiteren Verfahrens-Eigenschafts-Kombinationen weist LB-PBF vollständige Alleinstellungsmerkmale auf, die eine gesonderte Betrachtung der Prozesskettenintegration erfordern. Entsprechend den erzielbaren Eigenschaften ist dies auch auf die Weiterbearbeitung zu beziehen.

Exterieur LB-PBF-gefertigter Bauteile

Makroskopisch ist zunächst die freie Geometriegestaltung als äußere Eigenschaft additiv gefertigter Bauteile zu nennen. Wegen entfallender formgebender Werkzeuge, geometrisch definierten Bearbeitungswerkzeugen und notwendiger Zugänglichkeit von Teilflächen können nahezu alle in einem CAD-Programm erzeugbaren Geometrien gefertigt werden. Diese Eigenschaft wird bei der Topologieoptimierung von Bauteilen genutzt (Abbildung 2-11, a).

Es werden Restriktionen wie geometrisch definierte Anschlussflächen und auf das Bauteil wirkende Kräfte definiert. Anschließend durchläuft das CAD-Modell iterativ Optimierungen

z. B. zur Reduzierung des Bauteilvolumens oder zur Verringerung des Strömungswiderstands. Es ergeben sich biologisch anmutende Strukturen, die mit anderen Fertigungsverfahren nicht oder nur mit erheblichem Aufwand herstellbar sind. Mikroskopisch resultieren aus dem schichtweisen Aufbau spezifische Eigenschaften additiv hergestellter Bauteile. Die maßgeblich durch die Schichtstärke einstellbare Oberflächenrauheit kann nicht so gering eingestellt werden wie bei subtraktiven und formgebenden Fertigungsverfahren.

Eigenschaften → / Verfahren ↓	Ausprägung Stütz- und Hilfsstrukturen	Oberflächenqualität (Mittenrauwert Ra in µm)	Winkelabhängige Oberflächenqualität	Ausprägung Geometriefreiheit	Freie und individuelle Bauteilpositionierung/ -ausrichtung	Batchspezifische Werkstück-verschachtelung	Unikatfertigung, individuelle Geometrie	Direktbearbeitung inkl. verbundenem Substrat	Hybridbauweise
Sandgießen	Grat, Anguss	12,5	×	+	×	×	✓/×	×	×
Druckgießen	Grat, Anguss	18–0,4	×	○	×	×	×	×	×
Feingießen	Anguss	6,3–1,6	×	++	×	×	×	×	×
Pulverme-tallurgie/Sintern	×	1,6–0,3	×	○	×	×	×	×	×
Metallpulver-spritzgießen	Grat/ Trennlinie	1,6	×	+	×	×	×	×	×
LB-PBF	Stütz-strukturen	20–6	✓	++	✓	✓	✓	✓	✓

Legende: ✓ zutreffend, × nicht zutreffend; - gering, ○ mäßig, + stark, ++ sehr stark

Abbildung 2-12: Vergleich urformender Fertigungsverfahren mit LB-PBF (i. A. a. Literaturwerte und Fachexpertise[5])

Additive Fertigungsverfahren erreichen maximal Oberflächeneigenschaften, die Guss- oder Schmiedeteilen ähneln. Gleichzeitig ist anzumerken, dass Verringerungen des Mittenrauwerts Auswirkungen auf die gesamte Prozessgestaltung haben und zu einer Verlängerung der Bearbeitungszeit führen [SEND19, S. 89–91; HUCK18; TRIA15, S. 1].

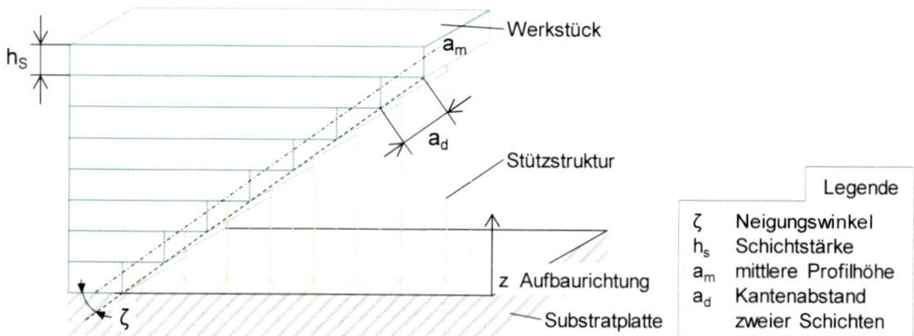

Abbildung 2-13: Treppenstufeneffekt und Downskin-Winkel bei PBF

Die Werkstückeigenschaften sind bei der additiven Fertigung anisotrop. Dazu zählen Zugfestigkeit und Bruchdehnung, genauso wie die Dimensionstoleranzen (richtungsabhängiger

[5] Sandgießen: [ZOLL09, S. 7]; Druckgießen: [VERB08, S. 48]; Feingießen: [BUND10, S. 9; ZOLL09, S. 7]; Pulvermetallurgie/Sintern: [DIN81, S. 1]; Metallpulverspritzgießen: [KLOC18b, S. 121, 123]; LB-PBF: [MALE20, S. 101619:22; ZIEB18; TRIA15, S. 6]

Verzug) und Oberflächeneigenschaften. Die Anisotropie wird durch die Werkstück- bzw. Geometrieelementlage in Aufbaurichtung oder orthogonal zu dieser beeinflusst, ebenso durch den Winkel zwischen Substratplatte und Werkstück. Dieser Neigungswinkel wird bei Überhängen (ζ<90°) als *Downskin-Winkel* bezeichnet [VDI15, S. 24] (Abbildung 2-13). In einem Winkelintervall >0° und <90° sind größere Ebenheitsabweichungen und erhöhte Rauheiten im Vergleich zu flach (0°) und senkrecht (90°) orientierten Flächen zu erwarten [ULLA20, S. 72–73]. Ist der Winkel kleiner als 42–45°, sind zwingend Stützstrukturen erforderlich [MART15, S. 13].

Interieur LB-PBF-gefertigter Bauteile

Weiterhin ist die Herstellung innenliegender Geometrien möglich. Dadurch lassen sich Leichtbaueigenschaften erzeugen, die durch einfache Hohlstrukturen oder innenliegende dreidimensionale Fachwerkstrukturen realisiert werden (Abbildung 2-11, c, d). Neben Leichtbaueigenschaften, die durch Volumenreduzierung und mechanisch optimierte Bauteilauslegung erreicht werden, können Innenstrukturen funktionale Eigenschaften ermöglichen. Innenliegende Medienkanäle können Fluide zum Kühlen von Bauteilen transportieren (Abbildung 2-11, c), Schmierstoffe an schwer zugängliche Stellen fördern oder hydraulische bzw. pneumatische Kraftübertragung sicherstellen (Abbildung 2-11, b, d).

Prozessablauf der additiven Fertigung

Additive Fertigungsprozesse laufen zumeist diskontinuierlich im Stapelbetrieb ab (engl.: batch processing [CIRP04, S. 86]), dies gilt insbesondere für die pulverbettbasierte additive Fertigung. Es wird ein Bauteil oder ein Los gleicher oder unterschiedlicher Ausprägung, jedoch desselben Werkstoffs, gefertigt. Anschließend erfolgt ein erneutes Rüsten der Maschine. Ein Bauteil kann in der Prozesskammer der Fertigungsmaschine beliebig angeordnet und ausgerichtet werden. Im Vergleich zu vielen anderen Fertigungsverfahren gibt es keine hinreichenden Randbedingungen, die sonst durch Spannmittel oder Formwerkzeuge definiert sind. Für die Definition der Ausrichtung sind nach dem Stand der Technik Prozessparameter des additiven Fertigungsprozesses leitend. Diese ergeben sich aus qualitätsrelevanten zu erwartenden Werkstückeigenschaften. Dazu zählen der Werkstückverzug, Oberflächeneigenschaften, Maßhaltigkeit und Verringerung des Stützstrukturvolumens [SEND19, S. 90; LIEN19, S. 147; ZHAN14, S. 145]. Aus ökonomischer Betrachtung wird zudem die Packungsdichte von Werkstücken in der Prozesskammer als Parameter herangezogen (*Verschachtelung*, engl. *nesting*, vgl. Abschnitt 2.6.2).

Während des LB-PBF-Prozesses ist es erforderlich, dass Werkstücke stoffschlüssig mit der Substratplatte verbunden sind [GIBS21, S. 63; JHAB12, S. 137; KRUT04, S. 617–620]. Diese Notwendigkeit ergibt sich aus den folgenden Gründen (Detaillierung in Anhang A.2):

1. Verhindern einer Kugelbildung des Pulvers
2. Ableiten von Prozesswärme und Ermöglichen von Überhangstrukturen
3. Aufnehmen von thermisch induzierten mechanischen Spannungen
4. Fixieren des Werkstücks

2.4.3 Spezifische Nachbehandlung
Specific Further Treatment

Additive Fertigungstechnologien benötigen zumeist eine verfahrensspezifische Nachbehandlung, die dem Aufbauprozess folgt und noch keine Weiterbearbeitung im engeren Sinne umfasst, da keine Geometrie- oder Oberflächenveränderung am Werkstück intendiert ist. Für das LB-PBF ergeben sich aus dessen spezifischen Eigenschaften (vgl. [GIBS21, S. 53–60; ZÄHM13, S. 110–111]) die aufgeführten Nachbehandlungen.

Entpulverung

Dadurch, dass das Pulver im LB-PBF-Prozess schichtweise über die gesamte Baufläche aufgetragen und lokal verschweißt wird, sind die Werkstücke nach dem Aufbau vollständig in nicht aufgeschmolzenem Pulver eingebettet (»Pulverkuchen«). Das Pulver muss nach dem Abkühlen der Werkstücke entfernt werden [GIBS21, S. 59]. Dieses sogenannte Entpacken der Werkstücke kann in der LB-PBF-Maschine oder in speziellen Einrichtungen oder Maschinen manuell oder automatisch erfolgen [SOLU19, S. 5–8]. Bei der primären manuellen Pulverentfernung in der LB-PBF-Maschine werden Pinsel und Bürsten eingesetzt. Zusätzlich wird mit einem Pulversauger überschüssiger Pulverwerkstoff eingesaugt. Außerdem existieren Systeme, bei denen eine automatische Absaugung überschüssigen Pulvers stattfindet [ADDI19, S. 23]. Die sekundäre Pulverentfernung findet in pulvergeschützten Einrichtungen statt, in denen eine Absaugung vorhanden ist und zusätzlich mit Druckluft schwer zugängliche Bauteilgeometrien von Pulverresten befreit werden können. Neben diesen weitgehend manuell durchgeführten Prozessen stehen Maschinen bereit, die mehrachsige, zum Teil NC-gestützte Bewegungsabläufe ermöglichen [KOWE19, S. 124–125; INOV19]. Damit können automatisiert Pulverreste von der Bauteiloberfläche und aus zugänglichen Bauteilkavitäten entfernt werden. Weiterhin gibt es Fälle, bei denen Pulver durch die Bauteilgeometrie oder das Vorhandensein von Stützstrukturen im Bauteilinnern eingeschlossen ist und mechanisch oder pneumatisch nicht gelöst und entfernt werden kann. Zunächst ist dieses durch konstruktive Maßnahmen zu vermeiden [DIN17a, S. 21]. Ist dies nicht möglich, können Pulverreste während der Weiterbearbeitungsschritte freigesetzt werden [BROE16, S. 183; PENC19, S. 91].

Substratplattentrennung

Die in Abschnitt 2.4.2 unter »Prozess« erläuterten Gründe erfordern die stoffschlüssige Verbindung des Werkstücks mit einer Substratplatte. Bei dieser Verbindung können grundsätzlich zwei Fälle unterschieden werden, die unterschiedliche Anforderungen an die Qualität des Trennprozesses aufweisen. Bei Werkstücken, die massiv angebunden sind, ist die Trennfläche zugleich eine Bauteiloberfläche. Um Nacharbeit am Werkstück zu verhindern, sollte die Qualität des Trennprozesses den Bauteilanforderungen unmittelbar genügen. Hingegen ist die Trennqualität bei Werkstücken, die mittels Stützstrukturen angebunden sind, unerheblich, solange die Werkstücke durch den Trennprozess nicht beschädigt werden. Die beiden Fälle zeigt Abbildung 2-14.

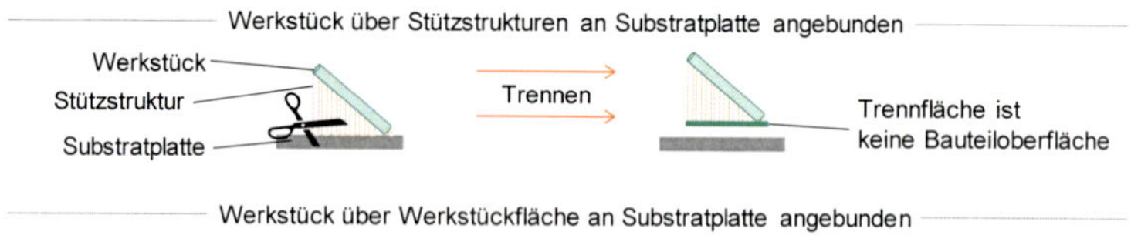

Abbildung 2-14: Fallunterscheidung Bauteilanbindung an Substratplatte

Die Trennung des Werkstücks von der Substratplatte kann nach der Entpulverung oder im späteren Verlauf der Prozesskette stattfinden. Industrieller Stand der Technik sind die trennenden Verfahren Brechen oder Meißeln (manuell, roboterbasiert), Sägen oder Drahtfunkenerosion (manuell, maschinell) [METH17]. Dies ergibt sich aus der Befragung von Dienstleistungsunternehmen im Bereich der metallischen additiven Fertigung (vgl. Anhang A.3). Zudem geben 81 % AM-einsetzender Unternehmen an, das Sägen zur Weiterbearbeitung zur Verfügung zu haben (vgl. Anhang A.4, Abbildung A-7).

Stützstrukturentfernung

Stützstrukturen werden von Anwendendenden nach Erfahrungswerten so optimiert, dass leichte Entfernbarkeit und zugleich ausreichende Festigkeit gewährleistet werden. Dabei wird eine Vielzahl unterschiedlicher Stützstrukturgeometrien eingesetzt und kombiniert. Der Entwurf der Stützstrukturen bewegt sich oft über die automatischen Funktionalitäten von Datenvorbereitungssoftware für die additive Fertigung hinaus und beinhaltet bei kritischen Bauteilen auch individuelle Stützstrukturkonstruktionen (vgl. Anhang A.3). [JHAB12, S. 137–138]

Je nach Anbindung der Stützstrukturen am Bauteil können diese mit geringem Kraftaufwand manuell oder roboterbasiert abgetrennt (manuell gebrochen) werden. Dabei verbleiben Restelemente der Zahnanbindung oder perforierter Stützstrukturen mit Sollbruchstelle am Werkstück (Abbildung 2-15, a, b), welches dann zwingend weiterbearbeitet werden muss. Bei mechanisch höherfesten Verbindungen ist in jedem Fall ein maschinelles Trennen der Stützstrukturen notwendig [GIBS21, S. 461; DENK18, S. 54–55]. Dies ist ein Element der Weiterbearbeitungsprozesskette. Auch hier kann eingeschlossenes Pulver während des Trennvorgangs freigesetzt werden, sofern nicht konstruktive Maßnahmen wie das Fragmentieren großflächiger Stützstrukturen angewendet wurden (Abbildung 2-15, c).

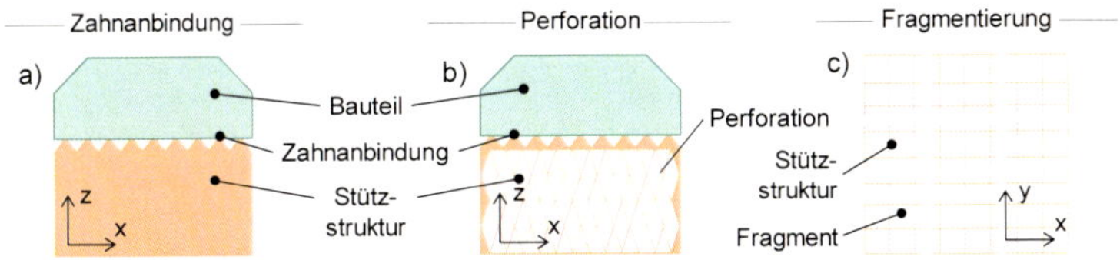

Abbildung 2-15: Stützstrukturanbindung am Bauteil nach CALIGNANO [CALI14, S. 205]

Restpulverentfernung

Pulverpartikel, die nach dem Entpacken weiterhin an den Werkstücken anhaften (z. B. durch Versintern mit dem Werkstück) [STRA13, S. 593–595], werden üblicherweise durch energiegebundene Strahlverfahren (z. B. Granatsandstrahlen, Glasperlenstrahlen) entfernt [GIBS21, S. 458; KUSH09, S. 97]. Damit werden verbleibende Pulverreste entfernt und das Bauteil für die Nutzung oder weitere Bearbeitung gereinigt. Die angewendeten Strahlverfahren lassen sich somit maßgeblich dem Reinigungsstrahlen, teilweise auch dem Strahlspanen, zuordnen [VDMA11, S. 4–5; DIN82, S. 1–2].

2.5 Fertigungstechnologien zur Weiterbearbeitung

Manufacturing Technologies for Further Processing

Entsprechend der Begriffsdefinition in Abschnitt 2.1 folgt eine kurze Einführung der subtraktiven Fertigungstechnologien zur Weiterbearbeitung additiv gefertigter Werkstücke. Die Auswahl der betrachteten Fertigungstechnologien basiert auf der praktischen Relevanz der verfügbaren Technologien nach DIN 8580 [DIN03]. Dazu wurde eine Umfrage unter 32 Betrieben durchgeführt, die intern oder extern additive Fertigungsdienstleistungen für Metallbauteile und deren Weiterbearbeitung anbieten (vgl. Abschnitt 4.3.1). Zudem sei – als Phänotyp der komplexen Unikatfertigung – die Branche Werkzeugbau als Referenz für den Fertigungstechnologieeinsatz herangezogen. Aus der Benchmarking-Datenbank für Werkzeugbaubetriebe des Fraunhofer-Instituts für Produktionstechnologie IPT und des Werkzeugmaschinenlabors WZL der RWTH Aachen geht hervor, dass in Werkzeugbaubetrieben im Durchschnitt 13,6 unterschiedliche Fertigungsverfahrensausprägungen verfügbar sind. Daraus ergibt sich eine erhöhte Planungskomplexität, wenngleich nur eine begrenzte Anzahl dieser Verfahren als Kerntechnologien in der Branche Werkzeugbau definiert sind. Diese Kerntechnologien sind Fräsen, Drehen, funkenerosives Senken und Schneiden sowie Schleifen [HEES15, S. 19].

2.5.1 Kategorisierung subtraktiver Fertigungstechnologien

Categorization of Subtractive Manufacturing Technologies

Als Übersicht sind in Abbildung 2-16 zur Weiterbearbeitung additiv gefertigter Werkstücke relevante Fertigungsverfahren der DIN 8580 hervorgehoben. Da die Norm bereits eine etablierte und ausführliche Einteilung in Hauptgruppen, Gruppen und Untergruppen vornimmt, erfolgt keine weitere Kategorisierung.

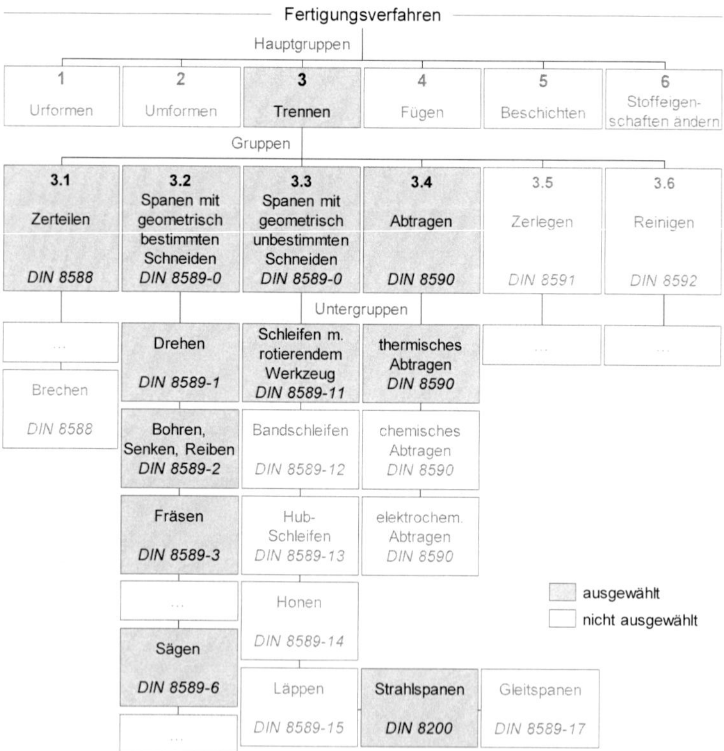

Abbildung 2-16: Ausgewählte Fertigungsverfahren nach DIN 8580 [DIN03]

2.5.2 Spanende und abtragende Fertigungstechnologien

Machining and Abrasive Manufacturing Technologies

Unter den subtraktiven Fertigungsverfahren ist die Hauptgruppe der trennenden Verfahren von besonderer Bedeutung. Dies zeigt auch die Befragung von AM-Anwender·innen (vgl. Abbildung 4-7 und Anhang A.4). So lassen sich alle genannten Verfahren den spanenden und abtragenden Fertigungsverfahren zuordnen.

Fräsen und Bohren

Das Spanen mit geometrisch bestimmter Schneide zeichnet sich dadurch aus, dass die Schneidenanzahl, die Geometrie des Schneidkeils und die Lage der Schneiden zum Werkstück genau definiert sind [KLOC18, S. 48; AWIS16, S. 146]. In der Unikat- und Kleinserienfertigung ist Fräsen das wichtigste Verfahren, da hierbei hohe Genauigkeit, gute Reproduzierbarkeit, hohe geometrische Flexibilität und gute Automatisierbarkeit erreicht werden können [HEES15, S. 39; BILS07, S. 7]. Fräsen ist definiert als Spanen mit kreisförmiger, einem meist mehrzahnigen Werkzeug zugeordneter Schnittbewegung und mit senkrechter oder auch schräg zur Drehachse des Werkzeugs verlaufender Vorschubbewegung zur Erzeugung beliebiger Werkstückoberflächen [DIN03d, S. 3]. Fräsverfahren lassen sich durch das Zeitspanvolumen in Schruppfräsen (hohes Zeitspanvolumen) und Schlichtfräsen (geringes Zeitspanvolumen, hohe Zeitspanfläche) unterteilen [BOOS18a, S. 14]. Mit steigendem Zeitspanvolumen nimmt die Oberflächenqualität ab. [KLOC18, S. 445; DIN03d]

Ein weiteres Unterscheidungsmerkmal stellt die Schnittgeschwindigkeit dar. Dabei kann zwischen konventionellem Fräsen und Hochgeschwindigkeitsfräsen (HSC, engl.: high speed cutting) unterschieden werden. Die HSC-Bearbeitung ist charakterisiert durch eine deutlich gesteigerte Schnitt- und Vorschubgeschwindigkeit. Neben einer Verringerung der Bearbeitungszeit ergibt sich durch die veränderten Parameter eine Steigerung der Oberflächenqualität. Dadurch wird das Ziel erreicht, eine Endbearbeitung, durch z. B. Polieren, überflüssig zu machen [BIRK13, S. 374].

Als letztes Unterscheidungsmerkmal wird in dieser Arbeit die Maschinenkinematik betrachtet. Dabei lassen sich 3-Achs-, 3+2-Achs- und 5-Achsfräsen unterscheiden. Bei der 3-Achs-Bearbeitung wird das Bearbeitungswerkzeug entlang der X-, Y- und Z-Achse verfahren. Können Werkzeugtisch oder Antriebspindel zusätzlich in zwei Achsen statisch angestellt werden, spricht man von einer 3+2-Achs-Bearbeitung. Bei der 5-Achs-Bearbeitung können alle fünf Achsen (dreifach translatorisch: X, Y, Z; zweifach rotatorisch: A, B und/oder C) während der Bewegungsführung simultan angesteuert werden. Durch damit mögliche komplexe Schwenkbewegungen des Bearbeitungswerkzeugs können freigeformte 3D-Oberflächen von Werkstücken bearbeitet werden. Die Erhöhung der Freiheitsgrade ermöglicht die Fräsbearbeitung geometrisch aufwendiger Werkstücke, geht jedoch ohne eine zusätzliche Versteifung des Maschinengestells mit einer zunehmenden Positionier- und Bahnungenauigkeit einher. [BOOS18a, S. 19; HEES15, S. 41; KLOC00, S. 8; EVER98, S. 214–215]

In der Regel werden Bohrprozesse auf Fräsmaschinen durchgeführt, sofern Anforderungen an die Positioniergenauigkeit der Bohrung vorhanden sind und gleichzeitig die Werkstückmaße innerhalb des Bearbeitungsraums der verfügbaren Fräsmaschinen liegen [SURE19, S. 1]. Nach DIN 8589-2 versteht man unter Bohren das Spanen mit kreisförmiger Schnittbewegung, bei dem die Drehachse des Werkzeugs und die Achse der zu erzeugenden Innenfläche identisch sind und die Vorschubbewegung in Richtung dieser Achse verläuft [DIN03c, S. 3]. Hauptanwendungsgebiet des Bohrens liegt in der Herstellung von Bohrungen für Verschraubungen (Durchgangs- und Kernlochbohrungen) und Zentrierungen [AWIS16, S. 158;

MENG07, S. 481]. Dabei kommt das Bohrverfahren meistens zum Einsatz, wenn das Aspektverhältnis so groß ist, dass es von keinem anderen Verfahren hergestellt werden kann. Von besonderer Bedeutung sind das Rundbohren ins Volle, Aufbohren, Gewindebohren und Reiben. Diese Verfahrensausprägungen finden bei der Weiterbearbeitung additiv gefertigter Werkstücke Anwendung. Charakteristisch für das Bohren sind der schwierige Abtransport der Späne und die nicht optimale Wärmeverteilung an der Eingriffsstelle. [KLOC18, S. 566–569]

Drehen

Das Drehen ist ebenfalls dem Spanen mit geometrisch bestimmter Schneide zugeordnet. Drehen ist definiert als Spanen mit geschlossener, meist kreisförmiger Schnittbewegung und beliebiger, quer zur Schnittrichtung liegender Vorschubbewegung [KLOC18, S. 526; DIN03b, S. 3]. Dabei ist die Drehachse unabhängig von der Vorschubbewegung ortsfest. In der Literatur wird von einer werkstückgebundenen Drehachse gesprochen [SPUR11, S. T66]. Drehen ist das einzige spanende Verfahren, bei dem nicht das Bearbeitungswerkzeug die rotatorische Bewegung ausführt, sondern das Werkstück. Zum Einsatz kommt es überwiegend bei rotationssymmetrischen Werkstücken [BILS07, S. 7]. Die starre Ausrichtung des Werkstücks reduziert die geometrischen Freiheiten beim Drehen stark [HEES15, S. 38]. Besondere Verbreitung besitzen die Verfahrensvarianten Quer-Plandrehen und Längs-Umfangsdrehen sowie Profil- und Formdrehen. Bei der Hartzerspanung können durch die fortgeschrittene Entwicklung bei der Drehbearbeitung so gute Oberflächenqualitäten erzielt werden, dass konsekutive Schleifoperationen damit ersetzt werden können [BILS07, S. 7; MASC06].

Schleifen

Schleifen zählt zu den Verfahren des Spanens mit geometrisch unbestimmter Schneide. Es wird ein Bearbeitungswerkzeug verwendet, dessen Schneidenanzahl, Schneidkeilgeometrie und Lage der Schneiden zum Werkstück unbestimmt sind [DIN03f, S. 4]. Im Folgenden werden die Untergruppen 3.3.1 »Schleifen mit rotierendem Werkzeug«, später kurz ›Schleifen‹ genannt, und 3.3.6 »Strahlspanen« der DIN 8589-11 betrachtet. Schleifen ist ein spanendes Fertigungsverfahren mit vielschneidigen Werkzeugen, deren geometrisch unbestimmte Schneiden von einer Vielzahl gebundener Schleifkörper gebildet werden. Dabei wird der Werkstoff mit hoher Geschwindigkeit abgetrennt [DIN03f, S. 3]. Schleifen wird insbesondere dann eingesetzt, wenn eine hohe Oberflächenqualität und ausgezeichnete Maß-, Form- und Lagetoleranzen gefordert sind [KLOC18a, S. 2; AWIS16, S. 164]. Daher wird das Verfahren hauptsächlich zur Endbearbeitung verwendet. Durch die stetige Weiterentwicklung des Verfahrens ist es heute auch möglich, durch Hochleistungsschleifverfahren Zerspanraten zu erzielen, die eine Zerspanung großer Werkstoffvolumina wirtschaftlich rentabel machen [KLOC18a, S. 2]. Das Bearbeiten sehr harter Werkstoffe ist mit dem Verfahren des Schleifens – im Vergleich zum Fräsen oder Bohren – ohne Mehraufwand möglich [KLOC18a, S. 23-24, 38; BILS07, S. 7].

Funkenerosion

Damit Werkstoffe durch »thermisches Abtragen durch elektrischen Funken (Funkenerosives Abtragen)« [DIN03e, S. 22] bearbeitet werden können, müssen sie eine elektrische Leitfähigkeit κ von mindestens 1 S/m aufweisen [AWIS16, S. 189; JURK04, S. 16]. Die Vorteile des funkenerosiven Abtragens, kurz EDM (engl.: electro discharge machining) genannt, liegen in einer hohen Genauigkeit und Oberflächenqualität, einem kontrollierbaren und reproduzierbaren Prozess und der Anwendbarkeit für verschiedene Bauteilgrößen und -härten [AWIS16, S. 182; KLOC07, S. 6]. Bergs sieht insbesondere in der Verarbeitung von Hartmetallen Vorteile durch die Funkenerosion, da das Verfahren unabhängig von der Werkstoffhärte einsetzbar ist [BERG16, S. 299]. Auch die Bearbeitung von feinen Konturen und Innenradien sowie Aspektverhältnissen von bis zu 1.000 sind ein großer Vorteil der Funkenerosion [NEUG12, S. 227]. Das funkenerosive Abtragen lässt sich in zwei Verfahrensvarianten unterteilen. Unterschieden wird zwischen dem funkenerosiven Schneiden (Drahtfunkenerosion) und dem funkenerosiven Senken (Senkfunkenerosion) [DIN03e, S. 8]. Beide Verfahren arbeiten nach demselben Prinzip der Funkenentladung, das den Werkstoffabtrag bewirkt und sich in drei Phasen teilt: Aufbau-, Entlade- und Abbruchphase [KLOC07, S. 4].

In der Aufbauphase wird zwischen Bearbeitungswerkzeug (Elektrode) und Werkstück eine Spannung angelegt. Das Werkzeug bildet die Anode, während das Werkstück als Kathode fungiert. Diese Polung ist erforderlich, da sich nach Anlegen des elektrischen Feldes an der Kathode ein vielfach höherer Werkstoffabtrag ausbildet. Werkstück und Werkzeug befinden sich während des Prozesses in einem Dielektrikum und haben einen definierten Abstand zueinander (Arbeitsspalt) [EVER98, S. 177]. An der Stelle des kleinsten Abstands zwischen Werkstück und Werkzeug sammeln sich Partikel aus dem Dielektrikum und es bildet sich eine leitfähige Partikelbrücke aus. Durch das Auftreffen der Elektronen und Ionen auf die Werkstückoberfläche wird die kinetische Energie der Elektronen und Ionen in thermische Energie umgewandelt. Das verdampfende Dielektrikum sorgt für neue Ladungsträger und es formt sich ein Plasmakanal, der als Funke wahrgenommen wird. In der Entladephase weitet sich der Plasmakanal mit ansteigendem Stromfluss auf und wächst zu einer Gasblase heran. An der Bearbeitungsstelle schmilzt und verdampft der Werkstoff aufgrund der hohen Strom- und Energiedichte, was zu einem lokalen Werkstoffabtrag führt. Daraufhin stellt sich ein Gleichgewichtszustand ein. Das Abschalten der Spannungsquelle führt in der Abbruchphase zur Implosion der Gasblase. Dadurch wird der abgetragene Werkstoff aus dem Arbeitsspalt geschleudert und vom umgebenden Dielektrikum abtransportiert. [AWIS16, S. 183–184; NEUG12, S. 226–227; KLOC07, S. 3–5]

Bei der Senkerosion bildet eine Werkzeugform die Werkstückgeometrie als Negativ ab [MENG07, S. 847]. Diese Elektrode muss dabei, abgesehen von Standardelementen wie Regelgewinden oder Tunnelangüssen, für jedes Werkstück individuell gefertigt werden und höchsten Toleranzanforderungen genügen [NEUG12, S. 228]. Als Elektrodenwerkstoffe kommen vorrangig Graphit und Kupfer bzw. Kupferlegierungen zum Einsatz. Graphit wird insbesondere dann ausgewählt, wenn hohe Entladeströme für einen starken Verschleiß von metallischen Anoden sorgen würden [KLOC07, S. 77–78]. Graphit ist außerdem sehr effizient fräsend bearbeitbar und erfordert in der Regel keine manuelle Nacharbeit (z. B. entgraten). Kupfer wird verwendet, wenn eine hohe Oberflächengüte erreicht werden soll [HEES15, S. 49]. Im Gegensatz zu Graphit- können mit Kupferelektroden optisch glänzende Oberflächen erzeugt werden [MARA13, S. 162; WONG98, S. 32–35; TAKA82, S. 35–36]. Anwendung findet das funkenerosive Senken bei der Bearbeitung harter und fester Werkstoffe sowie bei geringen Innenradien oder scharfkantiger Ausführung von Kavitäten.

Die Drahterosion ist durch eine Drahtelektrode zum Abtrag des Werkstoffes charakterisiert. Durch den verfahrensbedingten Werkstoffabtrag an der Drahtelektrode selbst muss diese durch Ablaufen kontinuierlich erneuert werden [NEUG12, S. 231]. Die Form des Werkstücks wird im Vergleich zum funkenerosiven Senken nicht durch ein formabbildendes Werkzeug, sondern durch die Drahtelektrode und besonders durch die programmierte Schnittbahn erzeugt [KLOC07, S. 48]. Als Werkzeugwerkstoff werden Kupfer und Kupfer-Zink-Legierungen eingesetzt. Es können Oberflächenrauheitswerte von bis zu ≥0,04–0,08 µm erzeugt werden [FRIT18, S. 341; KLOC07, S. 59].

Oberflächenbearbeitung

Zur Oberflächenbearbeitung werden hier alle Verfahren gezählt, die darauf abzielen, die Oberflächenqualität zu verbessern. Werkstoffabtrag oder -zerspanung zur Geometrieerzeugung ist dabei nicht der primäre Anspruch an den Bearbeitungsschritt.

Strahlspanen ist nach der zurückgezogenen Norm DIN 8200 definiert als ein Fertigungsverfahren, bei dem Strahlmittel in Strahlgeräte unterschiedlicher Strahlsysteme beschleunigt und zum Aufprall auf die zu bearbeitende Oberfläche eines Werkstücks gebracht werden [DIN82, S. 1]. Das Verfahren unterscheidet sich vom Schleifen dadurch, dass die Abrasivpartikel mechanisch ungebunden, jedoch energiegebunden auf die Oberfläche des Werkstücks auftreffen. Ist der Werkstoff hinreichend duktil, entstehen durch das Strahlspanen Krater an der Werkstückoberfläche. Durch dabei entstehende plastische Fließvorgänge findet eine Verfestigung der Oberfläche statt. Es kann in der Folge zu Druckeigenspannungen kommen, die auch nach der Bearbeitung in den randnahen Schichten bestehen bleiben [KLOC18a, S. 9]. Das Verfahren dient zum Entgraten, zur Verbesserung der Oberflächenqualität oder zur Vorbereitung der Oberfläche für nachgelagerte Verfahren. Die Beeinflussung der Randzone ist in vielen Fertigungsbereichen von besonderer Bedeutung. [KLOC18a, S. 384]

Bei der additiven Fertigung spielt das Strahlspanen eine wichtige Rolle zur primären Weiterbearbeitung von Werkstücken. Zunächst zum Befreien der Oberfläche von anhaftenden Pulverpartikeln (Abschnitt 2.4.3: Restpulverentfernung), ohne Anspruch an eine spezifische Oberflächenmodifikation. Weiterhin wird durch das Strahlspanen eine Oberflächenhomogenisierung erreicht, wobei die Schichtstruktur der LB-PBF-Oberfläche ausgeglichen wird [VDMA11, S. 6]. Es sind Oberflächenrauheitsreduktionen bei der mittleren arithmetischen Höhe S_a bis zu 70 % möglich [ALMA16, S. 917].

Polieren bezeichnet nach DAMBON einen Prozess, bei dem Abrasivpartikel in einem Medium (zumeist einer Flüssigkeit oder Paste) fein dispergiert über die zu bearbeitende Oberfläche geführt werden. An der Oberfläche erfolgt der Werkstoffabtrag. [DAMB05, S. 6] Neben abrasiven Mechanismen wirken auch chemische und plastische Vorgänge. Beim Polieren kann zwischen zwei Strategien unterschieden werden: flächiges und zo-nales Polieren. Bei den flächigen Polierverfahren hat das Werkzeug die Form des Werkstücks und ist meist größer als dieses. Zonale Polierverfahren werden zum Polieren von Freiformflächen eingesetzt. Das Polierwerkzeug ist hierbei deutlich kleiner als das Werkstück [KLOC18a, S. 371–375]. Polieren führt zu einer glänzenden, blanken Oberfläche, während Oberflächenfehler wie Welligkeit nur teilweise beseitigt werden. Eine optisch-ästhetische oder applikationsgetriebene Oberflächenmodifikation ist primäres Ziel einer Politur, nicht der Werkstoffabtrag. Um dies zu erreichen, ist Polieren immer als Verfahrenskombination zu betrachten. Begriffe wie Polierschleifen oder Polierläppen deuten dies an. Entsprechend der Tatsache, dass Polieren nicht als isoliertes Verfahren betrachtet werden kann, bildet es keine eigene Gruppe nach DIN 8580 bzw. 8589 [DIN03a, S. 8].

2.6 Planung von Fertigungsmitteleinsatz und -prozessketten

Planning of Production Equipment Application and Process Chains

In Abschnitt 2.6 wird die horizontale Fertigungsprozesskette zur Herstellung eines Bauteils thematisiert. *Horizontal* bezeichnet dabei das Zusammenwirken einzelner Fertigungsschritte, ausgestattet mit spezifischen Fertigungsmitteln, respektive Maschinen und zugehörigen Einrichtungen wie Spannmitteln [KLOC96, S. 289]. Die horizontale Prozesskette kann auf zwei Ebenen betrachtet werden. Zum einen auf der technologischen Ebene (Zusammenwirken von Fertigungstechnologien oder Maschinen, Übergabe von Werkstücken), zum anderen auf der organisatorischen Ebene (Fertigungskapazität, Wertschöpfungsnetzwerk). Jedoch lassen sich nicht alle Merkmale einer Prozesskette diskret einer der beiden Ebenen zuordnen. So spielt beispielsweise die digitale Abbildung der horizontalen Prozesskette eine wichtige Rolle in Industriebetrieben. Diese kann kurz als CAx-Prozesskette (engl.: computer-aided x) bezeichnet werden und umfasst übergreifende Elemente wie CAM (engl.: computer-aided manufacturing), welches gleichzeitig planerische wie auch fertigungstechnische Aufgaben umfasst [BOOS18c, S. 10]. Im Besonderen soll das Zusammenwirken der beiden beschriebenen Ebenen handlungsleitend in der weiteren Betrachtung sein. Bezogen auf die additive Fertigung wird die horizontale Prozesskette analog zu vorhandenen, subtraktiv dominierten Prozessketten betrachtet [ELSE18, S. 1513–1516; FRAN17, S. 1854; BUND15, S. 2].

2.6.1 Ansätze zur Planung von Fertigungsmitteleinsatz und Fertigungsprozessketten

Approaches for Planning of Production Equipment and Process Chains

Technologieplanung oder *Technologieorganisation* befasst sich mit der Umsetzung von technologischen Innovationen in Unternehmen bzw. übergeordnet und holistisch mit der Fertigung von Bauteilen. Dabei werden unterschiedliche Methoden zur *Fertigungstechnologiebewertung und -auswahl* sowie zur *Prozesskettengestaltung* entwickelt und angewendet. Bei der Prozesskettengestaltung sind die beiden Begriffe *Prozesskettengenerierung* und *-planung* von Bedeutung.

Technologieplanung umfasst vorrangig langfristige Planungsüberlegungen auf Basis von Trends in der Vergangenheit für zukünftige, stetige Entwicklungen. Zunehmend wird neben der Extrapolation vergangener Entwicklungen eine sich diskontinuierlich entwickelnde Zukunftsaussicht einbezogen, die strategiegetrieben sein kann [SCHM96, S. 35–36]. Die Diskontinuität ergibt sich aus veränderten Rahmenbedingungen und neuen technologischen Möglichkeiten. Grundsätzlich umfasst die Technologieplanung nach POSCH, zusammengefasst von SCHUH, »die Ermittlung und Systematisierung aller Aktivitäten, deren Ablauf sowie der Kosten, Ressourcen und Termine und stellt die geistige Vorwegnahme zukünftigen Handelns dar« [SCHU11, S. 171–172; POSC07, S. 227]. Da Technologieplanung mit zukünftiger Beschaffung von Fertigungsmitteln verbunden ist und sich nicht nur organisatorisch auswirkt, fällt der Technologieplanung und der damit einhergehenden strategisch und technologisch fundierten Entscheidung eine bedeutende Rolle zu, um ein Unternehmen auch langfristig erfolgreich am Markt zu halten [SCHM96, S. 11]. Daraus ergibt sich zudem eine Querverbindung zur Investitionsplanung. »Im Rahmen der Technologieplanung [erfolgt] die Gestaltung des Weges zur Erreichung der Ziele« [SCHU11, S. 172], d. h. sie beschreibt das Wie im Sinne der Umsetzung der Technologiestrategie eines Unternehmens. Hier setzt in ähnlicher Weise die Technologieorganisation an, die auch durch das »Technology-Organization-Environment-Framework« (TOE, engl.) mitgeprägt ist. Das TOE beschreibt die Umsetzung von Innovationen in Unternehmen und gliedert sich nach DEPIETRO in technologischen, organisatorischen und Umfeld-Kontext [BAKE12, S. 232; TORN90, S. 153]. Es handelt sich damit um einen holistischen Ansatz. Aufgrund der größeren Verbreitung und sich überschneidender Bedeutung wird der Begriff Technologieplanung weitergeführt.

Entsprechend dieser allgemein auf den Technologiebegriff bezogenen und oftmals nicht einheitlichen Definition können alle technologischen Fähigkeiten eines Unternehmens abgedeckt werden [ZEHN97, S. 89]. Neben der allgemeinen Definition kann explizit die Planung von Fertigungstechnologie durch Technologieplanung beschrieben werden. Dazu zählt der Entscheidungsprozess zur Fertigungstechnologieauswahl [KLOC99, S. 374]. Diese

Arbeit folgt der Definition von NAU: »Technologieplanung ist die Auswahl, Bewertung und Weiterentwicklung von Fertigungstechnologien im Rahmen von Produktentwicklungsprozessen und Verbesserungsmaßnahmen in der Produktion« [NAU12, S. 5]. KLOCKE und NAU beschreiben einen Ansatz zur operativen Technologieplanung, bei dem Implementierungsaufwand und Implementierungsrisiko berücksichtigt werden. Dieser Ansatz beinhaltet die »Applikation neuer Technologien« und wertet dies mit der relativ aufwendigsten Implementierung und dem relativ höchsten Risiko bei der Implementierung, jeweils verglichen mit den weiteren Stufen entlang der Methoden der operativen Technologieplanung [KLOC10]. In Abbildung 2-17 sind diese Stufen in ihrer Ausprägung adaptiert dargestellt und qualitativ über dem Implementierungspotenzial aufgetragen.

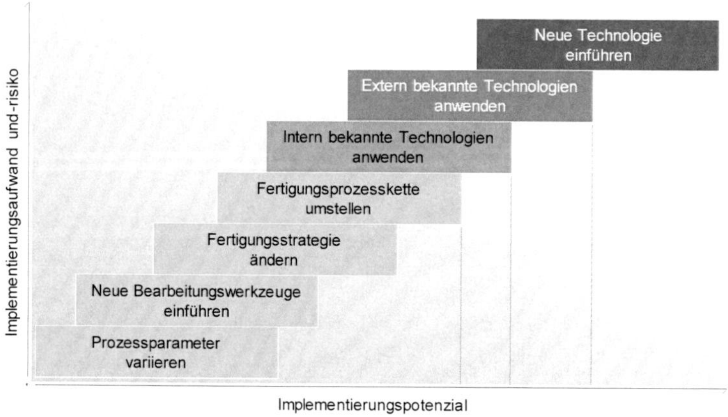

Abbildung 2-17: Methoden der operativen Technologieplanung i. A. a. KLOCKE/NAU [KLOC10, S. 431–433]

Aus dem Ansatz und der grafischen Darstellung leitet sich die Notwendigkeit einer besonderen Betrachtung der Technologieplanung für neue Fertigungstechnologien ab. Die additive Fertigung kann in Anbetracht ihrer vergleichsweise geringen Technologiediffusion[6] als neue Technologie angesehen werden, wenngleich bereits einzelne Implementierungsbeispiele existieren.

Die Prozesskettengenerierung fokussiert die vollständige Neuschöpfung einer Prozesskette, auch »Neuplanung« [JURK04, S. 24], während mit Prozesskettenplanung vermehrt die Anpassung und weitere Auslegung einer (bestehenden oder anforderungsähnlichen) Prozesskette beschrieben wird. Auch die »Gestaltung von Prozessketten« [WEGE16, S. 31] lässt sich im Sinne einer Optimierung vermehrt der Anpassung einer bestehenden Prozesskette zuordnen. Eine Unterscheidung von Generieren, Planen und Gestalten einer Prozesskette findet jedoch nicht abschließend statt, sodass die drei Begriffe – und weitere sinngleiche – in unterschiedlichen Veröffentlichungen auch synonym gebraucht werden; TROMMER schreibt tautologisch von »generierender Planung« [TROM01, S. 26]. In jedem Fall ist von vorausschauendem, nicht von steuerndem Nutzen der unterschiedlichen Ansätze auszugehen [WEGE16, S. 31; JURK04; TROM01, S. 8; FALL00, S. 35]. Da in der vorliegenden Arbeit von einer bestehenden Fertigungsumgebung mit existierenden Prozessketten ausgegangen

---

[6] Die Technologiediffusion der additiven Fertigungstechnologien sei hier durch den Absatz von Werkzeugmaschinen [CHIL19, S. 9] im Vergleich zu additiven Fertigungsmaschinen [WOHL19, S. 163] bestimmt.

wird, wird übergreifend der Begriff Prozesskettengestaltung verwendet. Wird explizit der erzeugende Anteil der Prozesskettengestaltung thematisiert, wird der Begriff Prozessketten-generierung genutzt.

Die vorhandene umfassende Literatur zur Prozesskettengenerierung, -planung und -gestaltung (zusammenfassend: Prozesskettenbetrachtung) widmet sich in weiten Teilen der Serienproduktion von nicht individualisierten Massengütern oder legt darauf zumindest den Fokus (z. B. [REY20, S. 50; MORY04, S. 56; EICH03, S. 45; SCHM03, S. 103; FALL00, S. 68–69]). Weiterhin wird die Prozesskettenbetrachtung für die Unikatfertigung verschiedentlich in der Literatur thematisiert. Hierzu ist insbesondere auf Arbeiten für die spezifischen Anforderungen des Werkzeugbaus zu verweisen (z. B. [KASC99, S. 5]). KUSHNARENKO bezieht sich explizit auf die additive Fertigung, berücksichtigt dabei jedoch nicht die Einzelfertigung [KUSH09]. Die Kombination aus Einzel- bzw. Kleinserienfertigung und der Randbedingung additiv gefertigter Ausgangswerkstücke wird von KASCHKA [KASC99] für die Prototypfertigung berücksichtigt. Eine detaillierte Untersuchung der Literatur mit Relevanz für die Prozesskettenbetrachtung bei Integration von pulverbettbasierter additiver Fertigung in bestehende Prozessketten erfolgt in Kapitel 3.

2.6.2 Horizontale Prozesskette bei der additiven Fertigung

Horizontal Process Chain in Additive Manufacturing

In der Literatur existieren diverse Beschreibungen des Umfangs der generischen horizontalen Fertigungsprozesskette inklusive additiver Fertigung. MÖHRLE fasst dazu einige Ansätze zusammen, wobei deutlich wird, dass subtraktive Fertigungsverfahren nicht die erforderliche Berücksichtigung erfahren [MÖHR18, S. 15]. Eine für diese Arbeit gültige Interpretation folgt. Zu Beginn der Fertigung eines Bauteils steht ein 3D-CAD-Modell. Das 3D-Modell kann bereits in einer Datenbank vorliegen, explizit für die additive Fertigung konstruiert worden sein oder durch Nachkonstruktion (engl.: reverse engineering[7]) entstanden sein. Ist bereits vor der additiven Fertigung bekannt, dass das Werkstück anschließend subtraktiv weiterbearbeitet werden muss, um beispielsweise vorgegebene Oberflächeneigenschaften zu erfüllen, müssen die dafür erforderlichen Aufmaße in dem Modell enthalten sein [GIBS21, S. 54–57; VDI15, S. 6; VDI14, S. 25]. Im nächsten Schritt wird das 3D-CAD-Modell in das Format der *Standard Triangulation Language* (STL, engl.) umgewandelt. Das STL-Format hat sich als Standardformat zur Datenübergabe in der additiven Fertigung entwickelt [VDI14, S. 26]. Dieser Schritt vereinfacht das 3D-CAD-Modell und entfernt alle Informationen, die keinen Einfluss auf die Geometrie des Modells haben, wie Konstruktions-Metadaten (z. B. Bohrungsinformationen) und die Konstruktionshistorie (z. B. Abzugskörper). Dadurch wird die Datenmenge reduziert und der Datentransfer vereinfacht, für weitere Fertigungsschritte erforderliche Informationen entfallen jedoch. Die Oberfläche des Modells wird mittels Triangulation durch Dreiecke und Flächenvektoren tesselliert. Die Flächenvektoren müssen dabei immer in die gleiche Richtung zeigen, das heißt entweder weisen diese in das Bauteilinnere oder von der Oberfläche aus in den umgebenden Raum. Die Anzahl und Größe der Dreiecke können dabei variiert werden. Um ein gutes Ergebnis zu erzielen, sollten die Dreiecke nicht weiter als die gewünschte Genauigkeit des Bauteils von dem 3D-CAD-Modell abweichen. [GIBS21, S. 56–57; VDI14, S. 26–27]

[7] Reverse Engineering bezeichnet das Zurückführen einer Bauteilkonstruktion aus einem bestehenden Realbauteil. Dabei kommen unter anderem optische 3D-Scanner zum Einsatz. Ziel ist es, das bestehende Bauteil möglichst exakt digital als 3D-CAD-Modell wiederzugeben und somit erneut herstellen zu können. Im Kontext der additiven Fertigung besitzt das Reverse Engineering eine große Bedeutung z. B. zur Herstellung von Ersatzteilen oder im Reparaturfall. [ZHAN19, S. 1; ANWE16, S. 165; RAJA08, S. 1–3]

Aktuelle Ansätze zur Bauteilkonstruktion erreichen eine erhöhte Integration von CAD- und CAM-Funktionen, sodass der Nutzende nicht mehr zwangsläufig eine Umwandlung des 3D-CAD-Modells zur weiteren Vorbereitung des AM-Prozesses in das STL-Dateiformat vornehmen muss. Hierzu ist neben proprietären Lösungen ausgewählter Softwareanbieter ein freies Dateiformat für die additive Fertigung (»AMF«) entstanden. Es basiert weiterhin auf dem STL-Format und ergänzt Oberflächen-, Werkstoff-, Farb- oder weitere Eigenschaften im XML-Format [DIN20a]. Das AMF-Format fokussiert die additive Fertigung, sodass spezifische Informationsinhalte zu einer Weiterbearbeitung eines Bauteils nicht vorgesehen sind.

Die hohen Temperaturgradienten während des LB-PBF-Prozesses können zu Schrumpfungen, Eigenspannungen und Verformungen führen [VDI15, S. 6]. Zur Reduzierung dieser negativen Einflüsse werden Stützstrukturen an das Werkstück angebracht. Diese verbessern die Wärmeabfuhr und verringern dadurch den Temperaturgradienten und somit den Werkstückverzug. Zudem fixieren sie das Werkstück zusätzlich. Bei der Fertigung von freien Überhängen ist darauf zu achten, dass ab einem bestimmten Winkel zwischen Überhang und Substratplatte Stützstrukturen verwendet werden müssen, um ein katastrophales Versagen des Werkstücks während des Aufbaus auszuschließen (vgl. Abschnitt 2.4.2: Prozess).

In der marktüblichen Ausprägung ist die Substratplatte aus dem gleichen oder ähnlichen Werkstoff wie das zu verarbeitende Pulver gefertigt. Somit kann sichergestellt werden, dass eine stoffliche Verbindung zwischen Substratplatte und Werkstück während des additiven Fertigungsprozesses mit hinreichender Festigkeit der Verbindungsstelle entstehen kann. Substratplatten sind entsprechend der in einer Fertigungsmaschine verfügbaren Prozesskammer quadratisch, rechteckig oder kreisförmig ausgeführt. Maschinenseitig werden diese über Durchgangsbohrungen und Zylinderkopfschrauben mit Innensechskant befestigt. Dadurch ist keine Möglichkeit der Referenzierung oder wiederholgenauen Platzierung der Substratplatte auf dem Maschinentisch gegeben. Der manuelle Aufwand zum Ausrichten der Substratplatte fällt dementsprechend hoch aus. Seltener sind Substratplatten, die über ein Nullpunktspannsystem verfügen und durch dieses form- und kraftschlüssig mit dem Maschinentisch verbunden werden. Hier ist eine Referenzierung und hohe Wiederholgenauigkeit gegeben. Unterschiedliche Substratplattentypen sind in Abbildung 2-18 abgebildet.

Abbildung 2-18: Ausprägungsformen von Substratplatten [MASL18] [PETE20]

Im Bildteil a) handelt es sich um eine marktübliche Substratplatte aus dem hochlegierten Stahl X2CrNiMo17-12-2 1 (Werkstoffnummer 1.4404). Aus diesem ist auch das dargestellte Werkstück gefertigt. Erkennbar sind die schlichte Ausführung als Stahlplatte sowie die in den vier Eckbereichen eingebrachten Durchgangsbohrungen mit Flachsenkungen für Zylinderkopfschrauben zur Befestigung auf dem Maschinentisch. Bildteile b) und c) zeigen ein Substratplattensystem in aufwendigerer Ausführung. Im Bildteil c) sind mittig die Verbindungselemente des Nullpunktspannsystems erkennbar. Ein Nullpunktspannsystem ermöglicht neben der (wiederholten) Referenzierung und reduzierten Nebenzeiten innerhalb der additiven Fertigungsmaschine dieselben Vorteile auf Maschinen der Weiterbearbeitungsprozesse [MASL19, S. 75–76]. Der Bildteil d) zeigt ein am Markt verfügbares, modulares System, auf das mehrere Teil-Substratplatten montiert werden [PETE20]. Wird eine Substratplatte auch als Basis, respektive mit der Werkzeugmaschine verbundenes »Spannelement«, bei der Weiterbearbeitung eines Werkstücks eingesetzt, so ist darauf zu achten, dass lang auskragende Werkstücke bei der mechanischen Bearbeitung zu Schwingungen neigen. Dies ist im Kontext einer Entscheidungslogik für die Prozesskettengestaltung zu berücksichtigen und, falls notwendig, das vorherige Trennen des Werkstücks von der Substratplatte vorzuschlagen.

Teilweise wird empfohlen, die Orientierung in der Prozesskammer bereits während der Konstruktion zu berücksichtigen [KLIP19, S. 1938]. Weiterhin sind die Reibkräfte, die beim Beschichten wirken, zu minimieren. Daher sollten längliche Bauteile nicht parallel zur Beschichtereinheit ausgerichtet werden. Bohrungen sind parallel zur Z-Achse (Aufbaurichtung, orthogonal zur Bauplattform) auszurichten, da so auf Stützstrukturen in den Bohrungen verzichtet werden kann. Zur Vermeidung des »Curl-Effekts«, des Aufrollens von Bauteilen bei großen Belichtungsflächen, sollte die Bauteilorientierung so angepasst werden, dass große Belichtungsflächen vermieden werden [MART11, S. 3]. Ist das nicht möglich, können Stützstrukturen den Effekt verhindern. Aus ökonomischer Sicht ist es sinnvoll, Werkstücke verschachtelt anzuordnen, sodass eine hohe Produktivität erzielt wird. Dazu existieren Methoden und Softwareanwendungen, die eine optimierte Ausnutzung der Prozesskammer anhand vorgegebener Randbedingungen berechnen [AUTO19; CHER18, S. 293–294; SIEM17, S. 13–14; ARAU15, S. 2–6]. Sind Stützstrukturen und Bauteilorientierung festgelegt, folgt das *Slicen* des Bauteils. Dabei wird das Bauteil entlang der Z-Achse in orthogonal dazu liegende Schichten aufgetrennt. Die Schichtstärke des Slicens beläuft sich auf denselben Wert, mit dem das Bauteil additiv aufgebaut wird, also typischerweise einen Bereich von 20–80 µm. Nach dem Slicen haben die einzelnen Schichten keinen Bezug mehr zueinander [VDI14, S. 26; VDI15, S. 22–26].

Liegen die aufbereiteten Daten an der Maschine vor, werden alle Prozessparameter definiert. Dabei müssen die in Abbildung 2-8 beschriebenen wechselseitigen Beziehungen berücksichtigt werden. Im Anschluss werden die Prozesskammer und der Pulverwerkstoff vorbereitet. Das Pulver muss in einem trockenen und evtl. gesiebten Zustand vorliegen. Nachdem die Prozesskammer mit Schutzgas gefüllt ist (statisch) und der dynamische Schutzgasstrom eingestellt ist [SCHN18, S. 1296], beginnt der automatisierte additive Aufbau.

Ist der Aufbau des Werkstücks beendet, muss überschüssiges Pulver abgesaugt und teils mit manuellem Aufwand (Pinsel, Bürsten) entfernt werden. Anschließend kann das Werkstück aus der Prozesskammer entnommen werden. Eventuell ist nun das Entfernen weiterer Pulverreste, die zuvor nicht zugänglich waren, erforderlich. Weitere Ausprägungen der gerade beschriebenen Prozessschritte zur Nachbehandlung des Werkstücks im Anschluss an die Entnahme aus der Prozesskammer sind in Abschnitt 2.4.3 beschrieben. Überschüssiges Pulver aus der Prozesskammer kann wiederaufbereitet werden. Zur Vorbereitung eines Folgeauftrags in der additiven Fertigungsmaschine muss, je nach Anforderungen und eventuell stattfindendem Werkstoffwechsel, die Prozesskammer gereinigt werden. Ist eine Weiterbearbeitung des Werkstücks notwendig, schließt sich diese an. Der übergeordnete Schritt der Weiterbearbeitung umfasst dabei einige Subschritte, angefangen bei der Werkstückanalyse bis zur finalen Technologieauswahl, wie sie z. B. Voit auf Basis von Technologiesteckbriefen vorschlägt [VOIT20] und in der Praxis verschiedentlich angewendet werden. Der genaue Ablauf wird später in der Arbeit detailliert (s. Kapitel 4). In Abbildung 2-19 ist die gesamte generische Prozesskette dargestellt. Auf oberster Ebene gliedert sich diese in die digitale und physische Prozesskette sowie in Prozessvorbereitung (Pre-Process), Prozessdurchführung (In-Process) und Nachbehandlung (Post-Process).

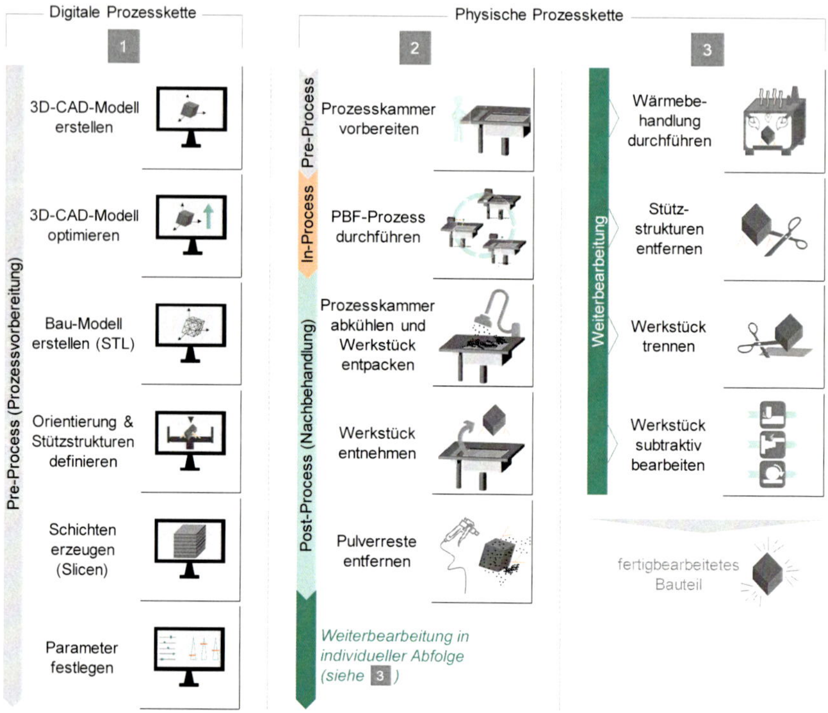

Abbildung 2-19: Generische PBF-Prozesskette

2.7 Leistungsfähigkeitsvergleich additiver und subtraktiver Fertigungstechnologien

Performance Comparison of Additive and Subtractive Manufacturing Technologies

Der technologische Leistungsvergleich von additiven und subtraktiven Fertigungstechnologien lässt sich anhand der jeweils erreichbaren Oberflächenrauheiten (Abbildung 2-12) und Toleranzen (IT-Klassen; Abbildung 2-20) quantifizieren. Typische Anforderungen an Maschinenbauteile liegen im Bereich der IT-Klassen 5–11 [WITT13, S. 23]. Daraus leitet sich unmittelbar ab, dass additive Fertigungsverfahren regelmäßig nicht geeignet sind, direkt Maschinenbauteile zu fertigen. Auf bestimmte Bauteilelemente trifft die unzureichende Fertigungsqualität besonders zu. Dazu zählen Funktions- und Gleitflächen, Passflächen bzw. -bohrungen, Innen- und Außengewinde, Verschneidungen, also Flächenübergänge, und Oberflächen im Allgemeinen [BREM18, S. 14]. Die meisten subtraktiven und viele formgebende Verfahren sind technologisch befähigt, diese Anforderungen zu erreichen.

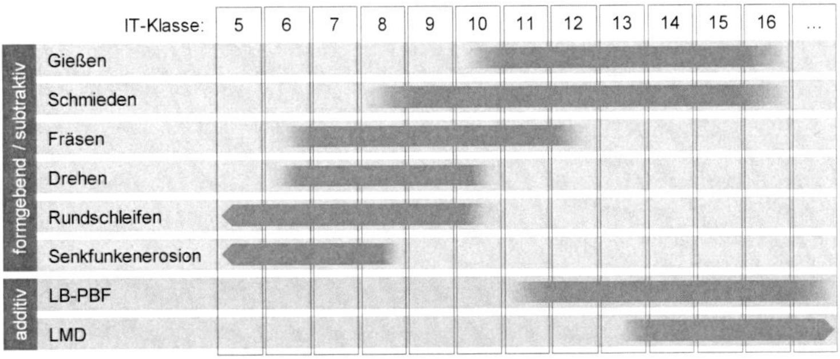

Abbildung 2-20: IT-Klassen ausgewählter Fertigungsverfahren[8]

Als weiterer Vergleichsparameter lässt sich die Bauteilkomplexität heranziehen, die sich vielfältig definieren lässt. Wie in Abschnitt 2.4.2 beschrieben, ermöglichen additive Verfahren, insbesondere LB-PBF, die Generierung von Freiformflächen, innenliegender Strukturen und filigraner Elemente. Dies ist mit etablierten trennenden Verfahren nicht möglich. Anhand der Merkmale bearbeitbare Härte, erzielbares Aspektverhältnis, fertigbare Strukturstärke und weiterer Bearbeitungseigenschaften sei die erreichbare Bauteilkomplexität umschrieben. Abbildung 2-21 fasst die Merkmale zusammen. Die Angaben zu den zusammengefassten Merkmalen sind als Orientierungswerte zu interpretieren. Allen Fertigungsverfahren ist eine mehr oder weniger ausgeprägte Abhängigkeit von Werkstoffen, Bearbeitungswerkzeugen, Prozessparametern und Umfeldbedingungen gemein, die zur Über- oder Unterschreitung der angegebenen Werte führen.

Merkmale → / Verfahren ↓	Bearbeitbare Härte (max.; in HRC)	Aspektverhältnis (max.)	Fertigbare Wand-/Strukturstärke (min.; in mm)	Mehrseitenzugänglichkeit	Bauteilpositionierung/-orientierung	3D-Freiformflächenbearbeitbarkeit	Oberflächencharakteristik
Fräsen	70–72 (bzw. > 1.400 HV)	12,5–50	> 0,1	5	definiert	✓	riefig bis spiegelnd
Drehen	70–72	sehr groß	> 0,1	5	definiert	×	rillig bis spiegelnd
Schleifen	praktisch unbegrenzt	< 5–60	> 0,01	5	definiert	(✓)	rillig bis spiegelnd
Senkfunkenerosion	unabhängig	< 60	> 0,001	5	definiert	✓	muldig bis spiegelnd
Drahtfunkenerosion	unabhängig	sehr groß	> 0,01	2,5	definiert	×	muldig bis matt-spiegelnd
LB-PBF	×	< 100	> 0,3	×	frei	✓	riefig bis muldig-rau

Legende: ✓ zutreffend, × nicht zutreffend

Abbildung 2-21: Vergleich subtraktiver Fertigungsverfahren mit LB-PBF (Angaben i. A. a. Literaturwerte und Fachexpertise[9])

---

[8] i. A. a. [DIN19, S. 25], [FRIT18, S. 4], [KLOC07, S. 77], [LIEN15, S. 381], [FREY07, S. 7–14]

[9] Härte: Fräsen [OTTE18, S. 42, 131-137; WERK14], Drehen [HEMB16], Funkenerosion: [KLOC07, S. 6]; Aspektverhältnis: Schleifen [DENK16], Senkfunkenerosion [FERR13, S. 194], Drahtfunkenerosion [KLOC07, S.

Erneut wird deutlich, dass die Integration von Additivem und Subtraktivem einerseits die Umsetzung neuer fertigungstechnischer Freiheiten und andererseits das Erzielen anspruchsvoller technischer Bauteile ermöglicht.

2.8 Zwischenfazit und Handlungsbedarf aus der Praxis

Interim Conclusion and Need for Action from Praxis

Die additive Fertigung bietet enormes Potenzial zur Fertigung hochkomplexer Bauteile mit Geometrieelementen, die mithilfe anderer Fertigungsverfahrensgruppen nicht erzeugt werden können. Im Besonderen sind die pulverbettbasierten additiven Fertigungsverfahren des Bindemittelauftrags, Elektronenstrahlschmelzens und Laserstrahlschmelzens in der Lage, innenliegende Strukturen in Bauteilen, beliebige Oberflächengeometrien und filigrane Strukturen zu erzeugen. Damit wird die technologische Leistungsfähigkeit der Fertigungstechnologie insgesamt erweitert und es ergeben sich neue Design- und Applikationsoptionen. Die Anforderungen typischer Anwendungen des Maschinenbaus limitieren jedoch den direkten Einsatz pulverbettbasiert additiv gefertigter Bauteile aufgrund ihrer unzureichenden Leistungsfähigkeit bezogen auf Oberflächeneigenschaften, Maßgenauigkeit, Form- und Lageeigenschaften und Zugänglichkeit von Geometrieelementen. Um Oberfläche und Präzision anforderungsgerecht auszuführen, ist folglich eine Technologiekombination additiv-subtraktiv zielführend. Dazu müssen Verfahren aus beiden Technologiegruppen technisch und wirtschaftlich sinnvoll kombiniert werden. Die Verfahrensspezifika erzeugen zu beherrschende Herausforderungen: Ein Teil der Geometrieelemente eines Bauteils muss weiterbearbeitet werden, ein anderer Teil nicht. Filigrane Elemente sind nunmehr herstellbar und können spezifische Bauteilfunktionen verbessern, gleichzeitig erhöhen sie den Spannaufwand für eine mechanische Weiterbearbeitung. Als einzige Technologiegruppe existieren bei der additiven Fertigung Stützstrukturen, die ausschließlich im Moment der additiven Fertigung bei vielen Werkstücken obligatorisch sind, für die Bauteilfunktion oder Weiterbearbeitung keinen Nutzen aufweisen oder gar hinderlich sind bzw. einen erhöhten Planungs- und Bearbeitungsaufwand provozieren. Die Gestaltung der konsekutiven Technologiekombination erfordert folglich eine eingehende Betrachtung und methodische Auflösung der beschriebenen Herausforderungen unter besonderer Beachtung der Eigenschaften und dazugewonnenen Flexibilität der pulverbettbasierten Fertigung. Dazu zählt auch die Eingliederung von Merkmalen der Weiterbearbeitung in den Arbeitsvorbereitungsablauf für den additiven Fertigungsprozess, die bisher nicht ausreichend stattfindet. Zu berücksichtigen sind im Besonderen die Werkstückorientierung in der Prozesskammer und Stützstrukturdefinition nicht nur auf Basis additiv-prozessualer Parameter, sondern ergänzend auf Basis der Weiterbearbeitungsprozesskette. Weiterhin muss die Industrialisierung von additiv-subtraktiven Prozessketten vorangetrieben werden. Manuelle Weiterbearbeitungsprozessschritte, die dem Status quo in der Anwendung entsprechen (vgl. Anhang A.3), müssen substituiert werden. Die holistische Betrachtung der genannten Faktoren aus additiver Fertigung, subtraktiver Fertigung, Prozesskettеneigenschaften, Schnittstellen und Bauteilanforderungen vor dem Hintergrund spezifischer betrieblicher Fertigungsmittelverfügbarkeit fehlt in existierenden Veröffentlichungen und wird durch den Stand der Technik nicht abgedeckt.

95–96], LB-PBF [KRAN15, S. S14001-10]; Strukturstärke: Schleifen [HEIS14, S. 1315], Senkfunkenerosion [KLOC07, S. 104], Drahtfunkenerosion (Größenordnung Draht) [KLOC07, S. 48], LB-PBF [KRAN15, S. S14001-9]; Oberflächencharakteristik: Fräsen/Drehen: [GRAE08]

3 Analyse und Bewertung bestehender Ansätze

Analysis and Evaluation of Existing Approaches

Die ab Abschnitt 3.3 vorgestellten Ansätze bilden einen aussagekräftigen Querschnitt bestehender wissenschaftlicher Arbeiten ab, die für die vorliegende Betrachtung relevant sind. Gleichzeitig wird kein Anspruch auf Vollständigkeit gestellt, da das Feld der Technologie- und Prozesskettenbetrachtung in einer Vielzahl von Veröffentlichungen behandelt wird und sich zahlreiche mögliche Anknüpfungspunkte ähneln.

3.1 Methodologie zur Bewertung bestehender Forschungsansätze

Methodology for Evaluation of Existing Research Approaches

Methodologie lässt sich mit »Theorie der wissenschaftlichen Methoden« übersetzen und systematisiert als Wissenschaft von der Wissenschaft die Methodenvielfalt [RAMB20]. Im Folgenden wird eine Methodologie eingeführt, mit der aus unterschiedlichen Quellen und mit unterschiedlichen Paradigmen entwickelte Methoden qualitativ bewertet, verglichen und entsprechend ihrer Relevanz für diese Arbeit eingeordnet werden können. Dazu werden spezifische Anforderungen für die Bauteilanforderungsbeschreibung, Fertigungsmittelaufnahme und -leistungsfähigkeitsbeurteilung sowie Prozesskettengenerierung und -planung definiert. Die Literatur wird auf dieser Basis ausgewertet.

Die Ausprägungen der Anforderungen werden auf einer ordinalen Skala ausgedrückt, die sich an der Gestaltung einer LIKERT-Skala orientiert [LIKE32]. Die LIKERT-Skala stammt aus der Psychologie und Soziologie, findet in modifizierter Form jedoch auch in anderen Wissenschaftsdisziplinen – wie den Ingenieurwissenschaften – Anwendung [HEES15, S. 66; PITS14, S. 84; GREW09, S. 67–68]. Die Skala kann aus unterschiedlich vielen Auswahlmöglichkeiten bestehen. In der Literatur reicht die Anzahl von zwei bis 25 Auswahlmöglichkeiten [DAWE08, S. 62; KOMO65, S. 988]. Diese können geradzahlig oder ungeradzahlig sein, wozu die Literatur keine einheitliche, empfehlende Aussage trifft. Grundsätzlich wird festgestellt, dass eine ungerade Anzahl an Auswahlmöglichkeiten eine mittlere, neutrale Aussage zulässt, die eine gerade Anzahl nicht ermöglicht. Damit wird forciert, dass Anwendende die Auswahl mit einer Tendenz in eine Richtung vornehmen [MOOR08]. In der vorliegenden Anwendung ist dies nicht erforderlich, da eine Abstufung herbeigeführt werden soll, die nicht die Gefahr birgt, durch eine mittlere, neutrale Auswahl diffus zu werden. Hinsichtlich der Anzahl an Auswahlmöglichkeiten werden in der Literatur fünf oder sieben als übersichtlich und mit gleichzeitig hoher Evidenz eingeordnet [DAWE08, S. 62–63]. Um die Bewertung übersichtlich darzustellen, finden »Harvey Balls« Anwendung [TULL13, S. 203]. Die Ideogramme lassen sich entsprechend ihrer ausgefüllten Fläche sehr leicht den vorgegebenen Auswahlmöglichkeiten zuordnen. Da Harvey Balls in ihrer gängigen Darstellungsform fünf Ausprägungen annehmen können, eignen sich diese zu einer kongruenten Zuordnung zur LIKERT-Skala. Abbildung 3-1 gibt eine Übersicht über die Anwendung von Skala und ideografischer Darstellung.

Auswahlmöglichkeit	4	3	2	1	0
Ideogramm	■■■■	■■■□	■■□□	■□□□	□□□□
Erfüllungsgrad	umfassend	größtenteils	teilweise	ansatzweise	nicht

Abbildung 3-1: Ideogramme und Erfüllungsgrad i. A. a. LIKERT-Skala und Harvey Balls

3.2 Bewertungssystematik der Anforderungen an die Methodik

Classification of Evaluation of Method Requirements

In Abschnitt 3.2 werden die Anforderungen beschrieben und jeweils zugeordnet die Kriterien für den Erfüllungsgrad festgelegt. Es werden die folgenden drei Gruppen bestehender Ansätze mit spezifischen Anforderungen betrachtet; Voraussetzung für die Berücksichtigung von Ansätzen ist dabei die vorhandene Behandlung einer der Gruppen:

- Bauteilanforderungsbeschreibung (Abschnitt 3.2.1)
- Fertigungsmittelaufnahme und -leistungsfähigkeitsbeurteilung (Abschnitt 3.2.2)
- Prozesskettengenerierung und -planung (Abschnitt 3.2.3)

3.2.1 Bewertung der Bauteilanforderungsbeschreibung

Evaluation of Component Parts Description

Grundlegender Bestandteil einer Fertigungsprozesskette ist die Fähigkeit, ein funktionales Produkt zu erzeugen. Dabei ist das Erfüllen von Bauteilanforderungen eminent. Damit dies gelingt, müssen die Bauteilanforderungen beschrieben werden. Dies in einer Form (Semantik und Syntax), die zumindest für maschinenbauliche Bauteile, die in Unikat- und Kleinserienfertigung hergestellt werden, universell gültig ist und damit verschiedenste Anforderungen beschreiben kann. Gleichzeitig muss die Bauteilanforderungsbeschreibung praktikabel sein, d. h. für den Anwendenden intuitiv nutzbar sein und einen geeigneten Detaillierungsgrad aufweisen. Ansätze, die z. B. eine Voxelisierung des Bauteils vornehmen, sind nicht geeignet, da zusätzliche Algorithmen zur Auswertung erforderlich sind. Ansätze können unternehmensspezifisch sein, sofern dabei sich wiederholende Geometrieelemente abdecken lassen und zur Sicherstellung der langfristigen Nutzbarkeit der Methodik auch neue Bauteile eingeordnet werden können. Daraus ergeben sich drei Bewertungskriterien bestehender Ansätze:

- Berücksichtigung von Bauteilanforderungen
- Universelle Einsetzbarkeit für unterschiedliche maschinenbauliche Bauteile
- Eignung für in Unikat- und Kleinserienfertigung hergestellte Bauteile

Die jeweils fünf Ausprägungen des Erfüllungsgrads der Kriterien sind nachfolgend aufgeführt. Zu beachten ist, dass einige Ansätze zur Prozesskettengenerierung und -planung (vgl. Abschnitt 3.2.3) eine Bauteilanforderungsbeschreibung integrieren.

Berücksichtigung von Bauteilanforderungen

- Umfassend: Bauteilanforderungen werden vollständig im Ansatz berücksichtigt. Dabei liegt der Fokus auf fertigungstechnisch relevanten technologischen Anforderungen.
- Größtenteils: Bauteilanforderungen sind Teil des Ansatzes, der Fokus liegt jedoch nicht auf technologischen Anforderungen oder dieser berücksichtigt nur teilweise die Fertigungsperspektive.
- Teilweise: Rudimentäre Bauteilanforderungen oder Bauteilanforderungen, die nicht-technologisch sind, werden berücksichtigt.
- Ansatzweise: Die Bauteilanforderungen finden Erwähnung, werden jedoch nicht spezifiziert.

- Nicht: Bauteilanforderungen werden nicht berücksichtigt.

Universelle Einsetzbarkeit für unterschiedliche maschinenbauliche Bauteile

- Umfassend: Der Ansatz gilt universell für verschiedenste maschinenbauliche Bauteile, eine Eingrenzung findet nicht statt.
- Größtenteils: Eine große Bandbreite unterschiedlicher Bauteile kann durch den Ansatz abgedeckt werden und der Ansatz gilt vorrangig für maschinenbauliche Bauteile. Die Einsatzmöglichkeit liegt in weiten Grenzen.
- Teilweise: Die Anwendung ist für eine begrenzte Menge an Bauteilen möglich, die im maschinenbaulichen Umfeld zu verorten sind oder diesem nahestehen.
- Ansatzweise: Die Anwendung ist für eine begrenzte Menge an Bauteilen möglich, die im maschinenbaulichen Umfeld zu verorten sind oder diesem nahestehen. Dabei ist die Einsetzbarkeit auf wenige definierte Fälle begrenzt.
- Nicht: Der Ansatz gilt für ein spezifisches Bauteil oder für nicht maschinenbauliche Bauteile.

Eignung für in Unikat- und Kleinserienfertigung hergestellte Bauteile

- Umfassend: In Unikat- und Kleinserienfertigung gefertigte Bauteile sind maßgeblicher Bestandteil und die Methodik ist hierauf ausgelegt.
- Größtenteils: Bauteile, die in Unikat- und Kleinserienfertigung gefertigt werden, können mit diesem Ansatz erfasst werden.
- Teilweise: Neben der Serienfertigung ist auch die Unikat- und Kleinserienfertigung adressiert, steht jedoch nicht im Fokus der Betrachtung.
- Ansatzweise: Die Unikat- und Kleinserienfertigung ist untergeordneter Anwendungsfall des Ansatzes, spezifische Eigenschaften werden nicht abgedeckt.
- Nicht: Der Ansatz ist nicht für die Unikat- und Kleinserienfertigung geeignet.

3.2.2 Bewertung der Fertigungsmittelaufnahme und Technologieleistungsfähigkeitsbeurteilung

Evaluation of Production Equipment Mapping and Technological Performance

Da die Methodik von einer bestehenden Fertigungsumgebung ausgeht, ist die Betrachtung vorhandener Fertigungsmittel erforderlich. Dies ist Grundlage für eine erfolgreiche Integration von additiver Fertigung in Prozessketten. Neben der Aufnahme vorhandener Fertigungsmittel als quantitative Eingangsgröße, muss ebenso deren Leistungsfähigkeit ermittelt werden. Damit wird die Berücksichtigung qualitativer Eigenschaften der Fertigungsmittel möglich. Da das Ziel verfolgt wird, die technologische Integration zu ermöglichen, wird der Fokus auf die technologische Leistungsfähigkeit der Fertigungsmittel gelegt. Gleichzeitig muss die Leistungsfähigkeitsbeurteilung derart ausgestaltet sein, dass die hohe Varianz an Fertigungstechnologien abgedeckt werden kann. Daraus ergeben sie die folgenden Bewertungskriterien, die anschließend ausdetailliert werden:

- Berücksichtigung des Fertigungsmittelbestands
- Vorrangig technologische Aufnahme und Beurteilung
- Leistungsfähigkeitsbeurteilung unterschiedlicher Fertigungsmittel

- Berücksichtigung additiver Fertigungsverfahren, im Speziellen LB-PBF

Berücksichtigung des Fertigungsmittelbestands

- Umfassend: Die vorhandenen Fertigungsmittel werden in den Ansatz einbezogen und eine Leistungsfähigkeitsbeurteilung wird vorgenommen. Beides dient als Eingangsgröße für die Prozesskettenintegration.
- Größtenteils: Die vorhandenen Fertigungsmittel werden in den Ansatz einbezogen und eine Leistungsfähigkeitsbeurteilung wird vorgenommen.
- Teilweise: In einer Fertigungsumgebung vorhandene Fertigungsmittel werden in den Ansatz einbezogen und eine grundlegende Einschätzung der Leistungsfähigkeit wird vorgenommen. Im Kontext des gesamten Ansatzes nehmen die Fertigungsmittel untergeordneten Raum ein.
- Ansatzweise: Vorhandene Fertigungsmittel werden rudimentär betrachtet, jedoch wird deren Leistungsfähigkeit nicht näher detailliert.
- Nicht: Vorhandene Fertigungsmittel sind in dem betrachteten Ansatz nicht relevant.

Vorrangig technologische Aufnahme und Beurteilung

- Umfassend: Die technologisch basierte Aufnahme und Beurteilung von Fertigungsmitteln ist zentrales Element des betrachteten Ansatzes.
- Größtenteils: Der Ansatz beruht zu großen Teilen auf der Berücksichtigung von technologischen Eigenschaften.
- Teilweise: Grundlegende technologische Aspekte werden in dem Ansatz berücksichtigt und fließen in die Beurteilung der Leistungsfähigkeit ein.
- Ansatzweise: Einzelne technologische Aspekte werden berücksichtigt.
- Nicht: Fertigungsmittel werden nicht aus technologischer Perspektive aufgenommen und beurteilt.

Leistungsfähigkeitsbeurteilung unterschiedlicher Fertigungsmittel

- Umfassend: Die Leistungsfähigkeit der Fertigungsmittel wird spezifisch auf Basis aller in der Methodik relevanten Fertigungstechnologien und deren besonderer Ausprägungen bewertet. Relevante Fertigungstechnologien umfassen dabei eine Mehrheit der in Abschnitt 2.5 genannten Technologien.
- Größtenteils: Eine Einteilung nach untergeordneten Technologiegruppen findet statt und anhand dessen wird die Leistungsfähigkeitsbeurteilung durchgeführt.
- Teilweise: Eine Einteilung nach übergeordneten Technologiegruppen findet statt und anhand dessen wird die Leistungsfähigkeitsbeurteilung durchgeführt.
- Ansatzweise: Fertigungsmittel werden in dem Ansatz in ihrer Gesamtheit betrachtet, jedoch ohne spezifizierten Technologiebezug.
- Nicht: Es findet keine auf Fertigungsmittel bezogene Leistungsfähigkeitsbeurteilung statt.

Berücksichtigung additiver Fertigungsverfahren, im Speziellen LB-PBF

- Umfassend: Die additiven Fertigungsverfahren werden insgesamt berücksichtigt, der Fokus liegt dabei auf den spezifischen Eigenschaften der pulverbettbasierten additiven Fertigung für Metalle.

- Größtenteils: Die Gesamtheit der additiven Fertigungsverfahren wird berücksichtigt und auf grundlegende Besonderheiten eingegangen.
- Teilweise: Additive Fertigungsverfahren werden grundsätzlich berücksichtigt, jedoch wird auf deren spezifische Eigenschaften nur in Auszügen eingegangen.
- Ansatzweise: Der Ansatz erwähnt auch additive Fertigungsverfahren oder generell »neue« Fertigungsverfahren. Additive Fertigungsverfahren werden dabei nicht gesondert berücksichtigt.
- Nicht: Additive Fertigungsverfahren sind nicht Teil der betrachteten Methodik.

3.2.3 Bewertung der Prozesskettengenerierung und -planung

Evaluation of Process Chain Generation and Planning

Schließlich sollen die vorgenannten Methoden als Module zu einer Prozesskettengenerierung führen. Die Literatur offenbart einige explizite Ansätze zur Prozesskettengenerierung oder -planung, die anhand der folgenden Kriterien bewertet und selektiert werden. Dabei kommt der Eignung für die Unikat- und Kleinserienfertigung besondere Bedeutung zu, ebenso wie der Berücksichtigung vorhandener Fertigungsumgebungen mit unterschiedlichen Fertigungsmitteln. Zentral ist darüber hinaus, ob bereits additive Fertigung – im Speziellen pulverbettbasiert (LB-PBF) – bei der Prozesskettenbetrachtung berücksichtigt wird oder nicht. Entsprechend werden die im Anschluss weiter ausgeführten Bewertungskriterien angewendet:

- Geeignet für Unikat- und Kleinserienfertigung
- Berücksichtigung vorhandener Fertigungsumgebung
- Berücksichtigung unterschiedlicher Fertigungsmittel
- Berücksichtigung additiver Fertigungsverfahren, im Speziellen LB-PBF

Geeignet für Unikat- und Kleinserienfertigung

- Umfassend: In Unikat- und Kleinserienfertigung gefertigte Bauteile sind maßgeblicher Bestandteil und die Methodik ist hierauf ausgelegt.
- Größtenteils: Bauteile, die in Unikat- und Kleinserienfertigung gefertigt werden, können mit diesem Ansatz erfasst werden. Aufwand und Nutzen befinden sich auch für einzelne oder wenige Bauteile in einem praktikablen Verhältnis.
- Teilweise: Neben der Serienfertigung ist auch die Unikat- und Kleinserienfertigung adressiert, steht jedoch nicht im Fokus der Betrachtung.
- Ansatzweise: Die Unikat- und Kleinserienfertigung ist untergeordneter Anwendungsfall des Ansatzes, spezifische Eigenschaften werden nicht abgedeckt. I. d. R. sind größere Losgrößen erforderlich, um den Ansatz verfolgen zu können.
- Nicht: Der Ansatz ist nicht für die Unikat- und Kleinserienfertigung geeignet.

Berücksichtigung vorhandener Fertigungsumgebung

- Umfassend: Die Prozesskettengenerierung oder -planung ist explizit für bestehende Fertigungsumgebungen entworfen und geeignet, diese vollständig zu berücksichtigen. Vorhandene Fertigungsmittel werden einbezogen.

- Größtenteils: In der Methode wird auch auf vorhandene Fertigungsumgebungen verwiesen und die Anwendbarkeit auf diese wird postuliert. Die Berücksichtigung spezifischer Fertigungsmittel dieser Fertigungsumgebung findet begrenzt Berücksichtigung.
- Teilweise: Trotz nicht vorhandener Fokussierung auf vorhandene Fertigungsumgebungen lässt sich der Ansatz dennoch darauf anwenden. Vorhandene Fertigungsmittel werden jedoch nicht berücksichtigt.
- Ansatzweise: Der Ansatz geht nicht von einer vorhandenen Fertigungsumgebung aus, lässt sich jedoch mit Anpassungsaufwand adaptieren.
- Nicht: Der beschriebene Ansatz lässt sich nicht auf eine vorhandene Fertigungsumgebung anwenden.

Berücksichtigung unterschiedlicher Fertigungsmittel

- Umfassend: Die Prozesskettengenerierung bzw. -planung wird spezifisch auf Basis aller in der Methodik relevanten Fertigungstechnologien und deren besonderer Ausprägungen vorgenommen. Relevante Fertigungstechnologien umfassen dabei eine Mehrheit der in Abschnitt 2.5 genannten Technologien.
- Größtenteils: Eine Einteilung in untergeordnete Technologiegruppen findet statt und auf dieser Basis findet die Prozesskettengenerierung oder -planung statt.
- Teilweise: Eine Einteilung in übergeordnete Technologiegruppen findet statt und auf dieser Basis findet die Prozesskettengenerierung oder -planung statt.
- Ansatzweise: Fertigungsmittel werden in dem Ansatz in ihrer Gesamtheit betrachtet, jedoch ohne spezifizierten Technologiebezug.
- Nicht: Es findet keine auf Fertigungsmittel bezogene Prozesskettengenerierung oder -planung in der betrachteten Methodik statt.

Berücksichtigung additiver Fertigungsverfahren, im Speziellen LB-PBF

- Umfassend: Die additiven Fertigungsverfahren werden insgesamt berücksichtigt, der Fokus liegt dabei auf den spezifischen Eigenschaften und Anforderungen der pulverbettbasierten additiven Fertigung für Metalle.
- Größtenteils: Die Gesamtheit der additiven Fertigungsverfahren wird berücksichtigt und auf grundlegende Besonderheiten von LB-PBF eingegangen. Diese sind entsprechend im vorliegenden Ansatz eingearbeitet.
- Teilweise: Additive Fertigungsverfahren werden grundsätzlich berücksichtigt, jedoch wird nicht auf spezifische Eigenschaften von LB-PBF eingegangen.
- Ansatzweise: Der Ansatz erwähnt auch additive Fertigungsverfahren, übergreifend als Technologiegruppe, berücksichtigt diese jedoch nicht explizit.
- Nicht: Additive Fertigungsverfahren sind nicht Teil der betrachteten Methodik.

3.3 Vorstellung bestehender Ansätze

Outline of Existing Approaches

In diesem Abschnitt werden relevante Arbeiten zu bestehenden wissenschaftlich-methodischen Ansätzen aufgeführt. Die prosaischen Zusammenfassungen dienen in Verbindung mit den Bewertungskriterien als nachvollziehbare Basis für die Bewertung in Abschnitt 3.5. Einzelne Ansätze, die mehreren Bewertungsgruppen zuzuordnen sind, finden wiederholte Erwähnung. Ergänzende Ansätze mit geringerer Bedeutung finden sich in Anhang A.5. Entsprechend der Ausrichtung der vorliegenden Arbeit liegt ein Betrachtungsschwerpunkt auf Ansätzen zur Prozesskettengenerierung und -planung. Nach jeder eingangs definierten Gruppe von Ansätzen folgt ein kurzes Zwischenfazit.

3.3.1 Ansätze zur Bauteilanforderungsbeschreibung

Approaches for Component Parts Description

Die Arbeit von Dahl behandelt die montagegerechte Produktgestaltung. In diesem Kontext werden Ansätze zur Bauteilbeschreibung entwickelt. Dabei wird auf ein Konstruktionssystem zurückgegriffen, welches auf eine Standarddatenbank, insbesondere auch für die Erstellung der Produktstruktur zurückgreift [DAHL90, S. 45]. Ein Produkt, respektive Bauteil, wird in den Partialmodellen Technologiemodell, Funktionsmodell und Geometriemodell abgebildet [DAHL90, S. 49]. Jedes dieser Partialmodelle leitet sich aus der Produktstruktur ab. Im Kontext der Montage enthält das Technologiemodell z. B. Montagereihenfolgen oder Verbindungsverfahren, jedoch ist auch das Vermerken von Wärmebehandlungen möglich. Das Funktionsmodell beschreibt die Beziehungen unterschiedlicher Bauteile zueinander. Im Geometriemodell ist die Geometriebeschreibung erfasst, die entsprechend einem Funktionsbaum, ausgehend vom gesamten Bauteil hin zu einzelnen Funktionen des Bauteils, beschrieben wird. Die Montagegerechtheit wird kennzahlenbasiert vorgenommen, wobei technische Elemente, Bauteile, Baugruppen und das resultierende Produkt einbezogen werden. Die Montagekennzahlen werden aus dem Vektorprodukt aus Bauteileigenschaften und Bewertung errechnet [DAHL90, S. 96–98]. Neben der reinen Montage wird die Bauteilhandhabung betrachtet. Hierbei werden geometrisch der Hüllkörper, die Symmetrie und die Lage bzw. Orientierung des Bauteils einbezogen. Weiterhin wird der Werkstoff berücksichtigt [DAHL90, S. 99]. Damit liegt ein klarer Fokus auf der Bauteilmontage, der nur bedingt geeignet ist, Bauteile für die additive Fertigung zu beschreiben.

Heeschen beschreibt in seiner Arbeit eine Werkstückanalyse, die es ermöglicht, Werkstücke anhand spezifischer physikalisch-technischer Eigenschaften zu charakterisieren [HEES15]. Dabei beruft er sich im Grundsatz auf Brinksmeier, ergänzt jedoch konkrete Merkmale mit fertigungstechnischer Relevanz, die sich primär geometrischen Eigenschaften zuordnen lassen. Dazu zählen unter anderen das Aspektverhältnis, der minimale zu bearbeitende Innenradius der Bauteilkontur und die Oberflächengüte [HEES15, S. 105–110]. Die Zuordnung der Ausprägungen der genannten Eigenschaften zu einem Bauteil ergibt das »Fertigungstechnische Anforderungsprofil eines Werkstücks« [HEES15, S. 114]. Damit ist eine retrospektive Beurteilung des Bauteilspektrums möglich. Das Anforderungsprofil ist weiterhin Basis für eine Trendanalyse, welche die zukünftige Entwicklung des Bauteilportfolios antizipieren soll. Die Zuordnung von Eigenschaften findet bauteilbezogen statt; hier ist eine Detaillierung auf einer untergeordneten Einheit erforderlich. Zudem wird die additive Fertigung nur rudimentär aufgeführt, weshalb keine tiefergreifende Beschäftigung mir den besonderen Eigenschaften der Technologiegruppe stattfindet.

In der Arbeit von Mauren nimmt die Bauteilbeschreibung eine zentrale Rolle ein. Zunächst geschieht dies durch die Rohteilbeschreibung. Hierzu werden verschiedenartige Kriterien (technologisch, wirtschaftlich, zeitlich) zur Rohteilbestimmung zusammengetragen, Rohteilarten definiert und daraus die Rohteilbeschreibung abgeleitet [MAUR08, S. 11–13]. Weiterhin legt Mauren den Rohteileinfluss fest, d. h. den Einfluss veränderlicher Merkmale eines Rohteils auf einen Fertigungsprozess, hier das Fräsen. In der Konzeptanwendung wird die

Kleinserienfertigung herangezogen [MAUR08, S. 102]. Schließlich überwiegt in der Arbeit die Erstellung eines Prüfkonzepts für Bauteile mit veränderlichen Rohteilen als Eingangsgrößen für die spanende Fertigung. Somit findet die Bauteilanforderungsbeschreibung von Nicht-Rohteilen nur am Rande Berücksichtigung.

Weitere Ansätze, die jedoch inhaltlich nachrangig die Bauteilanforderungsbeschreibung umfassen, sind in Abschnitt 3.3.3 aufgeführt.

Zwischenfazit

Die Betrachtung der Ansätze zur Bauteilanforderungsbeschreibung im Kontext der Prozesskettengenerierung und -planung zeigt, dass diese oft integraler Bestandteil ebendieser, im Abschnitt 3.3.3 ausgeführter Ansätze zur Prozesskettengenerierung und -planung sind. Weitere Ansätze, die vorstehend kurz eingeführt wurden, bilden nicht die Gesamtanforderungen der Methodik ab. Somit ergibt sich die Bedingung, Ansätze zu kombinieren und um neu entwickelte Methoden zu ergänzen. Erst daraus kann ein angemessener und praktikabler Detaillierungsgrad bei der Bauteilbeschreibung erschlossen werden, der gleichzeitig den Anforderungen der weiteren Elemente der Methodik entspricht. Dazu sind vorrangig die LB-PBF-spezifischen Bauteileigenschaften wie Stützstrukturen zu zählen.

3.3.2 Ansätze zur Fertigungsmittelaufnahme und Technologieleistungsfähigkeitsbeurteilung

Approaches for Production Equipment Mapping and Technological Performance Evaluation

In der Dissertation von Bilsing wird ein umfassendes Kennzahlensystem zur Beurteilung der technologischen Leistungsfähigkeit der Fertigung entwickelt [BILS07]. Das Kennzahlensystem fokussiert dabei die Branche Werkzeugbau und die damit einhergehenden Anforderungen, die sich durch Anforderungen an Präzision, Komplexität und Unikatfertigung von Bauteilen ausdrücken. Als Zielgrößen definiert Bilsing Kompetenz, Flexibilität, Produktivität und Qualität als technologische Merkmale eines Betriebs [BILS07, S. 23–30]. Er operationalisiert diese Zielgrößen durch Merkmale wie z. B. die Filigranität der Bearbeitung oder Größe und Gewicht des Bauteils und gleicht diese mit den technologischen Grenzen einzelner Fertigungsverfahren ab. Außerdem wird die Leistungsfähigkeit vorhandener Ressourcen eines Betriebs in Betracht gezogen. Dazu zählen die Fertigungsmittel und das Personal. Diese beiden und weitere werden in unterschiedlichen Dimensionen bewertet. Sämtliche Faktoren werden in einem Kennzahlenbaum zusammengefasst, sodass eine umfassende Technologiebewertung entsteht [BILS07, S. 88]. Die kennzahlenbasierte Technologiebewertung kann zum Vergleich mehrerer Werkzeugbaubetriebe herangezogen werden. Der Ansatz eröffnet die Option, fertigungsmittelbezogene Eigenschaften auf einen Weiterbearbeitungsansatz zu übertragen.

Die transparente Erfassung von Stärken und Schwächen eines Unternehmens als Basis für die Entscheidungsfindung über Eigenfertigung oder Fremdbezug bzw. In- oder Outsourcing ist übergeordnetes Ziel der Arbeit von Franzke. Der Ansatz soll finanziell dominierte Entscheidungen um einen technologischen Faktor ergänzen [FRAN01, S. 4–6]. Als Analyseobjekte der entwickelten Methodik stehen das Produkt, die Fertigungsverfahren und Fertigungsketten im Fokus. Dazu sollen zunächst Bauteile definierten Familien zugeordnet werden und dabei gewissen Ähnlichkeitsbedingungen genügen müssen. Diese Bedingungen sind jedoch nicht nachvollziehbar beschrieben. Weiterhin sollen Technologiegruppen definiert werden, wobei hier Fertigungsverfahren nach DIN 8580 die Basis bilden. Die zusätzlichen Klassifizierungsregeln enthalten die Aussage, dass einander substituierende Fertigungseinrichtungen zusammengefasst werden [FRAN01, S. 62]. Dies macht eine geeignete Unterteilung von Fertigungsverfahren (z. B. Eignung Fräsen vs. Senkerosion in Grenzfällen) unmöglich.

Neben der Werkstückanalyse ist das unter 3.3.1 bereits angedeutete Berücksichtigen der vorhandenen Fertigungsmittel in einem Betrieb Teil des Ansatzes von HEESCHEN. Dabei werden die Prozessgrenzen der eingesetzten Fertigungsverfahren ermittelt. Hier orientiert sich der Ansatz an den Vorgaben von BILSING, der für die technologische Leistungsfähigkeit die Komponenten Maschinenleistungsfähigkeit, Prozessleistungsfähigkeit und Personalleistungsfähigkeit vorsieht. Diese werden von HEESCHEN in 13 Dimensionen aufgegliedert und deren Ausprägung kann verschiedenen Fertigungstechnologien zugeordnet werden [HEES15, S. 128]. Der Ansatz bezieht sich auf die Kern-Fertigungstechnologien des Werkzeugbaus, zu denen auch additive Verfahren gezählt werden [HEES15, S. 118]. Jedoch werden deren spezifische Eigenschaften nicht berücksichtigt.

Im Fokus der Arbeit von MENZEL als Ausschnitt der Fertigungstechnologie steht die mechanische und hydraulische Blechumformung. Das führt bauteilseitig wiederum zu der Fokussierung auf Freiformgeometrien [MENZ01, S. 35]. Um eine Bewertung vorzunehmen, wird der Kontext der Fertigungsprozesskette einbezogen und dazu ein Prozesskettenmodell entwickelt. Insgesamt werden planende Abläufe beschrieben, d. h. eine bestehende Fertigungsumgebung befindet sich außerhalb der Betrachtung. Die Bauteilanalyse wird wissensbasiert vorgenommen. Verschiedene Bauteilmerkmale (geometrisch, werkstofflich, qualitativ) werden erfasst und durch eine Fuzzylogik verarbeitet [MENZ01, S. 40–42]. Formelemente ordnet MENZEL in Anlehnung an andere Arbeiten unter Nutzung des Featurebegriffs in 18 Klassen ein. Der »Charakter des Zusammenwirkens der Merkmale eines Formelements« wird durch Prämissen, erweitert um arithmetische Ausdrücke, Gleichheits-/Ungleichheitsoperationen und Mengenoperationen, sowie Konsequenzen beschrieben und bietet damit die Wissensrepräsentation zur Anwendung der Fuzzylogik [MENZ01, S. 60]. In der Klassenstruktur eines Formelements werden Merkmale auf subordinierte Elemente vererbt, gleichzeitig werden weitere Merkmale hinzugefügt, wodurch sich eine zunehmende Spezifizierung der Beschreibung ergibt. Bei besonders komplexen Bauteilen oder Prozessen stößt dieses Prinzip der Klassifizierung laut Autor an seine Grenzen und muss angepasst werden [MENZ01, S. 69]. Im Anschluss an die Feststellung der technologischen Eignung erfolgt eine Wirtschaftlichkeitsbeurteilung. Dieser Schritt wird als multikriterielle Simulation ausgeführt und bezieht u. a. Zeiten, Kosten, Stückzahlen und Prozessschritte mit ein. Dazu werden analytische Modelle des Produktionsprogramms, der Maschinen, der Werkzeuge, des Personals und der Prozessschritte aufgestellt [MENZ01, S. 89–97]. Die Eingangsgrößen der Modelle sind festgelegt; eine Optimierung z. B. durch Änderung von Prozesskettenelementen wird nicht betrachtet. Abschließend wird ein Fertigungsszenario zur Innenhochdruck-Umformung von Blechpaaren softwarebasiert modelliert. Dieses bleibt jedoch generisch.

ULLMANN entwickelt in seiner Arbeit einen Ansatz, der Planungsaufgaben damit unterstützen soll, bisher nicht in einem Unternehmen eingesetzte Produktionsverfahren zu analysieren, zu bewerten und auszuwählen [ULLM95, S. 5]. Der Ansatz soll die Möglichkeit beinhalten, bei unscharfer Datenlage operieren zu können. Grundlage ist ein Modell zur Verfahrensplanung, das auf den sogenannten Entscheidungsphasen Problemanalyse, Alternativensuche und Bewertung basiert [ULLM95, S. 32–33]. In einem Modell zur Erfassung von Bauteilmerkmalen wird ein Satz von relevanten Bauteildaten definiert. Wie dieser Merkmalssatz zusammengestellt wird, wird nicht beschrieben. Zur weiteren Detaillierung der Bauteilbeschreibung kommt das Elementverfahren zum Einsatz, welches sich an DAHL anlehnt [DAHL90]. Dieses unterscheidet z. B. geometrische oder werkstoffliche Elemente, die entsprechend einem Katalog ausgewählt werden und in ihrer Gesamtheit ein Bauteil beschreiben. Unscharfen Beschreibungen von Merkmalsausprägungen begegnet Ullmann mit der Fuzzylogik. Das Elementverfahren wird auch zur Beschreibung der Fertigungsverfahrenspotenziale genutzt. Verfahrensmerkmale werden auf einem Verfahrensdatenblatt zusammengetragen. Die Verfahrensauswahl für die Fertigung eines gegebenen Bauteils erfolgt in einem ersten Schritt durch eine K.o.-Matrix, in der Bauteilmerkmale und Verfahren gegenübergestellt werden. Daraus ergeben sich erste Einschränkungen von Kombinationen. In einem zweiten Schritt werden Verfahrensmerkmale und Elemente von Bauteilen abgeglichen. Es folgt eine technisch-wirtschaftliche Grobbewertung, bei der Einzeleignungen aggregiert werden. Die Bewertungskriterien Qualität, Prozess und Wirtschaftlichkeit werden in Anlehnung an das Quality Function Deployment mit den Unternehmenszielen abgeglichen und so eine Gesamteignung ermittelt [ULLM95, S. 73–75]. Folgend wird die Verfahrenskombination betrachtet. Dabei liegt der Fokus auf der Identifikation des geeignetsten Fertigungsverfahrens als sogenannte »Keimzelle« [ULLM95, S. 87]. Dies kann zum einen bestehende Verfahren ausschließen und honoriert nicht das Fertigungsergebnis der gesamten Prozesskette. Außerdem werden Änderungen des Bauteildesigns zur Anwendung von Fertigungsverfahren toleriert. Die entwickelte Methodik wird in einer Software umgesetzt.

Zwischenfazit

Viele Ansätze zur Technologieleistungsfähigkeitsbeurteilung sind generisch gehalten und beziehen die »Technologie« entsprechend ihrer Begriffsinterpretation nicht ausschließlich auf Fertigungstechnologie, sondern auf Produktionstechnologie im Allgemeinen, auf Produkttechnologie und auch auf intrinsische Merkmale wie Wissen. Dies bedingt einen nicht genügenden Detaillierungsgrad bei der technologischen Beschreibung von Fertigungsverfahren, insbesondere im Bereich der formändernden Metallbearbeitung. Auswirkungen ergeben sich damit auf die Beurteilung von Fertigungsverfahren, die ebenfalls – wenn vorhanden – auf einer generischen Ebene stattfindet und somit als Basis für strategische Entscheidungen geeignet ist, jedoch eine Technologie-, Verfahrens- oder gar Fertigungsmittelauswahl nicht unterstützt. Der Ansatz von Bilsing und der darauf basierende von Heeschen sowie Teilaspekte dessen von Franzke bieten hier die vielversprechendsten Grundlagen.

3.3.3 Ansätze zur Prozesskettengenerierung und -planung

Approaches for Process Chain Generation and Planning

Die Erzeugung von global, d. h. über die Grenzen von Einzelprozessen hinweg, optimierten Prozessketten ist übergeordnetes Ziel des Ansatzes von Brandes. Als Anwendungsfall wird ein Präzisionsschmiedebauteil herangezogen, das mit einer Stückzahl ab 1.000 wirtschaftlich gefertigt werden soll [BRAN08, S. 52]. Die Referenz für die weiteren Untersuchungen ist die etablierte Prozesskette zur Herstellung des Bauteils, woraus sich eine Übertragbarkeit von Elementen des Ansatzes auf die vorliegende Arbeit ergibt. Brandes untergliedert die Ausgestaltung der Prozesskette in zwei Auslegungsphasen: qualitative Positionierung und quantitative Auslegung [BRAN08, S. 47]. In der ersten Phase werden vorhandene Prozessmodelle herangezogen, in der zweiten Phase, die Kern der Arbeit ist, werden beeinflussbare Prozessgrößen insbesondere an den Schnittstellen zwischen Prozessen betrachtet. Die Prozesskettengenerierung bezieht sehr stark (schmiede-)bauteilbezogene Eigenschaften mit ein, zu denen z. B. Einhärtetiefe, Übergabetemperatur oder Aufmaß zählen. Weiterhin werden die festgelegten Bearbeitungsschritte mathematisch beschrieben; diese sind auf die Herstellung des Schmiedebauteils begrenzt und somit nicht hinreichend generisch bzw. direkt übertragbar. In einer Simulationsstudie werden Bauteilparameter variiert, um weitere, nicht direkt mathematisch beschreibbare technologisch-wirtschaftliche Zusammenhänge zu ermitteln [BRAN08, S. 75–76]. Für den spezifischen Fall konnte eine stückzahlabhängige Reduktion der Fertigungskosten bei ganzheitlicher Prozesskettenbetrachtung erreicht werden.

Der Ansatz von DREHER bezieht sich auf die additive Fertigung, begrenzt sich dabei jedoch auf die Prototypenfertigung. Ziel ist die methodisch fundierte Integration dessen in die Produktentstehung. In dem Ansatz werden Technologien zu Weiterbehandlung von additiv gefertigten Bauteilen betrachtet. Diese beziehen sich auf verfahrensimmanent notwendige Weiterbehandlungen, wie das Infiltrieren oder Aushärten (Werkstoff Kunststoff). Weiterbearbeitung im Sinne einer Geometrieverbesserung wird untergeordnet betrachtet [DREH05, S. 37–38]. Zwei von DREHER definierte Projektkategorien beziehen sich auf die Einzel- und Kleinserienfertigung und erweitern damit den zuvor formulierten Rahmen des Rapid Prototyping [DREH05, S. 41–42]. Die Konfiguration von Prozessketten, die entsprechend additive Fertigung enthalten, wird in vier Schritten vorgenommen und folgt dem Ansatz des zielsuchenden Systems. Die vier Schritte umfassen die Bauteilbeschreibung, die Prozesseigenschaften, die Prozesskettenbildung und die lokale Ziel-optimierung [DREH05, S. 54]. Auf die zuvor erwähnten Projektkategorien wird bei der Prozesskettenkonfiguration nicht mehr verwiesen. Die Bauteilbeschreibung wird in eine Anforderungsbeschreibung, die für das additive Verfahren nutzbar ist, transformiert. Festforderungen, Zielforderungen und »Wunschforderungen« (sic) an das Bauteil werden mit unterschiedlichen Erfüllungsgraden versehen, um diese quantitativ voneinander abzugrenzen [DREH05, S. 62]. Die Eigenschaften spezifischer additiver Verfahren werden als Prozesseigenschaftenanalyse von Expert·innen durchgeführt. Das Analyseergebnis wird in einer Datenbank gespeichert. Zur Prozesskettenbildung findet zunächst die Verfahrensauswahl statt. Dazu werden einzelne Verfahrenseigenschaften entsprechend ihrer Eignung zur Fertigung eines spezifischen Bauteils gewichtet bewertet. Nicht numerisch zu beschreibende Bauteileigenschaften sollen durch ein erfahrungsbasiertes Regelsystem oder die Anwendung von Fuzzy-Sets erfasst werden. Die Anordnung der Verfahren zu einer Prozesskette erfolgt anhand vorgegebener Positionen, denen die Fertigungsverfahren zugeordnet werden. Die Vorgehensweise erfordert ausgeprägtes Fachwissen und starken manuellen Eingriff. Dies trifft ebenso auf die anschließende Abstimmung der Technologiekette zu [DREH05, S. 68–77]. Der Ansatz schlägt weiterhin ein Datenmodell vor. Alle beschriebenen Inhalte des Ansatzes werden final prototypisch in einer Software implementiert.

In dem Ansatz von FALLBÖHMER steht die Prozesskettengenerierung bereits während der Produktentwicklung im Vordergrund[10] und nicht die Abstimmung eines bestehenden Bauteils in einer bestehenden Fertigungsumgebung. Basis dazu ist ein fünfschrittiges Vorgehen, begonnen mit der integrierten Technologieplanung, der Produkt-Technologie-Zuordnung und Technologiekettenableitung, die Technologiebewertung und -auswahl sowie abschließend die Softwareintegration [FALL00, S. 35–36]. Die Integration der Technologieplanung findet durch Einbindung in den klassischen Konstruktionsprozess statt, sobald sich aus diesem erste Bauteilinformationen ausbilden. An dieser Stelle setzt REY an, der in seiner Arbeit auf die spezifischen Erfordernisse agiler Entwicklungsmethoden eingeht [REY20]. Die Produkt-Technologie-Zuordnung geht bei FALLBÖHMER von einer Kerntechnologie[11] aus, die ein Werkstück mit möglichst wenigen Prozessschritten in den geforderten Endzustand des Bauteils überführen kann und bildet damit die Basis für die weitere Technologiekette [FALL00, S. 59]. Der

[10] Die Arbeiten von FALLBÖHMER und TROMMER haben im Rahmen des Sonderforschungsbereichs 361 stattgefunden, dessen Ergebnisse insgesamt in [EVER05] aufbereitet sind.

[11] Der Begriff Kerntechnologie wird von FALLBÖHMER abweichend zu der Definition in der vorliegenden Arbeit verwendet, in welcher dieser die besonders relevanten Fertigungstechnologien zusammenfasst.

Ansatz schließt dabei explizit eigenschaftsverändernde, formgebende und fügende Technologien ein. Hier fällt auf, dass die Abgrenzung von Technologie und Verfahren nicht vollständig nachvollziehbar ist. Je Technologiegruppe findet eine flussdiagrammbasierte Technologievorauswahl statt [FALL00, S. 85–91]. Bauteilseitig legt FALLBÖHMER sieben Produktmerkmale fest, die der Technologiezuordnung dienen. Ein Soll-Ist-Vergleich von Produkt- und Technologiemerkmalen und der sich daraus ergebende Überdeckungsgrad führen zur Weiterverfolgung oder weiteren wissensbasierenden Prüfung. Die Technologiekettengenerierung wird rückwärtsgerichtet vom fertigen Bauteil hin zur Kerntechnologie vorgenommen [FALL00, S. 101]. Dabei werden Zwangsverknüpfungen von Technologien berücksichtigt. Um die Auswahl der am besten geeigneten Technologiekette vorzunehmen, werden die Einzeltechnologien und die Technologiekettenalternativen in Anlehnung an Nutzwertanalysen bewertet [FALL00, S. 113–115]. Die spezifischen Anforderungen additiv-subtraktiver Technologieketten werden nicht adressiert.

Der gemeinsame Ansatz von GLÄẞNER & YI betrachtet explizit Prozessketten für die additive Fertigung im Produktionsumfeld. Eingegliedert ist die Fragestellung in ein Umfeld weiterer Fragestellung hinsichtlich der Integration additiver Fertigung am Beispiel der Nutzfahrzeugbranche. Dazu zählen ein Kostenmodell für den additiven Fertigungsprozess und die Betrachtung der Qualitätssicherung [YILI19, S. 201–202]. Der Ansatz nutzt die Prozesskettengliederung in die übergeordneten Schritte Pre-Processing, In-Processing und Post-Processing [GLÄS19, S. 344; YILI19, S. 203]. Faktisch erfolgt die Prozesskettenplanung ebenfalls dreistufig, beginnend mit einer Vorbereitungsphase, gefolgt von einer Grob- und einer Feinplanung [GLÄS19, S. 344; YILI19, S. 203–204]. Weitgehend schließt der Ansatz Fachwissen ein, sodass dem methodisch beschriebenen Prozesskettenplanungsprojekt ein interdisziplinäres Team zugeordnet sein muss [YILI19, S. 199]. Entsprechend finden die Informationsbeschaffung, die Grobplanung und die Feinplanung erfahrungsbasiert und nur bedingt durch den Ansatz unterstützt statt. Der Ansatz legt einen besonderen Fokus auf periphere und nachgeordnete Tätigkeiten innerhalb der drei übergeordneten Prozessschritte. Dazu zählen Tätigkeiten wie Maschinenvorbereitung oder Werkstücktransport. Die Schritte des Post-Processing, respektive der Weiterbearbeitung werden nur eingeschränkt betrachtet [YILI19, S. 204–205].

GRUND beschreibt die Implementierung von schichtadditiven Fertigungsverfahren mit dem Fokus Luftfahrt und Medizintechnik. Der Ansatz soll die Diffusion schichtadditiver Verfahren in der Anwendung verständlich machen und darauf aufbauend eine Wirtschaftlichkeitsbetrachtung vornehmen und Erfolgsfaktoren identifizieren [GRUN15, S. 4]. Anwendendenseitig wird die Ersteinführung einer neuen Technologie angenommen, was zu einer Änderung der Wertschöpfungskette führt. Nach einem Überblick über mehrere additive Fertigungsverfahren wird ein Technologiebenchmarking für additive Fertigungssysteme eingeführt, das auf einem Vergleichsbauteil beruht. Dazu werden sechs Einflussgruppen definiert: Anwendendenbefähigung, Werkstoffeigenschaften, Bauteilgeometrie, AM-Maschine, Aufbauprozess mit Vorbereitung und Weiterbearbeitung. Zugeordnet sind die sogenannten Ergebnisdimensionen einsetzbare Materialien und erreichbare Materialeigenschaften, Maßhaltigkeit und Formgenauigkeit, Oberflächenbeschaffenheit, Wiederholbarkeit des Prozesses, Prozessgeschwindigkeit und Prozesskosteneffizienz. [GRUN15, S. 53-54] Diesen Dimensionen werden bekannte analytische Zusammenhänge oder prosaische Beschreibungen beigeordnet, die jedoch nicht in ein einheitliches Bewertungsschema überführt werden. Vielmehr findet ein praktischer Vergleich verfügbarer AM-Systeme statt. Es folgt eine qualitativ-empirische Fallstudie, die erfolglos abgebrochene oder erfolgreich abgeschlossene Projekte zur Produktoptimierung durch additive Fertigung in der Kleinserie betrachtet [GRUN15, S. 129, 136]. Schließlich werden Marktchancen, endogene und exogene Einflussfaktoren abgeleitet und zusammengefasst [GRUN15, S. 233–237]. Eine systematische Integration in ein Unternehmen oder eine Prozesskette erfolgt nicht.

KASCHKA folgt in der Aufarbeitung des Stands des Wissens maßgeblich Arbeiten, die die Bewertung bzw. Auswahl von additiven (Prototyp-) Fertigungsverfahren behandeln [KASC99, S. 23–26]. Ziel des Ansatzes ist die Erweiterung auf gesamte Prozessketten. Dabei wird vorrangig die Branche Werkzeugbau studiert, was die Generalität des Ansatzes einschränkt. »Unternehmensspezifische Zielkriterien« wie »organisatorische oder kapazitive Randbedingungen« werden explizit nicht betrachtet [KASC99, S. 34]. KASCHKA legt seinem Ansatz ein zweistufiges Vorgehensmodell zugrunde. Die Stufen sind die »Technologie-Strategie-Auswahl« und die »Prozesskettenauswahl und Bewertung« [KASC99, S. 40–41]. Für die Technologie-Strategie-Auswahl werden Schlüsselkriterien für die Bauteilbeschreibung festgelegt und ausdetailliert. Außerdem werden diskrete Technologiestrategien (konventionell, additiv und konventionell, HSC) festgelegt. Die Prozesskettenauswahl und -bewertung folgt dem Ablauf Prozesskettenauswahl, Teilzielanalyse und Teilzielaggregation. Die Erfüllung der Teilziele wird auf Basis einer Nutzwertanalyse bewertet. Die technologische Datenbasis, die zur Erfassung der Fertigungstechnologien erstellt wird, enthält initial festgelegte prosaisch beschreibende Zeit- sowie Kostendaten. Das Prozesskettenmodell beschränkt sich auf die objektorientierte Darstellung als Flussdiagramm. Abschließend wird die Methodik an Realbauteilen validiert und in eine Softwareanwendung überführt.

Die Kostenorientierung treibt KOPF bei seinem Ansatz zur Fertigungsfolgenplanung additiver Technologien. Der Ansatz deckt die Serienfertigung mit LB-PBF ab. KOPF detailliert ein Zeit- und ein Kostenmodell aus, das LB-PBF-spezifisch Anwendung findet. Dabei fließen Anforderungen an das Bauteilportfolio und Betriebsmittel ein, wobei TROMMERS Ansatz als Basis verwendet wird [KOPF18, S. 51]. Die Einbeziehung der Weiterbearbeitungsprozesskette umfasst verfahrensspezifische Prozessschritte wie das Pulversieben, welches sich nicht auf die Bauteileigenschaften auswirkt, was die additiv-prozess-zentrische Ausrichtung unterstreicht [KOPF18, S. 60–63]. Dies stellt sich auch in der Auflistung der generischen Wertschöpfungsschritte dar. Der Fertigungsfolgenplanung liegt eine existierende Fertigungsfolge zugrunde, gleiches gilt für Betriebsmittel; hier bezogen auf die Verfügbarkeit am Markt. Entsprechend wird nach Festlegung einer Fertigungsfolge von einer Investition in die benötigten Betriebsmittel ausgegangen [KOPF18, S. 94]. In die Methodik fließt die zukünftig erwartbare Leistungssteigerung von Technologien ein. Bei der Anwendung der Methodik wird erneut die Fokussierung auf die die additive Fertigung betreffenden Prozessschritte deutlich. Die mechanische Bearbeitung der nicht näher beschriebenen Werkstücke wird nachrangig betrachtet. Es findet eine Identifikation der Kostentreiber statt und technologische wie organisatorische Optimierungsmaßnahmen werden vorgeschlagen. Der Ansatz wird ebenso in eine Software überführt.

Bei KUSHNARENKO wird ein Verfahrensvergleich von additiven und sogenannten Basistechnologien, d. h. im industriellen Einsatz etablierten und weitgehend standardisierten Technologien, angestrebt [KUSH09, S. 14]. Die Betrachtung gesamter Prozessketten findet Beachtung, zunächst wird jedoch nicht segregiert und jegliche weitere Verwendung oder Bearbeitung eines additiv gefertigten Bauteils gemeinsam betrachtet [KUSH09, S. 30]. Das methodische Konzept des Ansatzes gliedert sich in drei Ebenen: Herstellbarkeit durch additive Verfahren, Kerntechnologien zur Fertigung eines Bauteils und Prozesskettenentwicklung und -auswahl [KUSH09, S. 40]. Als additives Verfahren steht LB-PBF im Fokus der Betrachtung, als Werkstoffe für Versuche werden Kunststoffe und Metalle (vorrangig 1.4404) genutzt. Diese werden additiv zu Demonstratorgeometrien verarbeitet. KUSHNARENKO schlägt eine Bauteilklassifikation vor, in die Geometrie, Verfahrens- und Fertigungsmittelbeschränkungen sowie ein Stückzahlfaktor eingehen. Neben den Inhalten, die sich der Technologieplanung zuordnen lassen, wird in weiten Teilen der Arbeit der additive Fertigungsprozess mit seinen Randbedingungen (Werkstückpositionierung, Werkstoffe und deren Eigenschaften, Qualitätseinflussgrößen) thematisiert. Zur Auswahl von Weiterbearbeitungsverfahren wird eine simpel gestaltete Entscheidungsunterstützung angeboten. Als Grundlage dazu dienen versuchsbasierte Bewertungen verschiedener subtraktiver Technologien [KUSH09, S. 100–103]. Die Prozesskettenauswahl basiert schließlich auf einem Paarvergleich und einer Nutzwertanalyse, wobei frei definierte, maximal dreistufige Prozessketten bewertet werden. Konkrete Bauteileigenschaften werden nicht einbezogen. Abschließend findet eine vergleichende wirtschaftliche Einordnung der additiven Fertigung statt.

An die Anwendung im Werkzeugbau, und damit die Einzel- und Kleinserienfertigung, richtet sich die Arbeit von JURKLIES zur Prozesskettengenerierung und -bewertung. Entsprechend werden ausschließlich vier Kerntechnologien des Werkzeugbaus betrachtet [JURK04, S. 44]. Der Ansatz zur Prozesskettengenerierung gliedert sich in sechs Schritte. Diese sind die Bearbeitungselementbestimmung, Bearbeitungselementhierarchisierung, Fertigungsverfahrenzuordnung, Fertigungsverfahrenbewertung, Kombination zu und Bewertung von Prozessketten sowie die Prozesskettenauswahl [JURK04, S. 46]. Im Betrachtungsfokus stehen Bauteile mit prismatischer Grundgeometrie, die Geometrieelemente werden in konvex und konkav unterteilt und diskret spezifiziert. Bearbeitungselemente an spezifischen Bauteilen werden von Expert·innen dialogorientiert bestimmt. Zur Bestimmung grundsätzlich geeigneter Fertigungsverfahren werden diese den definierten Geometrieelementen zugeordnet [JURK04, S. 66]. Zur spezifischen Verfahrenszuordnung kommt ein datenbankbasiertes Expertisesystem zum Einsatz; wie die Bewertung der Fertigungsverfahren durchgeführt wird, geht aus der Arbeit nicht hervor [JURK04, S. 72]. Die Prozesskettengenerierung basiert auf der hierarchischen Struktur der Bearbeitungselemente. Deren Komplexität (Verschachtelung) findet sich in Teilprozessketten zur Herstellung einzelner Geometrien wieder. Zur (Teil-)Prozesskettengenerierung werden Flussdiagramme, die den Generierungsalgorithmus vorgeben, aufgezeigt [JURK04, S. 77–83]. Die Prozesskettenbewertung erfolgt anschließend in den übergeordneten Kriterien Technologie, Wirtschaftlichkeit und Qualität. Die Ausführung der Bewertung ist wissensbasiert vorgesehen, ohne dass die Bewertungsgrundlagen deutlich werden. Weiterhin wird eine grundsätzliche Verfahrensreihenfolge festgelegt, die Variationen einschränkt.

MÖHRLE geht von Fabrikstrukturen als Basis eines Ansatzes von additiven Prozessketten aus. Der Ansatz gliedert sich in eine Methode zur Gestaltung AM-gerechter Fabrikstrukturen und in die Bewertung von Produktivitätspotenzialen der Prozesskette der additiven Fertigung [MÖHR18, S. 2]. Die besondere Berücksichtigung der additiven Fertigung im Planungskontext sieht Möhrle dadurch gegeben, dass verringerte Durchlaufzeiten erhöhte Kapazitäten erfordern und dafür in der Praxis keine Lösung existiert, auch mangelnde Anpassbarkeit bei entfallenden Prozessschritten und fehlende Automatisierbarkeit des Ablaufs bedingen eine gesonderte Betrachtung. [MÖHR18, S. 66]. Es wird ein Fabrikmodell entwickelt, das Abläufe, Infrastruktur und Equipment beinhaltet. Fertigungstechnologien sind im Modell spezifiziert und mit Fräsen, Drahtfunkenerosion, Strahlen und Gleitschleifen eingegrenzt [MÖHR18, S. 79]. Insgesamt wird eine stark intralogistisch geprägte Ausrichtung deutlich. Es folgt die Gestaltungsmethode für AM-Fabrikstrukturen. Die Bildung der Produktionsprozessabfolge erfolgt anhand von Orientierungswerten und einer »realitätsnahen Abschätzung« [MÖHR18, S. 122]. Ein neues Fabriklayout wird abgeleitet und Szenarien zu unterschiedlichen Fertigungsprogrammen (Kleinserie, Großserie, Reparatur, etc.) werden methodisch ausgearbeitet. Durchlaufzeiten und Kosten werden zu den Szenarien berechnet [MÖHR18, S. 138–147]. Vor einer abschließenden Validierung am Praxisbeispiel werden Produktivitätspotenziale herausgearbeitet. Hier werden Prozessoptimierungen beim additiven Aufbau, die Wärmebehandlung und die Weiterbearbeitung genannt und wiederum entsprechend den Szenarien bewertet [MÖHR18, S. 151].

Im Ansatz von MORYSON steht die Eingliederung der Prozesskettengenerierung in den Produktentwicklungsprozess im Sinne des Simultaneous Engineering[12] im Vordergrund. Dazu werden die Methoden und Arbeitsweisen zur Arbeitsvorbereitung inkl. der Arbeitsplanung umfassend erläutert. Bauteile beschreibt MORYSON einem Ansatz von OWODUNNI [OWOD02] folgend mithilfe von Features, die diskret beschrieben und denen Zugänglichkeiten zugeordnet sind [MORY04, S. 67–68]. Prozesswissen und Betriebsmitteleigenschaften werden entsprechend einer vorgegebenen Semantik beschrieben. Diese Fertigungsinformationen werden in Basis-, Struktur-, Zustandsinformationen und Resultate untergliedert [MORY04, S. 71]. Die Verfahrensauswahl ist in dem Ansatz allein manuell vorgesehen und wird anschließend methodisch überprüft, sodass mögliche Verfahrensalternativen aufgezeigt werden. Die Überprüfung findet anhand typischer geometrischer und technologischer Bauteilanforderungen statt. Für die Prozesskettenbewertung werden jeweils vor- und nachgelagerte Prozessschritte und die Zugänglichkeit des Bauteils herangezogen [MORY04, S. 75]. Die Optimierung der Prozesskette erfolgt mathematisch u. a. mit Boolescher Algebra. Die rechnergestützte Integration der beschriebenen Vorarbeiten erfolgt in den Schritten: erweiterte Produktstruktur in CAD und Export, Import in Fabrikplanungssoftware, Zuweisung von Prozesswissen zu Verfahren und Prozessketten, Bewertung und Optimierung der Verfahrensauswahl und Prozessketten (die zuvor manuell erstellt wurden) [MORY04, S. 81]. Die Softwareintegration wird abschließend an industriellen Beispielen validiert.

Die frühe Phase von Produktentwicklungen steht im Fokus des Ansatzes von SCHELL. Die frühzeitige, entwicklungsparallele Festlegung der Prozessplanung soll die Gesamtentwicklungszeit verkürzen. Neben Produktgestalt und Fertigungsfolgen wird auch die Handhabbarkeit betrachtet. Der Ansatz berücksichtigt maßgeblich rotationssymmetrische Bauteile, die in Serienfertigung hergestellt werden. Es wird ein Bauteilmodell vorgeschlagen, welches die Basis für die Schritte Herstellbarkeitsprüfung, Handhabbarkeitsprüfung und Fertigungsfolgenbewertung ist [SCHE97, S. 19–20]. SCHELL bedient sich zur Beschreibung des Bauteilmodells vorhandener Featurebibliotheken, die konkrete Geometriefeatures enthalten und ergänzt die Beschreibung durch Fuzzy-Sets, um auch noch unsichere Bauteileigenschaften zu erfassen [SCHE97, S. 26]. Die Prüfung der Herstellbarkeit bezieht auf drei Ebenen Fertigungsverfahren, Betriebsmittel und deren Verfügbarkeit ein. Dazu werden einzelnen Features zunächst Verfahren zugeordnet und qualitativ deren Eignung bewertet. Die spezifischen Bewertungskriterien werden nicht ausgeführt. Betriebsmitteln werden Leistungsfähigkeiten, z. B. mögliche Bearbeitungsräume und -toleranzen, zugeordnet. Feature und Betriebsmittel werden einem Soll-Istwert-Vergleich unterzogen, bevor die Verfügbarkeit der berücksichtigten Betriebsmittel erfasst wird. Betriebsmittel können dabei bereits vorhanden, in Beschaffung oder extern verfügbar sein [SCHE97, S. 31–35]. Ähnlich wie die Betriebsmittel mit Leistungsfähigkeiten versehen werden, wird dies für Handhabungssysteme angewandt. Ziel ist die Allokation von möglichen Greifersystemen und Bauteilen. Die Bewegungen eines Handlingsystems werden zur Überprüfung von Kollisionen während der Handhabung herangezogen. Die abschließende Fertigungsfolgenbewertung erfolgt in zehn Schritten. Innerhalb dieser Vorgehensweise werden Bewertungsziele festgelegt, Kriterien (Zeit, Kosten, Qualität, Ferti-

---

[12] Simultaneous Engeneering ist »die zielgerichtete, interdisziplinäre Zusammen- und Parallelarbeit von Produkt-, Produktions- und Vertriebsentwicklung mithilfe eines straffen Projektmanagements, wobei der gesamte Produktionslauf betrachtet wird« [EHRL09, S. 217].

gungsaufwand, Image, etc.) gewichtet, Kennwerte Kriterien zugeordnet, Kennzahlenvektoren berechnet und schließlich eine Rangfolge möglicher Fertigungsfolgen bestimmt [SCHE97, S. 58]. Der Ansatz wird in eine umfassende Software überführt.

SCHINDLERS Ansatz lässt sich der strategischen Technologieplanung zuordnen, bezieht sich damit auf einen längerfristigen Zeithorizont und weniger auf die konkrete Anwendung. Zielanwendung für die Methode ist die Serien- und Massenfertigung unter Berücksichtigung von Fertigungstechnologien und weiteren Betriebsmitteln. Die Bedeutung verschiedener Kriterien zur Bewertung von Technologien und Technologieketten werden in dem Ansatz in einer Befragung ermittelt [SCHI15, S. 43–44]. Das Bewertungsmodell enthält Angaben zur Technologiereife, zur Wirtschaftlichkeit, zum Technologiepotenzial (Technologienutzen) und zur technischen Machbarkeit (hier werden u. a. Bauteilanforderungen einbezogen). Vorwiegend werden jeweils vorhandene Modelle ausgewählt und herangezogen. Die zentrale Methodik zur Technologiekettenplanung umfasst schließlich fünf Schritte. Diese sind Definition von Technologie- und Produktstrategie, Technologieidentifikation und -vorauswahl, Generierung alternativer Technologieketten und deren Bewertung sowie finale Auswahl [SCHI15, S. 82]. Bei der Technologiekettengenerierung werden drei matrizenbasierte Abgleiche von Bauteilfeatures untereinander (Wechselwirkungen), Fertigungstechnologien untereinander (Zwangsreihenfolgen) und deren Kombination (Features zu Technologien) vorgenommen [SCHI15, S. 98]. Zur abschließenden Auswahl einer Technologiekette werden Kippstellen herausgearbeitet, die erlauben, Technologiekettenalternativen hinsichtlich bestimmter Szenarien zu interpretieren und somit die beste Wahl hinsichtlich definierter Rahmenbedingungen zu treffen. Die Methodik wird in der Praxis validiert.

Sich dem Ansatz von FALLBÖHMER anschließend, thematisiert auch TROMMER die Einbindung der Prozesskettengestaltung in die Produktentwicklungsphase[10]. Dabei steht die strategisch-operative Planung im Fokus, steuernde Planung (kurzfristige Reaktion, bestehendes Produkt) wird nicht betrachtet. TROMMER erweitert die Fertigungstechnologieebene FALLBÖHMERS um die Fertigungsmittelebene. Die Methodik umfasst dabei Technologieplanung, Prozessplanung und Operationsplanung. Zuordnen lassen sich Technologieketten, Fertigungsfolgen (Prozessketten, vgl. Abschnitt 2.1) und (Fertigungs-)Prozesse [TROM01, S. 31–32]. Zur Bauteilbeschreibung greift der Ansatz auf Untergliederung in geometrische Features und Zuordnung von fertigungstechnisch relevanten Informationen zurück. Die Fertigungsmittelbeschreibung geschieht zunächst abstrakt (Verfahrensebene) und wird dann auf ein spezifisches bzw. individuelles Fertigungsmittel heruntergebrochen [TROM01, S. 40]. Um eine Prozesskette zu generieren und zu bewerten, werden sieben konsekutive Module vorgeschlagen: Datenmodellaufbau, Fertigungsmitteleignungsanalyse »grob« und »fein«, Prozesskettengenerierung, Hilfsmittel-eignungsanalyse sowie Prozesskettenbewertung [TROM01, S. 44]. Die Prozesskettengenerierung erfolgt auf Basis logischer Schlüsse bzw. Fachwissen [TROM01, S. 60]. Die multikriterielle Bewertung der Prozesskettenalterativen erfolgt Fuzzy-basiert und ergibt einen spezifischen Nutzwert. Zur Festlegung der Kennzahlen als elementare Basis der Prozesskettenbewertung werden die Kriterien Zeit, Kosten, Qualität, Company-Fit und Ökologie ausdetailliert [TROM01, S. 85–93]. Weiterhin wird ein produktionsorientiertes Kostenmodell erarbeitet, das auf der Platzkostenrechnung basiert. Dieses bezieht Fertigungs-, Handhabungs-, Prüf- und sonstige Hilfsprozesse mit ein [TROM01, S. 97]. Die Methodik wird in einen Softwareprototyp überführt. Wie auch in anderen Ansätzen kann der Ansatz nicht direkt auf die additiv-subtraktive Bearbeitung übertragen werden.

In der Arbeit von WEGENER steht die Ressourceneffizienz beim drahtbasierten Laserauftragschweißen als additives Fertigungsverfahren im Vordergrund. Der Ansatz bezieht dabei die gesamte Prozesskette inklusive der Weiterbehandlung und -bearbeitung mit ein [WEGE16,

S. 35]. Die Prozesskette wird dabei als gegeben mit den Prozessschritten Laserauftragschweißen, Wärmebehandlung und Fräsen angenommen. Eine detaillierte Analyse der Energie- und Stoffströme der beteiligten Prozesse erlaubt die Modellierung der gesamten Prozesskette und die anschließende Validierung anhand experimenteller Untersuchungen. Ein aus den Modellen abgeleitetes Softwaretool ermöglicht die Vorhersage des Energiebedarfs unterschiedlicher Prozessschritte und kann damit die Prozesskettenplanung unterstützen. Es zeigt sich jedoch, dass maßgeblich die Parameter des additiven Fertigungsprozesses Einfluss auf die Gesamtenergiebilanz haben, das Fräsen als Weiterbearbeitungsverfahren wirkt sich nicht signifikant aus [WEGE16, S. 139].

Westermeier stellt qualitätsbezogene Aspekte in den Mittelpunkt des Ansatzes. Betrachtet werden komplexe Prozessketten, bestehend aus mehreren Prozessarten, mit prozessübergreifenden und indirekt wirkenden Ursache-Wirkungs-Beziehungen sowie bei Vorhandensein begrenzten Wissens [WEST16, S. 49]. Die Methodik soll den Produktionsanlauf begleiten und greift dazu auf Informationen aus den Prozesskettenplanungsschritten zurück, kann aber bereits Erkenntnisse in die Detailplanung zurückspielen [WEST16, S. 52]. Die Methodik besteht aus drei Methoden mit den folgenden Bezeichnungen: Wissensakquisition, Wissensinterpretation und empirische Analyse. Die Methode zur Wissensakquisition enthält mathematische, zumeist auf Matrizen basierende Beschreibungsmodelle für Prozesse und Prozessketten. Die Methode zur Wissensinterpretation enthält ein qualitatives und ein quantitatives Erklärungsmodell, das u. a. Ursache-Wirkungs-Zusammenhänge repräsentiert und induktiv-quantitative Analysen einbezieht [WEST16, S. 54–66]. Zur Beschreibung der Prozesskettenstruktur und der Prozesskettenelemente (Wissensakquisition) werden verschiedene Eigenschaften herangezogen, deren Angaben maßgeblich auf Fachexpertise beruhen. Der Ansatz lehnt sich hier an eine Fehlermöglichkeits- und Einflussanalyse (FMEA) an [WEST16, S. 73]. Für die Wissensinterpretation ist schließlich eine »Multiple-Domain-Matrix« relevant, in der die Ergebnisse der Akquise zusammengetragen werden; die Auswertung der Spalten- und Zeilensummen ergibt die Aktivität oder Passivität einzelner Prozesselemente und damit die Interpretationsmöglichkeit zu Bedeutung und Handlungsoptionen [WEST16, S. 81–82]. Anzumerken ist, dass Prozesselemente für diesen Ansatz nicht eindeutig definiert sind. Die empirische Analyse soll dann formelmäßige Zusammenhänge zwischen Qualitätsmerkmalen finden sowie in das Erklärungsmodell zurückführen [WEST16, S. 85]. Dazu gliedert sich die empirische Analyse in zwei Phasen, zum einen zur Abbildung des Ein- und Ausgangsverhaltens von Prozessen, zum anderen zur Erfassung von prozessübergreifenden Ursache-Wirkung-Zusammenhängen. Hierzu werden Versuchsstrategien erarbeitet, Versuche durchgeführt und Ergebnisse in das Erklärungsmodell zurückgeführt. Praxiseinsatz und Nutzen wird abschließend anhand einer Batteriezellenfertigung gezeigt.

Prozessketten kostenoptimal und prozessstabil, primär aus der Perspektive der Werkstücktoleranzfestlegung, auszulegen, fasst den Ansatz von Willms zusammen. Der Ansatz ist in acht Module untergliedert: Charakterisierung von Bauteil und Fertigungsprozessen, Generierung der Fertigungsverkettung, Generierung der Prozessalternativen, Reduktion derer, Ermittlung der Fertigungshistorie, Identifikation von Risikoprozessen, Bestimmung der Fertigungskosten und Benchmarking der Prozessalternativen [WILL08, S. 30–31]. Bauteilanforderungen werden mit Gewichtungen versehen, parallel findet das mit Produktzwecken, Produktfunktionalitäten, Eigenschaften und Merkmalen statt. Die beschriebenen Elemente werden entsprechend der Reihenfolge ihrer Auflistung hierarchisch in einem Gewichtungsbaum dargestellt [WILL08, S. 39]. Die Prozesskettengenerierung (Technologieketten und Fertigungsverkettungen) orientieren sich strikt an Fallböhmer und Trommer (s. o.) [WILL08, S. 42–45]; ergänzt wird die Betrachtung um variable Prozessstellgrößen, wie Bearbeitungswerkzeugauswahl und Schnittparameter. Die Reduktion der Prozesskettenalternativen erfolgt unter Anwendung von Methoden der statistischen Versuchsplanung. Um die Fertigungshistorie eines Bauteils zu betrachten, wird die Prozessfähigkeit bestimmt und auf Fachexpertise zurückgegriffen. Auch für die Identifikation von Risikoprozessen wird die Prozessfähigkeit herangezogen. Herstellkosten, -zeiten und Ausschuss fließen schließlich in das Benchmarking möglicher Prozessketten ein. Die Methodik wird in einen Softwareprototyp umgesetzt und anhand eines Demonstrators validiert.

3.4 Zwischenfazit

Interim Conclusion

Der klassische Ansatz, eine lokale Optimierung, also die Optimierung von singulären Fertigungsverfahren oder -prozessen vorzunehmen, und nicht die globale fertigungstechnische Prozesskettenperspektive einzunehmen, wird seit Ende der 1990er-Jahre nicht mehr ausschließlich verfolgt. Ansätze, die eine holistische Prozesskettenoptimierung in Betracht ziehen, sind um die Jahrtausendwende vermehrt anzutreffen. Entsprechend existieren heutzutage unterschiedliche ökonomisch, technologisch oder organisatorisch fokussierte oder übergreifende Generierungs-, Planungs- und Optimierungsmethoden für fertigungstechnische Prozessketten. Einige Arbeiten, wie die von EICHGRÜN oder WILLMS, verfolgen dabei vorrangig qualitätsgesteuerte Ansätze. Kosten sind z. B. bei KOPF und TROMMER handlungsleitend. Andere beziehen sich vorrangig auf die Phase der Produktentstehung, in der Bauteilinformationen noch nicht vorliegen und/oder Fertigungsmittel noch definiert werden müssen. Hierzu sind FALLBÖHMER und SCHELL zu nennen.

Die Ausrichtung der vorliegenden Arbeit auf die Einbindung der additiven Fertigung findet in spezifisch ausgerichteten Ansätzen Berücksichtigung, Fertigungstechnologie unabhängige Arbeiten gehen nicht auf die spezifischen Anforderungen ein. Ansätze, die die additive Fertigung im Prozesskettenkontext behandeln, liegen u. a. von KASCHKA und KUSHNARENKO vor; darüber hinaus existieren wissenschaftliche Veröffentlichungen, die Teilaspekte der AM-Integration behandeln (z. B. GLÄẞNER & YI, HÄUẞINGER & ZÄH, MÖHRLE, THOMPSON, WALDSCHMIDT). Dazu sind Ansätze zu nennen, die sich auf ein spezifisches subtraktives Fertigungsverfahren in Verbindung mit einem additiven Verfahren beziehen. Eine vermehrt generische Betrachtung, die zudem die integrierte, industrielle Nutzung von additiven Fertigungsverfahren voraussetzt und nicht auf die Prototypherstellung begrenzt, fehlt bisher. Insbesondere die Zusammenführung der Ansprüche der Unikat- und Kleinserienfertigung, der Integration in eine vorhandene Fertigungsumgebung sowie der besonderen Auswirkungen von additiver Fertigung auf Prozessketten wird in der Literatur bis dato nicht untersucht.

3.5 Bewertung bestehender Ansätze

Evaluation of Existing Approaches

Nun findet die integrierte Bewertung der zuvor (Abschnitte 3.3.1 bis 3.3.3) vorgestellten Ansätze und Methoden statt. Dies geschieht auf Basis der in den Abschnitten 3.2.1 bis 3.2.3 definierten Bewertungssystematik. Einige Ansätze behandeln zwei der Bewertungsgruppen derart hinreichend, dass jeweils eine Bewertung vorgenommen wird, auch wenn der Ansatz nur unter einer Bewertungsgruppe vorgestellt wurde. Alle Ansätze, die mindestens zweimal den Erfüllungsgrad »nicht« erreichen, sind ausschließlich im Anhang A.5 aufgeführt.

Die Bewertung der Ansätze zur Bauteilanforderungsbeschreibung ist in Abbildung 3-2 aufgeführt. Hervorzuheben sind die wissenschaftlichen Ansätze von DAHL, HEESCHEN und FALLBÖHMER, die Erkenntnisse zur Berücksichtigung in dieser Dissertation liefern.

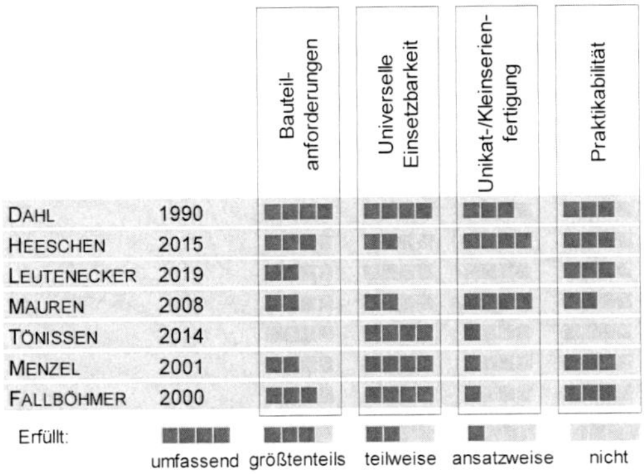

Abbildung 3-2: Bewertung der Ansätze zur Bauteilanforderungsbeschreibung

In Abbildung 3-3 ist die Bewertung der Ansätze zur Fertigungsmittelaufnahme und Fertigungsmittelleistungsfähigkeitsbeurteilung dargestellt. Vorrangig sind die Ansätze von BILSING und HEESCHEN zu nennen, die hinsichtlich Fertigungsmittelaufnahmen und -leistungsfähigkeitsbeurteilung beachtet werden müssen. Ergänzt wird diese Aufzählung um FRANZKE im Bereich technologieorientierter Aufnahme und Beurteilung von Fertigungsmitteln.

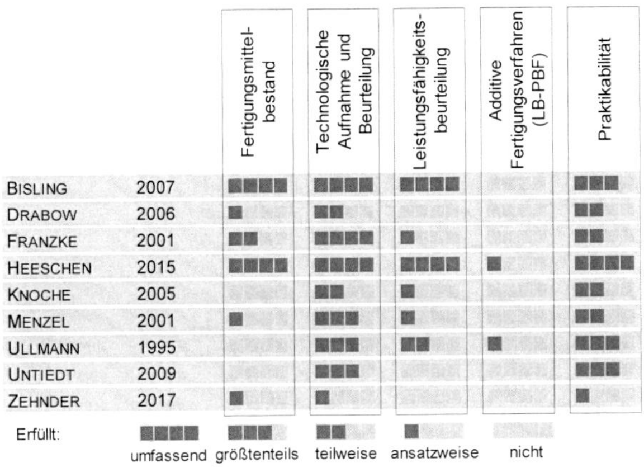

Abbildung 3-3: Bewertung der Ansätze zur Fertigungsmittelaufnahme und -leistungsfähigkeitsbeurteilung

Existierende Ansätze zur Prozesskettengenerierung und -planung und deren Bewertung zeigt Abbildung 3-4. Dabei fallen BRANDES, GLÄßNER/YI, KASCHKA, KUSHNARENKO, TROMMER und ULLMANN mit hohen Erfüllungsgraden in einzelnen Bewertungsbereichen auf, die im weiteren Verlauf bei der Konzeption der Methodik Berücksichtigung finden werden.

		Unikat-/Kleinserien-fertigung	Fertigungs-umgebung	Fertigungsmittel	Additive Fertigungsverfahren (LB-PBF)	Praktikabilität
BRANDES	2008	■	■■	■■■■		■■■
DREHER	2005	■■	■	■	■■■■	■■
EICHGRÜN	2003		■■	■■■■		■■
FALLBÖHMER	2000	■	■■	■■■■		■■■
GLÄẞNER/YI	2019	■■■	■■	■■	■■■■	
GRUND	2015	■■■		■	■■■■	■■
HÄUẞINGER	2019	■■■	■		■■■■	
KASCHKA	1999	■■■■	■	■■■	■■■■	■■■
KOPF	2018		■■	■■■	■■■■	■■
KUSHNARENKO	2009	■■■■	■	■■■	■■■■	■
JURKLIES	2004	■■■■	■	■■■		■■
MÖHRLE	2018	■■	■	■	■■■■	■■
MORYSON	2004	■■■	■■■	■■■■		■■■
SCHÄFER	2003		■■■	■■■		■■
SCHELL	1997	■	■■■	■■■		■■■
SCHINDLER	2014		■■	■■■■	■	■■
SCHMIDTNER	2003			■		■
THOMPSON	2015	■■■		■■	■■■	
TROMMER	2001	■	■■■■	■■■■		■■■
ULLMANN	1995	■■	■■■	■■■■		■■
WALDSCHMIDT	2020	■■■			■■■■	
WEGENER	2016	■■	■■	■■	■■	■
WESTERMEIER	2016	■	■■■	■■■		■
WILLMS	2008	■	■■	■■■		■■

Erfüllt: ■■■■ umfassend ■■■ größtenteils ■■ teilweise ■ ansatzweise nicht

Abbildung 3-4: Bewertung der Ansätze zur Prozesskettengenerierung und -planung

3.6 Handlungsbedarf aus der Theorie

Need for Action From Theory

Wie bereits in Abschnitt 2.8 zusammenfassend dargelegt, besteht Handlungsbedarf aus der industriell-praktischen Perspektive. Zunächst lässt sich aus dem zunehmend industriell relevanten Einsatzzweck der direkten Fertigung (Direct Tooling, Direct Manufacturing, vgl. Abschnitt 2.3) in Verbindung mit den vorherrschenden Eigenschaften additiv hergestellter Bauteile (vgl. Abschnitt 2.4.2) die Notwendigkeit der Weiterbearbeitung und der Einbindung von additiven Fertigungsverfahren in Prozessketten ableiten. Industrialisierungsansätze, die von AM-Maschinenherstellern verfolgt werden, erfüllen dies derzeit weder physisch noch konzeptuell (vgl. Abschnitt 2.4.1). Im besten Fall werden Greenfield-Ansätze demonstriert, die nicht auf vorhandene Brownfield-Strukturen adaptiert werden können[13]. Somit ist ein Beitrag erforderlich, der bestehende horizontale Prozessketten mit additiver Fertigung anreichert (vgl. Abschnitt 2.6.2) und besonders in der Einführungsphase als neue Technologie

[13] Die Begriffe Greenfield und Brownfield stammen aus der Bauwirtschaft und wurden in der Domäne Informationstechnologie von HOPKINS & JENKINS zur Beschreibung von Vorgehensweisen umgenutzt. Greenfield beschreibt eine frei definierbare Ausgangssituation, während Brownfield eine Situation mit einschränkenden Randbedingungen bezeichnet. [HOPK08, S. 34]

in einem Betrieb methodisch fundierte Handlungsunterstützung für eine gezielte additive Fertigung und subtraktive Weiterbearbeitung bereitstellt.

Die Betrachtung existierender wissenschaftlicher Ansätze offenbart, dass ebenso Handlungsbedarf aus wissenschaftlich-theoretischer Perspektive besteht.

Aus der Bewertung der bestehenden Ansätze zur Prozesskettengenerierung und -planung geht hervor, dass im Wesentlichen die Kombination der Anforderungen, die durch die Unikat- und Kleinserienfertigung bedingt sind und die Eigenschaften der additiven Fertigung – im Besonderen des LB-PBF – bisher nicht abgedeckt werden. Speziell trifft dies vor dem Hintergrund der Verfahrensintegration in eine bestehende Fertigungsumgebung zu. Die initiale Prozesskettenbetrachtung muss folglich umfassender als bisher geschehen, um eine erfolgreiche Integration von additiver Fertigung in diese sicherzustellen.

Ansätze zur Fertigungsmittelaufnahme und deren Leistungsfähigkeitsbeurteilung liegen vermehrt in der benötigten Anforderungskonfiguration (Fertigungsmittelbestand, technologische Beschreibung, Leistungsfähigkeitsbeurteilung) vor. Ausgenommen ist hier der Bezug auf die additive Fertigung. Diese muss in die ansonsten bestehenden Methoden eingebunden werden.

Um Bauteilbeschreibungen derart vorzunehmen, dass eine Verfahrens- und Fertigungsmittelzuordnung möglich ist, die konsekutiv in einer fertigungstechnischen Prozesskette mündet, greifen existierende Ansätze zumeist auf die Untergliederung in Bauteilfeatures zurück. Die Features sind dabei unterschiedlich detailliert ausgeführt, beziehen teils ausschließlich Geometrieinformationen mit ein, teils technologische oder betriebswirtschaftliche Metainformationen. Eine abgestimmte Bauteilbeschreibung, die Informationen aus der additiven Fertigung und entlang der Prozesskette enthält, muss erarbeitet werden.

Viele der vorhandenen Ansätze bieten Softwaremodule zur Unterstützung der Anwendung der Methoden an. Darüber hinaus sollte die Anwendbarkeit dadurch attraktiv gestaltet werden, dass als Eingangsgrößen zu akquirierende Informationen in der industriellen Praxis regelmäßig bereits in Entwicklungs-, Konstruktions-, Arbeitsvorbereitungs- oder Fertigungsabteilungen vorliegen oder mit kapazitiv überschaubarem Aufwand ermittelt bzw. generiert werden können. So kann ein erfolgreiches Zusammenwirken von Datenbasis und Software sichergestellt werden.

3.7 Konkretisierung zu Forschungsfragen

Concretization to Research Questions

Die Aggregation der Erkenntnisse zum Stand der Technik in Forschung und Industrie zeigt, dass eine integrierte Betrachtung von subtraktiver und additiver Prozesskette bei gleichzeitigem Vorhandensein individueller Bauteile in der Literatur und Anwendung nicht vorhanden ist.

Der ausgeführte Handlungsbedarf lässt sich in eine Forschungshypothese überführen:

> *Mit einer quantitativen Methodik zur Abstimmung vorhandener Prozessschritte für die Weiterbearbeitung additiv gefertigter Bauteile ist die anforderungsgerechte Integration additiver Fertigungstechnologien in bestehende Prozessketten möglich.*

Um das intersubjektive Verständnis sowie die Falsifizierbarkeit der Forschungshypothese zu gewährleisten, wird diese mithilfe von Forschungsfragen untermauert [KUBI77, S. 6, 17]. Die

Struktur der formulierten Hypothese mitsamt den abgeleiteten Forschungsfragen kann Abbildung 3-5 entnommen werden.

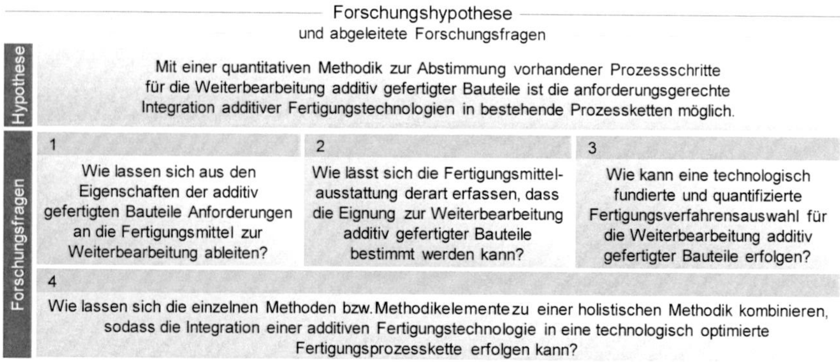

Abbildung 3-5: Forschungshypothese und abgeleitete Forschungsfragen

Die erste Forschungsfrage zielt auf die Beschreibung von Bauteilanforderungen aus additiv-subtraktiver Fertigungsperspektive ab. Es schließt sich die zweite Forschungsfrage an, welche die Fertigungsmittelerfassung thematisiert. Die dritte Forschungsfrage ist damit zu beantworten, wie die Fertigungstechnologieauswahl ausgeführt werden kann, bevor mit Beantwortung der vierten darauf aufbauenden Forschungsfrage zu erschließen ist, wie die zuvor genannten Elemente zusammengeführt werden können und damit die technologiezentrische Gestaltung einer Weiterbearbeitungsprozesskette ermöglicht wird.

Die nun definierten Forschungsfragen bilden die Basis für die Konzeption der Methodik zur Integration pulverbettbasierter additiver Fertigungstechnologien in Fertigungsprozessketten in Kapitel 4.

4 Konzeption der Integrationsmethodik

Design of the Integration Methodology

Die Ausführungen in den vorangegangenen Kapiteln haben gezeigt, dass eine ineinandergreifende Methodik zur Integration pulverbettbasierter additiver Fertigungstechnologien in Fertigungsprozessketten nicht existiert. Der notwendige Bedarf aus der industriellen Praxis und die nicht hinreichende Überdeckung des Bedarfs mit der wissenschaftlichen Theorie erfordern die Konzeption der neuen Methodik. Dazu wird der vielschichtig belegte Methodikbegriff als Zusammenwirken von Methoden verstanden und richtet sich an LAUFENBERG aus (Abbildung 4-1) [LAUF96, S. 6–8].

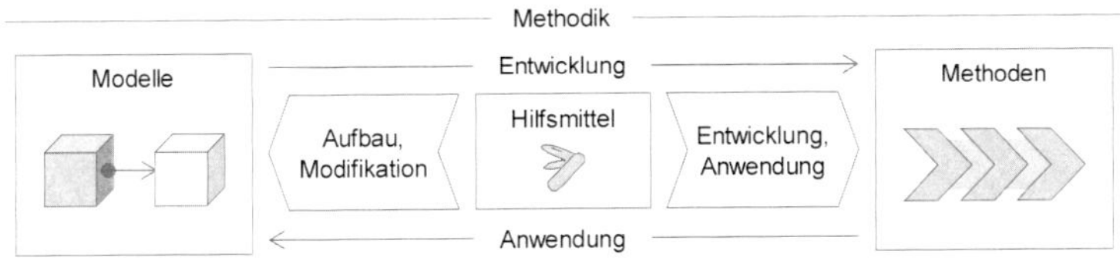

Abbildung 4-1: Methodik als System von Modell, Hilfsmittel und Methode

In dem vorliegenden Kapitel werden zum Einstieg die Grundlagen der angewendeten Systemtechnik und Modellierung aggregiert wiedergegeben. Dies dient dem uniformen Verständnis ebendieser Grundlagen und dem darauf aufbauenden Konzept der zu erarbeitenden Methodik. Ferner wird der Ordnungsrahmen der Methodik gebildet, innerhalb dessen die Konzeption der Analysephase, Gestaltungsphase und Umsetzungphase erfolgt.

4.1 Angewendete Systemtechnik und Modellierung

Basics of Systems Engineering and Modelling

Ein System gliedert sich in die Systemtechnik[14] ein, die ein Teil der Systemtheorie ist. Die *Systemtheorie* befasst sich mit der komplexen, ganzheitlichen Systembetrachtung. Diese muss oftmals disziplinübergreifend geschehen, da Systeme von einzelnen (wissenschaftlichen) Disziplinen oft nicht vollständig beschrieben werden können [ULRI01b, S. 23]. Sie ist als Grundlagenwissenschaft zu verstehen und findet Anwendung in der Systemtechnik [BERT68, S. 91]. Die *Systemtechnik* bezeichnet BRUNS als »Zusammenhangsschau« [BRUN91, S. 1]. Abermals ist die Ganzheitlichkeit der Betrachtung immanent [GAUS14, S. 244]. Um dem holistischen und disziplinübergreifenden Anspruch gerecht zu werden, liefert die Systemtechnik eine formale Sprache, die den notwendigen interdisziplinären, überfachlichen und transhierarchischen Austausch und die domänenübergreifende Problemlösung ermöglicht [BRUN91, S. 1] [BERT68, S. 32–33]. Die ingenieurwissenschaftliche Betrachtungsweise wird dadurch angereichert und erweitert. Schließlich ist ein *System* nach BEER definiert als Teile, die miteinander in Bezug stehen. Etwas, das als System definiert wird, wird zu einem System, wenn dessen Teile, Beziehungen und Grenzen festgelegt werden. [BEER63, S. 24–34] Die Teile selbst können Elemente oder wiederum Systeme sein und werden dann als Subsysteme bezeichnet. Abbildung 4-2 zeigt ein generisches Systemdiagramm und stellt die zugeordneten Begriffe samt Einordnung für die Konzeption der Methodik dar.

[14] Neben Systemtechnik ist auch der Begriff Systems Engineering (engl.) im deutschen Sprachgebrauch verbreitet. Dabei verfließt jedoch der Unterschied von Systemtheorie und Systemtechnik [GILL20].

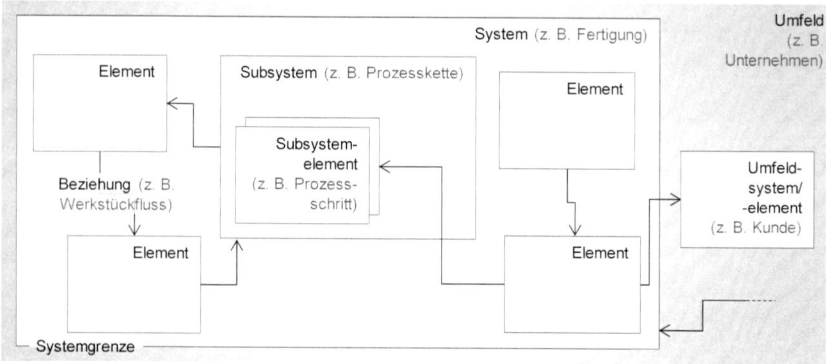

Abbildung 4-2: System i. S. der Systemtechnik, i. A. a. [HABE19, S. 5,17] und [WILL08, S. 46]

Ein *Modell* ist »die Abbildung eines Systems oder Prozesses in ein anderes begriffliches oder gegenständliches System, das aufgrund der Anwendung bekannter Gesetzmäßigkeiten, einer Identifikation oder auch getroffener Annahmen gewonnen wird und das System oder den Prozess bezüglich ausgewählter Fragestellungen hinreichend genau abbildet« [DIN94, S. 3]. Ausschlaggebend ist die Formulierung ›hinreichend genau‹. Im Fokus stehen problemrelevante Wirkzusammenhänge, nicht relevante Größen und sonstige Einflussfaktoren werden vernachlässigt [TROM01, S. 3]. Ein Modell ist nach STACHOWIAK von drei Hauptmerkmalen geprägt, die das zuvor beschriebene stützen: Abbildungsmerkmal: Modelle repräsentieren ein materielles oder immaterielles Original; Verkürzungsmerkmal: Modelle berücksichtigen ausschließlich als relevant erachtete Attribute des Originals; Pragmatisches Merkmal: Modelle sind anforderungsgerecht ausgeführt und dienen einem bestimmten Subjekt, einem bestimmten Zeitintervall und einer bestimmten Operation. [STAC73, S. 131–133] Ziel ist es, aus den durch das Modell gewonnenen Erkenntnissen Rückschlüsse auf Struktur und Verhalten des (realen) Systems abzuleiten, wie Abbildung 4-3 visualisiert [HEYN99, S. 5].

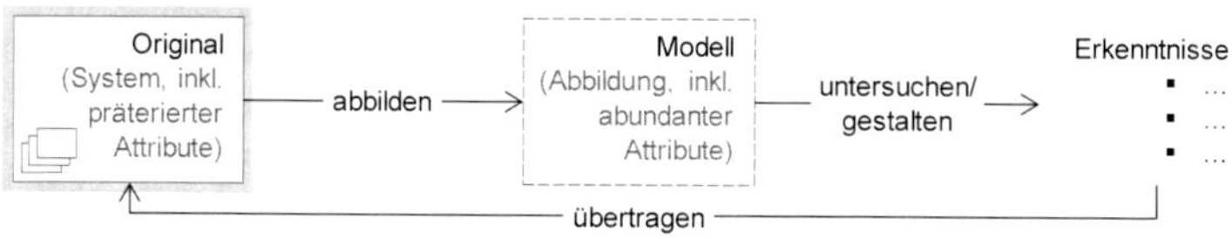

Abbildung 4-3: Original-Modell-Abbildung, i. A. a. [WINZ16, S. 86] und [STAC73, S. 157]

Die Methodik fügt entsprechend einem geeigneten Ordnungsrahmen Modelle und Methoden zusammen. Die Modelle und Methoden sind entweder existent und deren Ansätze in Kapitel 3 beschrieben, oder müssen neu entwickelt werden.

4.2 Ordnungsrahmen der AM-Integrationsmethodik

Framework of the AM Integration Methodology

In der wissenschaftlichen Forschung ist es hilfreich, eine Methodik mit einem geeigneten Ordnungsrahmen auszugestalten [HEES15, S. 89; KUHL11, S. 72; SCHU11, S. 28–29; BOOS08, S. 76]. Die Funktion des Ordnungsrahmens ist es, die Bestandteile eines Systems bzw. einer Methodik »in eine Reihe, eine Rangordnung oder eine allgemeine Ordnung zu bringen« [MEIS01, S. 61]. Der Ordnungsrahmen ist auch als Modell auf einer hohen Abstraktionsebene zu verstehen, welches im Gegensatz zu beliebigen Modellen maßgeblich auf die Wiedergabe übergeordneter Zusammenhänge anstatt auf eine detaillierte Darstellung vieler Bestandteile abzielt [MEIS01, S. 61–63]. Im Folgenden wird der Ordnungsrahmen basierend auf den theoretischen Grundlagen der Technologieplanung und Prozesskettenbetrachtung sowie den Anforderungen an die Methodik entwickelt.

Der Ordnungsrahmen gliedert sich zunächst in fünf Schritte. Diese orientieren sich an der allgemeinen und generischen Vorgehensweise in Projekten und lassen sich aus Vorgehensweisen in Produktentwicklungsprojekten, Prozessgestaltungsprojekten und Technologieplanungsprojekten ableiten. Eine Auswahl dieser Ansätze ist der nachfolgenden Abbildung 4-4 zu entnehmen. In der Abbildung sind auch die für diese Arbeit abgeleiteten Schritte dargestellt. Die fünf Schritte lehnen sich zudem an die Vorgehensweisen der in Kapitel 3 vorgestellten Ansätze an, die regelmäßig ebenso auf Phasenmodellen aufbauen, mit einer Analyse- oder Beschreibungsphase beginnen und mit Handlungsempfehlungen oder einer Implementierung enden. Wie aus Abbildung 4-4 hervorgeht, wird in allen Domänen von einer initialen Analyse- bzw. Klärungsphase ausgegangen. Darauf folgt eine detailliertere Analysephase, die bereits vermehrt von dem jeweiligen Anwendungskontext abhängt. Die anschließende Gestaltungsphase gliedert sich teilweise in eine Phase zur Konzeption oder Optionenfindung und in eine Entwurfsphase. In jedem Fall leiten bereits Lösungsideen diesen Schritt. Anschließend folgt eine Auswertungs-, Bewertungs- oder Umsetzungsphase.

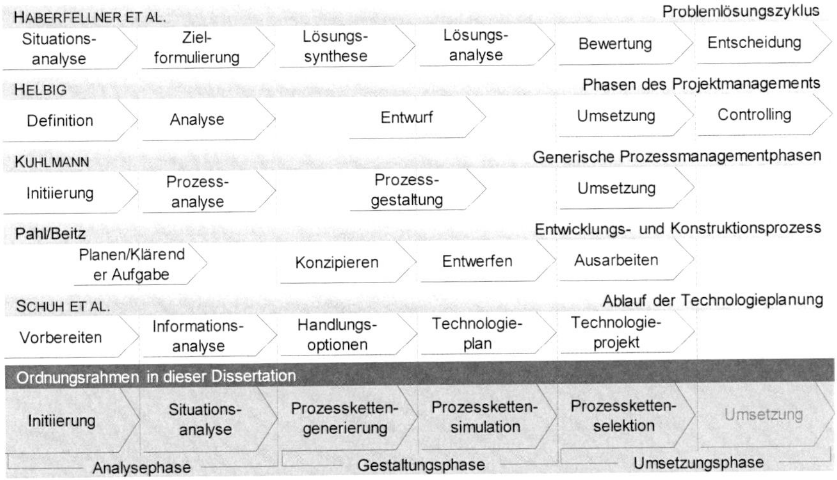

Abbildung 4-4: Ordnungsrahmen der Methodik[15]

Die fünf Schritte des in dieser Arbeit angewendeten Ordnungsrahmens beginnen mit der Initiierung; während der Phase wird ein gemeinsames Methodik- und Prozessverständnis erzeugt, ohne bereits inhaltliche Fortschritte zu erzielen. Die sich anschließende Situationsanalyse dient der Erfassung des Status quo. Innerhalb der Situationsanalyse werden grundlegende Zielforderungen der anwendenden Unternehmensumgebung zusammengetragen.

[15] Problemlösungszyklus nach HABERFELLNER ET AL. [HABE19, S. 44], Phasen des Projektmanagements nach HELBIG [HELB03, S. 40], Generische Prozessmanagementphasen nach KUHLMANN [KUHL16, S. 136], Entwicklungs- und Konstruktionsprozess aus Pahl/Beitz [FELD13, S. 17], Ablauf der Technologieplanung nach SCHUH ET AL. [SCHU11, S. 192]

Im Besonderen muss die Kombination aus additiver und subtraktiver Fertigungstechnologie berücksichtigt werden. Als dritter Schritt folgt das Kernelement der Fertigungsprozesskettengestaltung, in der erste Prozessketten auf Basis der Eingangsinformationen generiert werden. Die Phase der Prozesskettensimulation ermöglicht eine Abstimmung der Prozesskettenparameter und damit eine systematische Festigung der zuvor erzeugten Prozessketten. Die Prozesskettenselektion führt zu einer Variantenreduktion der erzeugten Prozessketten durch Anwendung von Bewertungskriterien. Schließlich folgt die praktische Umsetzung der definierten Prozesskette.

Aus der Gliederung in die beschriebenen Phasen ergeben sich zwei Betrachtungsebenen, die weiterverfolgt werden und für das Verständnis der Dissertation essentiell sind. Eine Betrachtungsebene behandelt die übergeordnete fertigungsorganisatorische Integration von AM in Fertigungsprozessketten, die zweite Ebene fokussiert die detaillierte technologische Betrachtung des Bauteils und einzelner Fertigungsverfahren, respektive Fertigungsmittel, in der Fertigungsprozessketten-Ebene. Abbildung 4-5 zeigt die beiden Betrachtungsebenen.

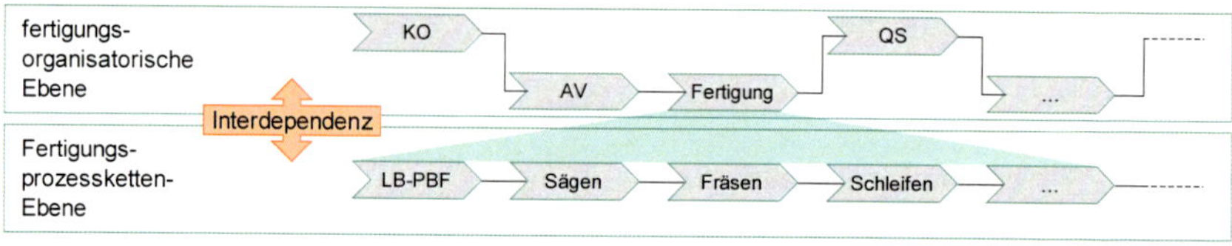

Abbildung 4-5: Abgrenzung und Interdependenz von Prozessketten-Betrachtungsebenen

Fertigungsorganisatorische und Fertigungsprozessketten-Ebene werden abschließend zusammengeführt, bevor während der Analysephase der Schwerpunkt fertigungsorganisatorisch ist und die Gestaltungsphase stärker auf die Fertigungsprozessketten-Ebene bezogen ist. Dies zeigt Abbildung 4-6, an deren Struktur sich die weitere Beschreibung der Konzeption der Methodik orientiert.

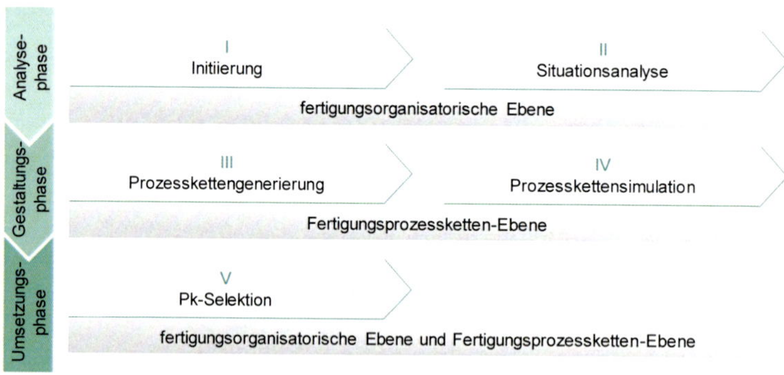

Abbildung 4-6: Phasen der Methodik und zugeordnete Schritte

4.3 Konzeption der Analysephase zur Aufnahme des Status quo

Design of Analysis Phase for Determination of Status quo

Die ersten Schritte der Analysephase dienen der Aufnahme der Bauteilanforderungen sowie der Festlegung der zu berücksichtigenden Technologien und der Beurteilung der Leistungsfähigkeit. Darüber hinaus werden Unternehmensrandbedingungen, also unternehmensabhängige und gewichtete Bewertungsgrundlagen für die zu betrachtenden Prozessketten definiert. Damit werden die Analyse und Erhebung des Status quo sowie die Betrachtung auf Fertigungsprozessketten-Ebene und die dazugehörige Bewertung vorbereitet. Da die Integration von pulverbettbasierten additiven Fertigungstechnologien in weitgehend bestehende Fertigungsprozessketten erfolgen soll, ist auf die Analyse des Status quo besonderer Wert zu legen. Die Methodik soll universell für diverse Branchen einsetzbar sein. Damit wird die breite Anwendbarkeit der additiven Fertigung reflektiert. Entsprechend leitet sich ein heterogener Querschnitt eingesetzter Fertigungsverfahren zur Weiterbearbeitung ab, die zudem mit unterschiedlich ausgeprägten Kompetenzen betrieben werden (Prozesswissen). Die Verfahrensbeherrschung kann somit bei gleichen Fertigungsverfahren oder gar Fertigungsmitteln unterschiedlich ausfallen. Gleiches gilt für die Bauteile. Deren Geometrie-, Maß-, Oberflächen-, Festigkeits- und Härteanforderungen sind ebenfalls als heterogen einzustufen. Aus der Betrachtung der Fertigungsverfahren in Verbindung mit den zu fertigenden Bauteilen ergeben sich ebenso unterschiedliche Prozessketten. Neben der beschriebenen Verfahrens- und Bauteilabhängigkeit sind diese von spezifischen Unternehmensrandbedingungen abhängig. Dazu zählen die strategische Ausrichtung, insbesondere die Technologiestrategie, die Modernität des Maschinenparks, das Ausbildungsniveau der Mitarbeiter·innen sowie eine mögliche Interaktion mit Partnern in Wertschöpfungsnetzwerken.

Zur Eingrenzung des betrachteten heterogenen Systems dient eine Umfrage unter Unternehmen, die additiv gefertigte Werkstücke weiterbearbeiten. Die empirische Ermittlung besonders relevanter Randbedingungen für die Weiterbearbeitung additiv hergestellter Werkstücke, häufig eingesetzter Weiterbearbeitungstechnologien und in der Planung und Fertigung betrachtete Einflussgrößen mit spezifischem AM-Bezug erlaubt die Bildung von Leitlinien und Eingrenzungen des Systems.

4.3.1 Befragung zur Weiterbearbeitung von additiv gefertigten Werkstücken

Survey about Further Processing of Additively Manufactured Workpieces

Zur fertigungstechnischen Bearbeitung von Werkstücken steht eine Vielzahl an Fertigungsverfahren zur Verfügung. Dieses Verfahrensspektrum ermöglicht eine an den Bearbeitungsfall angepasste und wirtschaftliche Bearbeitung vielartiger Werkstücke. Gleichzeitig kommt zur Bearbeitung eines Werkstücks nur ein Bruchteil aller verfügbaren Fertigungstechnologien zum Einsatz. Um eine übergreifende Vorauswahl der Fertigungstechnologien zu treffen, werden in diesem Abschnitt hinreichende Erkenntnisse aus einer dazu angelegten Umfrage zum Einsatz von Weiterbearbeitungstechnologien für additiv gefertigte Werkstücke erläutert. Die Erkenntnisse dienen der anwendungsorientierten Methodikentwicklung und werden bereits während der Konzeption der Methodik herangezogen. So wird sichergestellt, dass der Geltungsbereich abgegrenzt ist.

An der Befragung haben 32 Unternehmen teilgenommen (vgl. Anhang A.4). Je nach Unternehmensstruktur beziehen sich die gemachten Angaben auf das gesamte Unternehmen (53 %) oder auf einen Unternehmensteil bzw. eine Abteilung (47 %), wobei diese Entität mit der additiven Fertigung und der Weiterbearbeitung der Werkstücke befasst ist. Die Beschäftigtenzahl und die Branchenzugehörigkeit bzw. Absatzmarktzuordnung zeigen die besondere Heterogenität des Technologieeinsatzes. Das Werkstoffportfolio bildet Werkzeugstähle der Kategorien Kalt- und Warmarbeitsstähle ab, genauso wie Schnellarbeitsstähle (Stähle summiert: 40 %) und Aluminiumlegierungen. Weiterhin sind Nickel- und Titanlegierungen im Einsatz, gefolgt von weiteren Werkstoffgruppen mit geringer Gesamtrelevanz. Die detaillierte Aufschlüsselung kann Anhang A.4 entnommen werden. Die Befragung stützt die Notwendigkeit der Betrachtung von Unikat- und Kleinserienfertigung. Zwei Drittel der Unternehmen geben an, dass ebendiese Zuschreibung zutrifft. Weitere elf Prozent der Unternehmen sind als externe Fertigungsdienstleister aktiv, sodass auch hier geringere Stückzahlen bei kundespezifisch wechselnden Aufträgen und Stückzahlen vorliegen.

Hinsichtlich einer Vorauswahl besonders relevanter Fertigungsverfahren zeigt die Befragung einen Trend zu eher komplexen Verfahrensausprägungen. So wird die Relevanz des 5-Achs-HSC-Fräsens als besonders hoch eingestuft und erhält für das Jahr 2020 einen Technologierelevanzwert von 3,21 auf einer Skala von 0 bis 4, zukünftig wird die Relevanz mit dem führenden Wert 3,64 angegeben. Gefolgt wird dies von LB-PBF und 3+2-Achsfräsen, sowie dessen weiterer Ausprägung als HSC-Verfahren. An fünfter Stelle wird die Senkfunkenerosion eingeordnet. Abbildung 4-7 zeigt alle Fertigungsverfahren, die einen zukünftigen Technologierelevanzwert größer 3,00 erreichen[16].

Aus den Ergebnissen der Befragung ergibt sich die Berücksichtigung der Verfahren LB-PBF, Fräsen, Funkenerosion, Flachschleifen und Drehen als Kerntechnologien der Methodik. Als Kerntechnologien werden hier also die Fertigungstechnologien bezeichnet, die produktiv und mit vorhandenem Prozesswissen i. d. R. unternehmensintern zur Verfügung stehen [BOOS17, S. 19]. Die genannten Fertigungsverfahren sind den Gruppen 3.2 bis 3.4 nach DIN 8580 zuzuordnen. Ob der gegebenen Relevanz des Polierens werden die Verfahren Gleitspanen, Strahlspanen und Elektrochemisches Abtragen beispielhaft berücksichtigt. Diese drei Verfahren ergeben sich aus einer Befragung des ACAM Aachen Center for Additive Manufacturing GmbH im Rahmen des Konsortialprojekts »Benchmarking of post-processing methods« (vgl. Anhang A.6). LB-PBF für Kunststoffe, auch als Selektives Lasersintern (engl. Selective Laser Sintering, SLS) bezeichnet, wird aufgrund der Fokussierung dieser Arbeit auf metallver- und -bearbeitende Verfahren nicht tiefergehend betrachtet.

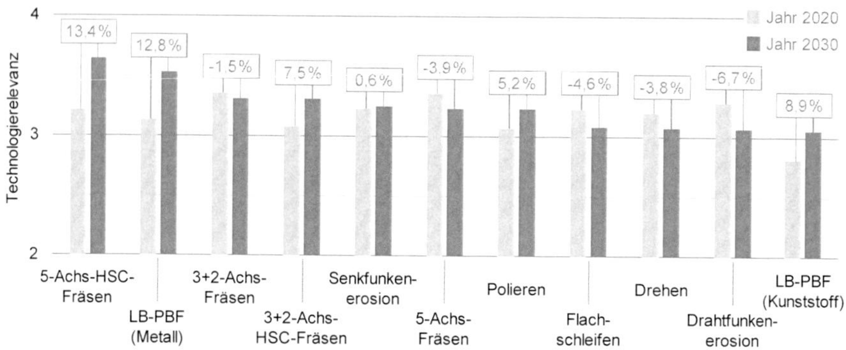

Abbildung 4-7: Technologierelevanz von Fertigungsverfahren bzw. -verfahrensausprägungen

4.3.2 Initiierung zur Anwendung der Integrationsmethodik

Initiation of Application of Integration Methodology

Der erste Schritt innerhalb einer vorbereitenden Analysephase ist die Initiierung. Ziel ist die Schaffung eines gemeinsamen Verständnisses der methodischen Vorgehensweise und der

[16] Die Antwortmöglichkeiten der Befragung spannen ein Intervall von 1 = unwichtig bis 4 = sehr wichtig auf. Die angegebenen Zahlenwerte für die Technologierelevanz errechnen sich aus den Mittelwerten der gegebenen Antworten je Technologie. Der Begriff Technologierelevanz orientiert sich an HEESCHEN [HEES15, S. 148].

Abgleich der Zielvorstellungen für die Integration pulverbettbasierter additiver Fertigungstechnologien in bestehende Prozessketten bei allen Projektbeteiligten (Abbildung 4-8). Die Einbindung der Fachexpertise entlang der Prozesskette und bei der gesamten Methodikanwendung hat signifikanten Einfluss auf den effizienten Ablauf der Integration von LB-PBF und auf ein effektives Ergebnis. Der Schritt der Initiierung stellt damit noch keine inhaltliche Bearbeitung im Rahmen der eigentlichen Methodik dar, sondern schafft dessen Basis.

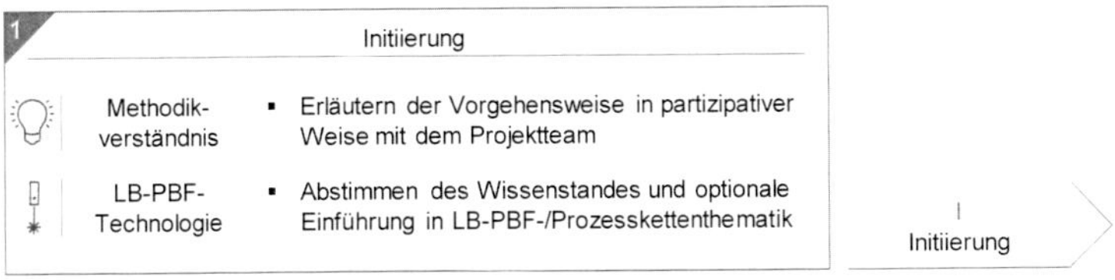

Abbildung 4-8: Analysephase – Initiierung (I-1)

4.3.3 Situationsanalyse der Integrationsmethodik

Situation Analysis of Integration Methodology

Die bereits beschriebene Heterogenität von fertigenden Unternehmen ist enorm. Eine erste Eingrenzung hat über die ver- und bearbeiteten Werkstoffgruppen, über die eingesetzten Fertigungstechnologien und über die Bauteilstückzahl stattgefunden. Dennoch bestehen innerhalb dieser aufgespannten Intervalle eine große Diversität und Individualität, die es zu erfassen gilt. Folglich ist die Situationsanalyse zur Darstellung des Status quo in einer Fertigungsumgebung elementar. Die Situationsanalyse ist der zweite Schritt der Analysephase. Sie umfasst die Aufnahme der Fertigungsmittel, der Bauteile und der aktuell typischen Fertigungsprozesskette auf fertigungsorganisatorischer Ebene.

Fertigungsstruktur

Um die vorherrschende Situation zu erfassen, wird zunächst die Fertigungsstruktur aufgenommen. Der Schwerpunkt liegt dabei auf den Fertigungsmitteln, die sich den zuvor beschriebenen Kerntechnologien zuordnen lassen. Sind weitere maschinelle Fertigungsmittel unternehmensspezifisch besonders relevant, müssen auch diese aufgenommen werden. Grundsätzlich gilt, dass eine eher größer gewählte Abgrenzung der aufzunehmenden Fertigungsmittel vorzuziehen ist, um eine hinreichende Abdeckung bestehender Anforderungen sicherzustellen. Die Aufnahme der Fertigungsstruktur erfolgt anhand der zur Verfügung stehenden Fertigungsmittel, der technologischen Leistungsfähigkeit in den Kerntechnologien und des Fertigungslayouts (Abbildung 4-9).

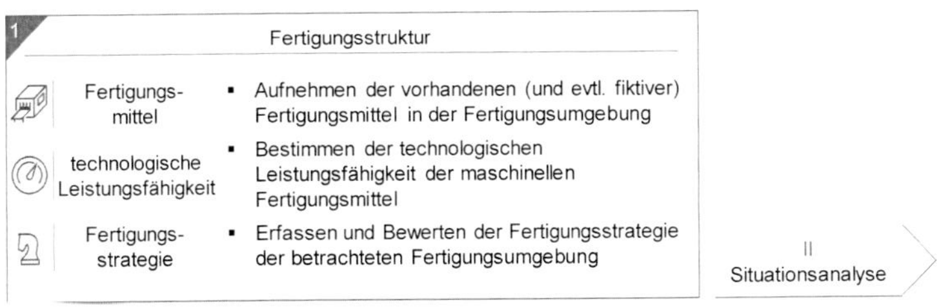

Abbildung 4-9: Analysephase – Situationsanalyse (II) – Fertigungsstruktur (1)

Die Fertigungsmittel stellen konkret verfügbare Maschinen dar. Die technologische Leistungsfähigkeit lehnt sich an die von BILSING definierten Kennzahlen zur Maschinenleistungsfähigkeit an [BILS07, S. 61]. Für die hinreichend detailliertere Modellierung der Fertigungstechnologien, als Basis für den späteren Technologieabgleich, müssen Spannmöglichkeiten einbezogen werden. Die innerhalb der Fertigungsmittel verfügbaren Spannalternativen müssen durch Kennzahlen charakterisierbar sein. Die Leistungsfähigkeit der Fertigungstechnologien ist neben den bauteilseitigen Leistungsanforderungen die wichtigste Kenngröße zur Auswahl der Prozessketten. Die Attribute Flexibilität, Produktivität und Qualität der verfügbaren Fertigungsmittel müssen direkt oder indirekt durch Kennzahlen beschrieben werden können. Die Daten zur Analyse der Leistungsfähigkeit der Fertigungstechnologien werden typischerweise in der Arbeitsvorbereitung gewonnen. Der Zugriff auf diese Eigenschaften erfolgt über unternehmensinterne oder durch Zulieferer (z. B. Maschinenhersteller, Bearbeitungswerkzeuganbieter) zur Verfügung gestellte Datenbanken, kann aber auch Bestandteil inhärenten Fachwissens sein. Dadurch lassen sich für die Fertigungsumgebung individuell standardisierte Prozessparameter und Prozessgrenzen ermitteln und auswerten. Ergänzend, zur Sicherstellung der umfassenden Bewertung von generierten Fertigungsprozessketten, wird das bestehende Fertigungslayout abstrahiert, d. h. mit Aussagekraft zu Fertigungsmitteln und Transportwegen herangezogen. Insgesamt erfolgt so die qualitative und quantitative Aufnahme des Status quo in einem produzierenden Unternehmen.

Bauteile

Der zweite elementare Bestandteil der Situationsanalyse ist die Erfassung der Bauteile. Bedingt durch das fertigungstechnische Potenzial der additiven Fertigung, insbesondere komplexe Geometrien, Hinterschneidungen und dreidimensionale Konturen fertigen zu können, erfordert die geometrische Erfassung des Bauteilportfolios ein hohes Maß an Präzision und Detailgenauigkeit. Die Bauteile beeinflussen die Anforderungen an die Fertigungstechnologien und die fertigungstechnische Prozesskette. Je nach Bearbeitungsfortschritt liegt ein Werkstück in verschiedenen Zwischenzuständen vor (vgl. Abschnitt 2.1: Bauteil). Ziel ist die hinreichende Erfüllung der Fertigteilanforderungen und damit die Summe der Eigenschaften aller Zwischenzustände eines Werkstücks. Die Anforderungen für ein spezifisches Bauteil oder eine definierte Gruppe von Bauteilen werden anhand der technischen Konstruktions- und Fertigungsunterlagen, wie sie in der Konstruktion- und Arbeitsvorbereitung erstellt werden, erfasst [FELD13, S. 13]. Grundsätzlich ist bei der Konstruktion und technischen Darstellung des Bauteils dabei der Maxime »Nicht so exakt wie möglich, sondern so genau wie nötig!«[17] zu folgen [BANS10, S. 93]. In Bezug auf die additive Fertigung unterstützt DIEGEL diesen Ansatz, bei dem nicht ausgefallen anmutende Strukturen, sondern ausschließlich funktionale Geometrieelemente ein Bauteil bestimmen [DIEG19, S. 56].

Bei der Bauteilauswahl ist auf die grundlegende Eignung zur additiven Fertigung zu achten. Die Kriterien sollen hier nicht weiter betrachtet werden; sie sind Bestandteil umfangreicher Ansätze, die sich auf die Bauteilidentifikation für die additive Fertigung beziehen (z. B. [PAPK20; LEUT19; GLEA16; ZHAN14; ZÄHM13; KUSH09; KASC99]) und als Beratungsleistung von Forschungsinstituten und Dienstleistungsunternehmen angeboten werden (z. B. [SCHR19; MUNS19; YOUR19]).

Als wichtiger Bestandteil der Bauteilbeschreibung müssen im Kontext der Weiterbearbeitung additiv gefertigter Werkstücke zwingend charakteristische Informationen zu Stütz-

[17] Das Zitat geht wohl auf EINSTEINS »Man muss die Dinge so einfach wie möglich machen. Aber nicht einfacher.« zurück, woran sich auch das KISS-Prinzip (Keep It Simple, Stupid) orientiert [RICH95, S. 231].

strukturen, (zusätzlich zur eigentlichen Bauteilfunktion konstruierter) Spannflächen, kinematischer Zugänglichkeit und weiterzubearbeitender Oberflächensegmente erfasst werden. Eine Aufgliederung von Bauteilen in definierte Bestandteile ist zielführend, um diese charakteristischen Merkmale herauszuarbeiten. Es soll ein modulares, logisch aufgebautes System herangezogen werden, das die umfassende und zugleich individuelle geometrische Bauteilbeschreibung ermöglicht. Die vorhandenen in Kapitel 3 vorgestellten Ansätze, bei denen oftmals Bauteile hierarchisch in Elemente untergliedert werden, zeigen regelmäßig eine ähnliche Vorgehensweise. Dabei werden Begriffe wie Feature oder Formelement verwendet, die jedoch nicht universell definiert sind und einen unterschiedlichen Informationsgehalt aufweisen. Die große Diskrepanz der Definitionen lässt sich mit den folgenden Beispielen belegen. Einerseits wird ein Feature als »Formelement mit Semantik« bezeichnet und bildet geometrische wie technologische Aspekte eines geometrischen Bauteilbereichs ab [ALTM89, S. 229]. Andererseits beinhalte ein Formelement die Beschreibung der geometrischen Gestalt und sei unabhängig von semantischen Informationen [SPUR97, S. 176].

Bestehende Ansätze konzentrierten sich auf die Beschreibung von vorgegebenen Featurelisten oder -datenbanken, die sich prinzipiell in rotationsymmetrische und prismatische Standardelemente aufteilen [OWOD02, S. 104; MENZ01, S. 44; FALL00, S. 77]. Hinsichtlich Freiformfeatures existieren Bestrebungen, diese branchenspezifisch zu klassifizieren, was einem universellen Einsatz zuwiderläuft [GYLD03, S. 26–27]. Diese Arbeit verwendet die von MENZEL verwendete Definition eines *Formelements*, welches neben den Geometriemerkmalen (Form, Maße) Werkstoffmerkmale (Härte) und Qualitätsmerkmale (Maßtoleranz, Oberflächengüte) enthält [MENZ01, S. 42]. Formelemente, die initial durch additive Fertigung hergestellt wurden, sind i. d. R. endkonturnah ausgeführt. Nicht für die eigentliche Fertigteilfunktion notwendige Stützstrukturen und weitere unterstützende Geometrieelemente werden als *Stützelement* bezeichnet. Stützelemente können eine spezielle Struktur aufweisen oder als Vollmaterial vorliegen (vgl. Abschnitt 2.4.3). Zur Erzeugung eines Fertigteils ist anzunehmen, dass Formelemente und Stütz-elemente bearbeitet werden müssen. Übergeordnet werden beide Elemente als *Bearbeitungselemente* zusammengefasst (Abbildung 4-10).

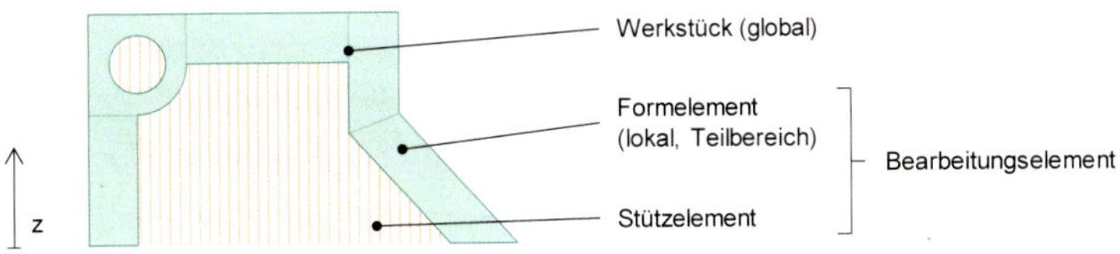

Abbildung 4-10: Gliederung von Werkstücken in Bearbeitungselemente

HEESCHEN schlägt zur Bauteilerfassung im Umfeld des Werkzeugbaus als Branche der Unikatfertigung eine Werkstückanalyse vor, die sich auch im praktischen Einsatz in diversen Industrieprojekten des Fraunhofer IPT bewährt hat [HEES15, S. 104–114]. Hinsichtlich der beschriebenen Anforderungen modifiziert, kann diese Werkstückanalyse als Basis für die Bauteilerfassung herangezogen werden. Damit sind die in Abbildung 4-11 dargestellten Elemente der Bauteilerfassung adressiert. Das Bauteilportfolio wird durch den Anwendenden festgelegt und kann von einem einzelnen Bauteil bis hin zum vollständigen Bauteilspektrum eines Unternehmens reichen. Die Bauteileigenschaften und -anforderungen ergeben sich aus den Konstruktions- und Fertigungsunterlagen, ergänzt um Charakteristika der additiven Fertigung. Mit diesen Kenntnissen wird ein kennzahlenbasierter Abgleich von Maschinenleistungsfähigkeit, Maschinenkinematik und Bauteilanforderungen möglich, wodurch eine grundlegende Zuordnung von Fertigungsmitteln zu Bauteilen erfolgen kann. Abbildung 4-11 fasst diesen Schritt zusammen.

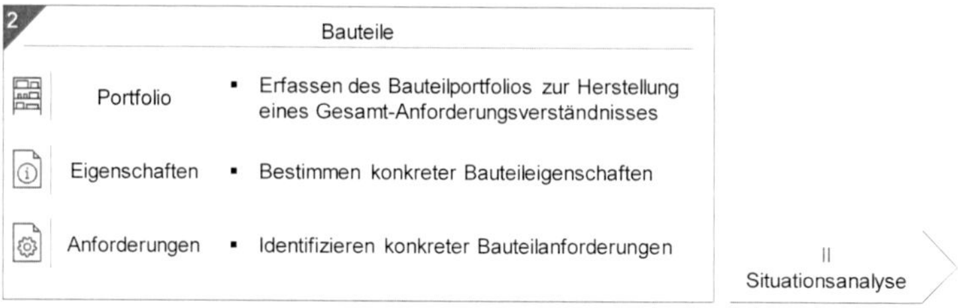

Abbildung 4-11: Analysephase – Situationsanalyse (II) – Bauteile (2)

Prozesskette

Als dritter Bestandteil der Situationsanalyse wird die bestehende Prozesskette auf fertigungsorganisatorischer Ebene, beginnend mit der Arbeitsvorbereitung, über die additive Fertigung, die Weiterbearbeitung, bis zur Übergabe des Bauteils an eine nachgelagerte Einheit betrachtet. Die Abgrenzung und Interdependenz von fertigungsorganisatorischer Ebene und Fertigungsprozessketten-Ebene wurde bereits in Abbildung 4-5 aufgezeigt. Die integrative Betrachtung beider Ebenen wird auch im Verlauf der Arbeit fortgeführt.

Grundsätzlich ist davon auszugehen, dass für die diversen Bauteile entsprechend diverse Fertigungsprozessketten vorliegen bzw. jeweils individuell geplant werden. Es gilt zu identifizieren, welche für die spezifische Fertigungsumgebung allgemeingültigen Randbedingungen aus diesen Prozessketten zu extrahieren sind. Daraus wird eine für die betrachtete Fertigungsumgebung generische Status-quo-Prozesskette auf fertigungsorganisatorischer Ebene gebildet, die den typischen Ablauf im Unternehmen abbildet. Diese beinhaltet im Status quo zunächst keine additive Fertigung oder lediglich deren rudimentäre Einbindung. Wenn beispielsweise Fertigungskompetenzen in der Weiterbearbeitung von Gusswerkstücken oder ähnlichen Fertigungsaufgaben vorhanden sind, die zum Teil Parallelen zur Weiterbearbeitung von additiv gefertigten Werkstücken aufweisen, ist dies als vorteilhaft zu berücksichtigen. Besondere Beachtung muss in allen Fällen den beteiligten Fertigungsverfahren, deren Verknüpfungen miteinander und funktionsbereichsübergreifenden Schnittstellen gewidmet werden. In der Praxis zeigen sich gerade an den Schnittstellen wiederholt Defizite. Diese sollten bei der Einführung einer neuen Technologie grundlegend beseitigt werden, um bereits bestehende Einstiegshürden durch die Neuartigkeit nicht mit vorhandenen Herausforderungen zu verknüpfen. Die Modellierung sollte Elemente zur Darstellung der Prozessschritte, der Prozessverbindungen und der Defizite entlang der Prozesskette auf organisatorischer Ebene enthalten und dabei eine hohe Praktikabilität aufweisen. Die genannten Elemente müssen zur Strukturierung und Verantwortungszuordnung bestimmten Funktionsbereichen (Abteilungen, Gruppen, etc.) zugeordnet werden können. Die erwähnte Praktikabilität ist ein wichtiges Merkmal, welches die niedrigschwellige Einbindung der Anwendenden auf unterschiedlichen Hierarchieebenen unterstützt. Da reale Prozessketten modelliert werden sollen und nicht in Prozessdokumentationen vorhandene, theoretisch definierte Prozessketten kopiert werden sollen, die praktische Abweichungen nicht enthalten, ist die Einbindung erfahrener Mitarbeiter·innen aus unterschiedlichen Funktionsbereichen substanziell. Zur späteren Fertigungsprozesskettengenerierung muss der Prozesskettenbereich eindeutig definiert und abgegrenzt werden. Die Merkmale der Prozesskettenaufnahme sind in Abbildung 4-12 zusammengefasst.

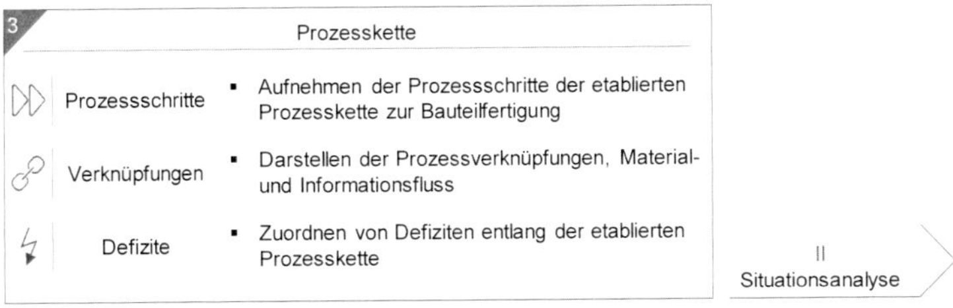

Abbildung 4-12: Analysephase – Situationsanalyse (II) – Prozesskette (3)

4.4 Konzeption der Gestaltungsphase integrierter Fertigungsprozessketten

Design of Generating Phase of Integrated Manufacturing Process Chains

Unternehmen sollen dabei unterstützt werden, additive Fertigungstechnologien, im Besonderen das LB-PBF, einzuführen und erfolgreich einzusetzen. Damit ergeben sich neuartige Anforderungen aus der Fertigungsperspektive, die insbesondere in der Arbeitsvorbereitung und bei der Gestaltung von Fertigungsprozessketten berücksichtig werden müssen. Die Gestaltungsphase der Methodik soll dazu inspiratorische Unterstützung der Anwendenden in den Bereichen Konstruktion, Fertigungsplanung, Arbeitsvorbereitung und Fertigung anbieten. Dabei muss sichergestellt werden, dass vorhandenes domänenspezifisches Know-how einfließen kann und gleichzeitig von außerhalb der Domäne systematisch zugeführt wird, wie in Abbildung 4-13 skizziert.

Die Methodik hilft somit, neue Ideen zu generieren und nicht lediglich auf etablierte Vorgehensweisen, wie sie bei ausschließlicher Anwendung subtraktiver Fertigungsverfahren genutzt werden, zurückzugreifen. Die Rückkopplung von Fertigungsinformationen, die sich aus der gesamten Prozesskette ergeben, dient der direkten Berücksichtigung bei der AM-Prozessgestaltung. Ein derartiger Regelkreis unter Einbeziehung der beteiligten Fachleute und methodisch-analytischer Bestandteile existiert bisher nicht und wird daher in diesem Abschnitt skizziert und in Kapitel 5 umgesetzt.

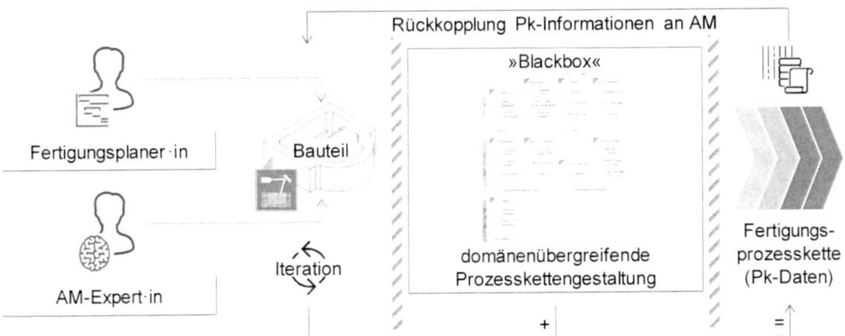

Abbildung 4-13: Interoperabilität von Fertigungsplanung und AM-Expertise

Die Gestaltungsphase beinhaltet die Prozesskettengenerierung und die konsekutive Prozesskettensimulation mit jeweils zwei Subelementen. Sie baut auf den zuvor erarbeiteten und aggregierten Informationen auf. Die fertigungsorganisatorische Ebene wird an dieser

Stelle verlassen und die feiner granulare Ebene der Fertigungsprozessketten mitsamt Bauteilen, Fertigungsverfahren und -mitteln betrachtet.

4.4.1 Prozesskettengenerierung

Process Chain Generation

Die Prozesskettengenerierung als elementarer Schritt der Gesamtmethodik auf Fertigungsprozessketten-Ebene gliedert sich in die Betrachtung der Prozesskettenelemente und die Erzeugung von Technologieketten. Fertigungstechnologien werden zuvor definierten Bearbeitungselementen eines Bauteils zugeordnet. An dieser Stelle sei erneut auf den Detaillierungsgrad einer Technologiekette hingewiesen (vgl. Abschnitt 2.1: Prozesskette).

Prozesskettenelemente

Prozesskettenelemente werden aus Bearbeitungselementen eines Bauteils gebildet. Sie sind autonome (voneinander unabhängige), alternative und sequenzielle Elemente einer Fertigungsprozesskette. Deren spätere Kombination soll die Bildung von Technologiekettenvarianten und Fertigungsfolgen bei zunächst uneingeschränktem Ergebnisraum ermöglichen. Die Prozesskettenelemente werden unter Ausführung eines Kinematik- und Technologieabgleichs erzeugt. Für den Kinematikabgleich wird die Zugänglichkeit von Bearbeitungselementen durch Fertigungsverfahrensausprägungen herangezogen. Der Abgleich ergibt ein für die Weiterbearbeitung geeignetes Fertigungstechnologieportfolio. Dieses kann anschließend – basierend auf spezifischen Anforderungen eines Bearbeitungselements – gemäß den Leistungsfähigkeiten der einzelnen Fertigungstechnologien untersucht werden. So lässt sich die Fertigungstechnologieanzahl, die zur weiteren Auswahl steht, reduzieren. Die final gültige Auswahl an Fertigungstechnologien in den weiteren Schritten der Methodik obliegt der Arbeitsvorbereitung. Die Arbeitsvorbereitung wird einerseits methodisch unterstützt, etablierte Entscheidungsabläufe können hinterfragt werden. Andererseits bleibt die Inklusion von Fachleuten erhalten, wodurch die Identifikation mit und das Verständnis von Fertigungsabläufen erhalten bleiben. An die Definition alternativer Prozessketten pro Bearbeitungselement schließt sich die Spezifizierung und Auswahl von Aufspannoptionen an. Bereits während der Analysephase wurde eine Vorauswahl der Aufspannungen vorgesehen.

Der Technologieabgleich bezieht auch technologische Eigenschaften von Bauteil und Fertigungsverfahren ein, z. B. geforderte und erzielbare Oberflächencharakteristika. Das dazu anzuwendende technologische Kennzahlsystem orientiert sich an Formelementen, die neben geometrischen Merkmalen Informationen zum Werkstoff umfassen. Im Anschluss an die Definition der Prozesskettenelemente muss die Beschreibung von Schnittstellen innerhalb der sich ergebenden Prozessketten erfolgen.

Während der Analysephase sind bereits Bearbeitungselemente mit einer Information zu Vorgänger- und Nachfolgerbeziehungen erfasst worden. Diese beziehen sich auf obligatorische Abfolgen zur Fertigung von Bearbeitungselementen. Daraus lassen sich Bedingungen ableiten, die in ihrer Eigenschaft als blockierende oder freigebende Information als *Schaltbedingungen* bezeichnet werden. Beispielhaft sei ein Formelement angenommen, dessen zu bearbeitende Oberfläche der Substratplatte zugewandt orientiert ist. Hier ist zunächst die Trennung des Werkstücks von der Substratplatte vorzunehmen, bevor dieses bearbeitet werden kann. Es besteht also eine Bedingung. Diese kann auf alle Stützelemente zwischen Formelement und Substratplatte vererbt werden. Entsprechend kann vice versa ein Bearbeitungselement die Information enthalten, welcher Bearbeitungsschritt vorgelagert stattfinden muss. Jeweils muss dies als Schaltbedingung vermerkt werden. Weiterhin ist die Schaltbedingung notwendig, weil die Technologiekette zur Bearbeitung – z. B. des genannten

Stützelements – mehrere Technologien umfassen kann, die nicht zwingend in einer sequenziell definierten Abfolge durchgeführt werden müssen. Das Auflösen der Schaltbedingung, welches in diesem Fall nach Abtrennen des Werkstücks von der Substratplatte ausgegeben würde, kann z. B. durch das Verfahren Sägen erzeugt werden. Gleichzeitig muss das Stützelement weiterhin als nicht fertig bearbeitet geführt werden, da dieses kein Element des Fertigteils ist und noch vollständig entfernt werden muss. Die Vorbedingung für das exemplarisch beschriebene Formelement ist jedoch nach dem Abtrennen erfüllt. Vorgänger- und Nachfolgerbeziehungen müssen folglich von den Bearbeitungselementen auf die Prozessketten abgebildet werden. Bei einer mehrstufigen Prozesskette ist zu kennzeichnen, nach welcher Technologie die Zustände erreicht wurden. Dies soll mit einer »technologischen Schnittstelle« zwischen den Prozesskettenelementen erzielt werden, die eine diskrete Fertigung und stochastische Variation der Abfolge der Prozesskettenelemente ermöglicht.

Abschließend werden die wirtschaftlichen bearbeitungselementbezogenen Kennzahlen definiert. Hierzu können die verfügbaren Informationen (Größe der Fläche und Aufmaß) genutzt werden, um mithilfe bekannter Zeitermittlungsverfahren (vgl. Anhang A.12) oder durch CAM-Simulation eine Abschätzung der erforderlichen Bearbeitungszeit zu vollziehen. Weiterhin sollten Rüstzeiten hinterlegt werden. Abbildung 4-14 fasst die beschriebenen Inhalte des Elements Prozesskettenelemente zusammen.

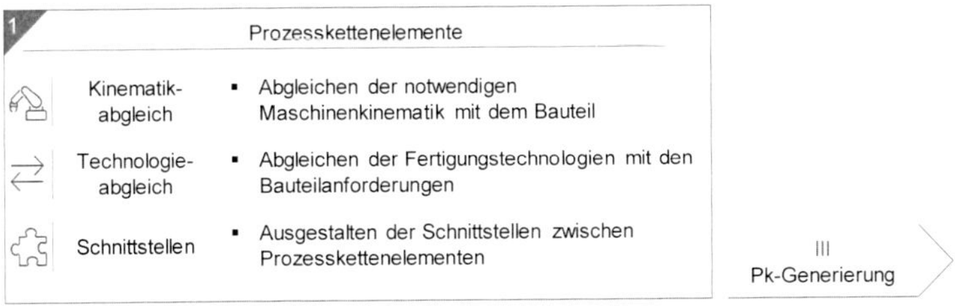

Abbildung 4-14: Gestaltungsphase – Prozesskettengestaltung (III) – Prozesskettenelemente (1)

Technologieketten

Im weiteren Verlauf werden die auf ein Bearbeitungselement eines Bauteils bezogenen Prozesskettenelemente zu Technologieketten kombiniert. Ziel ist es, dass alle Bearbeitungselemente Anforderungen aufweisen und fertigungstechnische Alternativen zum Erreichen dieser ausgearbeitet werden. Die Generierung der Technologieketten beginnt mit einer Abfolgevariation aller relevanten Fertigungstechnologien. Die Variation soll alle möglichen Kombinationen von Fertigungstechnologien und damit auch kontraintuitive und unternehmensuntypische Lösungen aufzeigen. Für die Weiterbearbeitung additiv gefertigter Werkstücke besonders relevante Alternativen, wie die Werkstückbearbeitung auf der Substratplatte versus das Abtrennen und anschließende Bearbeiten, können erfasst werden. Jede sich daraus ergebende Technologiekette bildet eine auf das Bearbeitungselement bezogene Technologiekettenvariante. Diese Varianten können zunächst eine sehr heterogene Struktur aufweisen, sodass eine Fertigungstechnologie für mehrere Bearbeitungselemente mehrfach in der Technologiekette erscheint. Entsprechend ist ein nachgelagerter Vorgang zur Reduktion von Prozessschritten, respektive das Bündeln von gleichen Technologien entlang der Ketten vorzunehmen. Dies trägt maßgeblich zur Komplexitätsreduktion bei. Global auf das gesamte Werkstück wirkende Fertigungstechnologien wie das Härten sind nicht einzelnen Bearbeitungselementen zuzuordnen und werden im weiteren Verlauf auf Ebene der Technologiebündel integriert. An dieser Stelle existieren bedingt durch die Variation und

Bündelung Technologieketten, die homogenisierte Technologiebündel aufweisen. Abbildung 4-15 führt die Funktionen im Element Technologieketten auf.

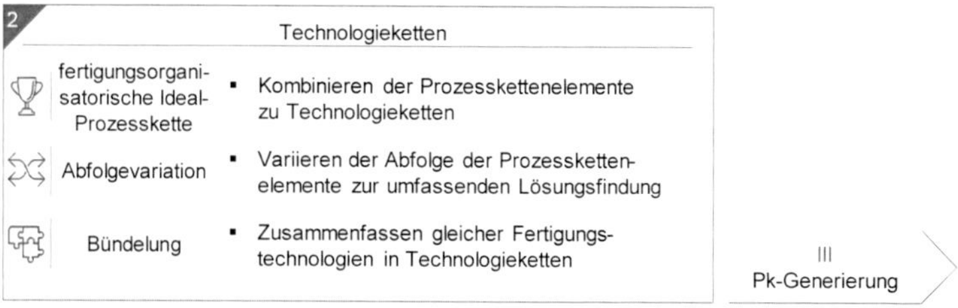

Abbildung 4-15: Gestaltungsphase – Prozesskettengestaltung (III) – Technologieketten (2)

Die zu erwartende exponentielle Entwicklung der Kombinationsmöglichkeiten bei linear steigender Technologieanzahl offenbart die manuell nicht zu beherrschende Abhängigkeit. Die Methodik muss daher so ausgelegt sein, dass ab der Zusammenstellung und Generierung alternativer Technologieketten eine unterstützende Software diese Aufgabe übernimmt (vgl. Abschnitt 6.1).

4.4.2 Prozesskettensimulation

Process Chain Simulation

Die Prozesskettensimulation dient der Generierung und Abstimmung auf Ebene der Technologieketten. Anhand der Werkstückeigenschaften nach der additiven Fertigung und der Anforderungen an das Fertigteil, sowie der Leistungsfähigkeit der Fertigungstechnologien, des Fertigungslayouts und der weiteren Randbedingungen der Fertigungsumgebung werden die zuvor entwickelten Technologiekettenalternativen iterativ durchlaufen. Aus den daraus gewonnenen Informationen sollen Fertigungsfolgen abgeleitet werden, die nunmehr spezifische Fertigungsmittel der betrachteten Fertigungsumgebung enthalten.

Werkstückrepräsentanz

Für die Prozesskettensimulation wird innerhalb jeder zuvor individuell generierten Technologiekette ein digitales Werkstückabbild erzeugt (Abbildung 4-16). Das digitale Werkstückabbild läuft virtuell anhand seiner zugeordneten Technologiekette durch die erfasste und virtuell abgebildete Fertigungsumgebung. Dabei wird der Werkstückzustand entsprechend der Leistungsfähigkeiten der berücksichtigten Technologien verändert. Jedes Werkstück soll bei Durchlaufen der Technologiekette den geforderten Fertigteilzustand anstreben. Dazu werden die Positionen von Technologien entlang der Technologiekette rekombiniert und bei Nichterreichung des Fertigteilzustands erforderliche Technologien ergänzt. Der simulationsbasierte Durchlauf eines Werkstücks durch die Fertigungsumgebung detailliert schließlich die Technologiekette zu einer Fertigungsfolge aus. Es werden Fertigungsmittel und Transport- und Rüstaufwände zugeordnet. Zudem aggregiert die Werkstückrepräsentanz Daten für die Prozesskettenbewertung im Anschluss an die Simulation.

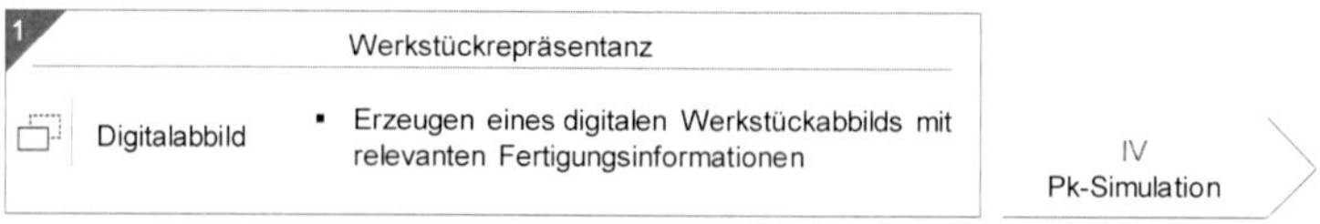

Abbildung 4-16: Gestaltungsphase – Prozesskettengestaltung (IV) – Werkstückrepräsentanz (1)

Fertigungsfolge

Von den erzeugten Technologieketten, deren Generierungskonzept in Abschnitt 4.4 gezeigt wurde, folgt die Zuordnung konkreter Fertigungsmittel. Während der Analysephase wurde bereits ein hinreichend abstraktes Modell der Fertigungsumgebung erzeugt. Dieses für ein spezifisches Unternehmen gültige Modell samt den bauteilabhängigen Informationen zur Prozesskettengestaltung dient als Randbedingung für die Technologiekettensimulation. Die modellierte Fertigungsumgebung sowie eine Vielzahl von digitalen Werkstückabbildern – entsprechend der Anzahl an Technologieketten –, die jeweils Prozesskettenalternativen für ein reales Werkstück repräsentieren, ergeben Fertigungsfolgen (Abbildung 4-17).

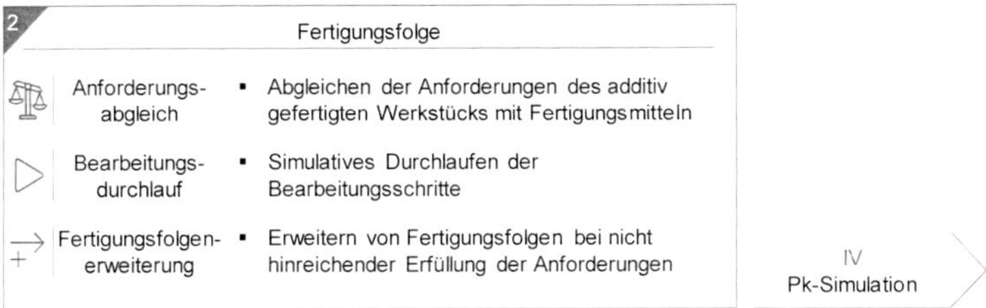

Abbildung 4-17: Gestaltungsphase – Prozesskettengestaltung (IV) – Werkstückprototyp (2)

Die Technologieketten werden bei nicht hinreichender Erfüllung der Werkstückanforderungen erweitert und entsprechend als Fertigungsfolge abgebildet. Die Fertigungsfolge als integrierte Abbildung der Fertigungsumgebung, Werkstück, Anforderungen und Leistungsfähigkeiten bildet die Basis für die folgende Prozesskettenauswahl. Durch die konkrete Zuordnung von Fertigungsmitteln zur Prozesskette lässt sich eine individuelle Bewertung vollziehen. Die fertigungsorganisatorische Betrachtung lässt zudem Fertigungszeit- und -kostenzuordnungen zu.

4.5 Konzeption der Umsetzungsphase zur Prozesskettenauswahl

Design of Implementation Phase for Process Chain Selection

In der Selektionsphase werden die in der Prozesskettensimulation erzeugten Daten ausgewertet und entsprechend definierter Gewichtungskriterien bewertet. Mit der Zielsetzung, effiziente Fertigungsprozesse und eine effektive Fertigungsprozesskette zu erhalten, soll schließlich die Fertigungsfolge mit der höchsten individuellen Bewertung selektiert werden. Darauf basierend kann eine modifizierte Prozessgestaltung der additiven Fertigung erfolgen. Diese wiederum erfordert ein erneutes Durchlaufen der Phasen II bis IV der Methodik, für das eine Anpassung der formalen Bauteilbeschreibung sowie der Prozesskettengenerierung notwendig ist. In der Selektionsphase können so iterativ – basierend auf der modifizierten Prozessauslegung der additiven Fertigung – optimierte Fertigungsprozessketten herausgebildet werden. Die Interaktion von additiver Fertigung und Weiterbearbeitungsprozesskette wird transparent.

4.5.1 Prozesskettenselektion

Process Chain Selection

In den zuvor durchlaufenen Phasen der Methodik wurde der Lösungsraum unter Beachtung existenter Randbedingungen zunächst möglichst groß aufgespannt, um eine Vielzahl an

Prozessketten berücksichtigen zu können. Zur systematischen Eingrenzung des Lösungsraums kommt der Prozesskettenselektion (Abbildung 4-18) eine große Bedeutung zu.

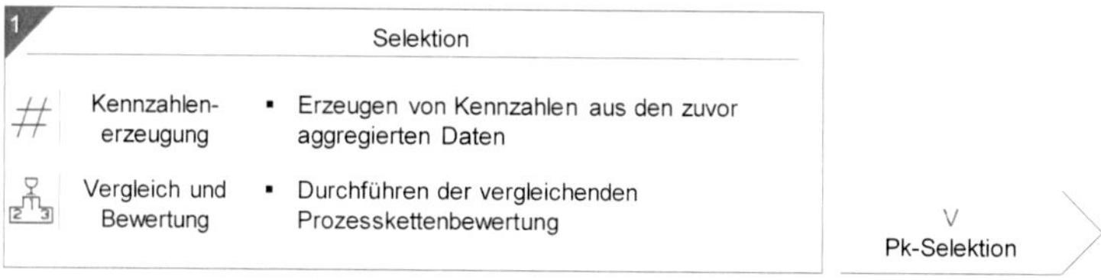

Abbildung 4-18: Umsetzungsphase – Prozesskettenselektion (V) – Selektion (1)

Die Simulationsphase erzeugt während des virtuellen Fertigungsdurchlaufs Kennzahlen und ermöglicht die in der Selektionsphase durchzuführende Bewertung. Diese Kennzahlen bilden die individuellen Prozessketten auf der Ebene von Fertigungsfolgen der Werkstücke ab. Die Charakteristika der Fertigungsumgebung und Unternehmensrandbedingungen stellen die Gewichtungsfaktoren für die zu bewertenden Fertigungsfolgen dar. Da den Fertigungsfolgen zuletzt bereits konkrete Fertigungsmittel zugeordnet wurden, können diesen nun wiederum wirtschaftliche und strategische Kennzahlen zugeordnet werden. Durch Aggregieren der Kennzahlen entlang der Fertigungsfolgen können Prozessketten in Relation zueinander verglichen und abschließend selektiert werden.

Das iterative Durchlaufen der Phasen bis zur Selektion erlaubt Aussagen zu spezifischen Auswirkungen von Randbedingungen auf die additive Fertigung einerseits und auf die Weiterbearbeitung andererseits, z. B. durch die berücksichtigten Fertigungsmittel oder die Parameter der additiven Fertigung. Die Kennzahlen zur Prozesskettenselektion sollen auf operativer und strategischer Ebene interpretierbar sein. Es soll Aussagekraft hinsichtlich Maschinenausstattung und Fertigungsorganisation genauso wie hinsichtlich Fertigungsstrategie und zukünftiger Fertigungstechnologiekompetenz erreicht werden.

4.6 Zwischenfazit

Interim Conclusion

Die Systemtechnik und Modellierung bilden den theoretischen Hintergrund für die strukturierte Gestaltung der Methodik zur Integration pulverbettbasierter additiver Fertigungstechnologien in Fertigungsprozessketten. Aus der Betrachtung dieses Hintergrunds und der einschlägigen Literatur wurden fünf operative Phasen als Ordnungsrahmen der Methodik herausgearbeitet, die sich der Analysephase, Gestaltungsphase und Selektionsphase zuordnen lassen. Der holistische Ansatz, der aus der Phasenabfolge gebildet wird, ergibt sich einerseits aus dem Stand der Technik in der industriellen Anwendung, andererseits aus der Begutachtung bestehender wissenschaftlicher Ansätze zu angrenzenden Themenkomplexen der Prozesskettenplanung. Neben einer grundsätzlichen Einbindung der existierenden Fertigungsumgebung wird der durch Kennzahlen systematisch nachvollziehbare Ablauf des Konzepts in seinen Eckpunkten manifestiert.

Anhand der vorangegangenen Beschreibung der Konzeption der Methodik zeigt sich, dass die Prozesskettenbetrachtung bei bestehender Fertigungsumgebung und auf Basis der additiven Fertigung ein komplexes Parameternetzwerk umfasst. Es ist weder technologisch noch organisatorisch zielführend, jeden Parameter der additiven Fertigung zu variieren, sondern vielmehr die Parameter zu identifizieren, die sich auf die Weiterbearbeitungsprozesskette auswirken. Dies gilt insbesondere für prozessinterne LB-PBF-Parameter, die keinen oder nur einen rudimentären Effekt auf die Weiterbearbeitungsprozesskette haben. Der additiven Fertigung sollen jedoch Randbedingungen gegeben werden, die eine frühzeitige Berücksichtigung der Weiterbearbeitung während der Planung des additiven Fertigungsprozesses ermöglichen. In Abschnitt 2.4.1 wurden die Einflussgrößen auf das LB-PBF-Verfahren bereits zusammengefasst. Neben den dort aufgelisteten Prozessparametern zeigt Abbildung 4-19 für die Weiterbearbeitung relevante Attribute, die bei der Ausgestaltung der Methodik berücksichtigt werden.

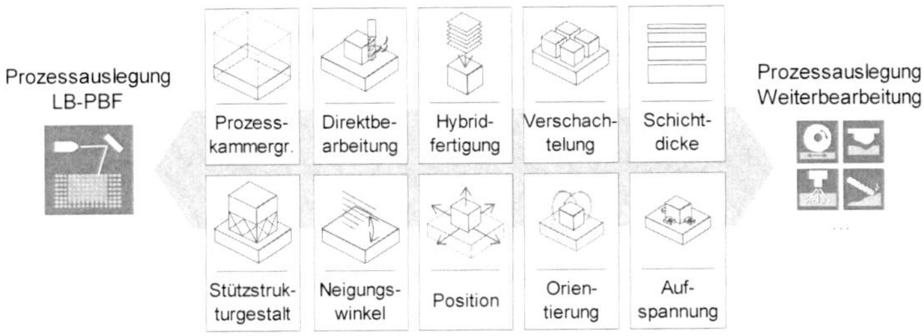

Abbildung 4-19: Relevante Randbedingungen des LB-PBF für die Weiterbearbeitung

Das Konzept der Methodik stellt sicher, dass alle relevanten Randbedingungen wie Fertigungsumgebung, Bauteilanforderungen und abschließende Bewertung berücksichtigt werden. Insbesondere werden der Ausgangszustand eines additiv gefertigten Werkstücks berücksichtigt und Effekte der Weiterbearbeitungsprozesskette auf den additiven Fertigungsprozess einbezogen. Der kumulative Aufbau der Phasen führt zu Nachvollziehbarkeit während der Anwendung, die punktuelle Einbindung von Fachexpertise stellt die Akzeptanz sicher. Damit ist die Praktikabilität der Methodik gegeben. Anwendende können sie zu einem wirtschaftlichen Vorteil bei der additiv-subtraktiven Prozesskettengestaltung gewinnbringend einsetzen und so die Fertigung als Kernbereich industrieller Wertschöpfung optimieren.

Wenngleich auf Basis der Konzeption der Integrationsmethodik die Forschungsfragen noch nicht beantwortet werden können, sondern vielmehr die Ausgestaltung der Konzeption konkrete Handlungsstränge aufzeigen muss und Ergebnisse liefert, so ist dennoch deutlich geworden, dass die Integration diverser Methoden und Schritte erforderlich ist. Forschungsfrage 4

> *Wie lassen sich die einzelnen Methoden bzw. Methodikelemente zu einer holistischen Methodik kombinieren, sodass die Integration einer additiven Fertigungstechnologie in eine technologisch optimierte Fertigungsprozesskette erfolgen kann?*

lässt sich infolgedessen derart beantworten, dass eine Struktur aus drei übergeordneten Phasen und neun zugeteilten Schritten Methoden bzw. Methodikelemente zu einer Methodik vereinigen lässt.

5 Ausgestaltung der Integrationsmethodik

Elaboration of the Methodology

Aufbauend auf das entwickelte Konzept wird in Kapitel 5 die Detaillierung zur vollständigen Ausgestaltung der Methodik vorgenommen. Dabei werden die sich aus der Konzeption ergebenen Randbedingungen berücksichtigt und weiter ausgearbeitet. Dazu zählen maßgeblich die konsekutiven Phasen des methodischen Vorgehens, an denen sich die ausgestaltete Methodik orientiert (Abbildung 5-1). Die Unterkapitel 5.1 und 5.2 beschreiben die Analysephase, Unterkapitel 5.3 und 5.4 die Gestaltungsphase und das Unterkapitel 5.5 behandelt die Umsetzungsphase.

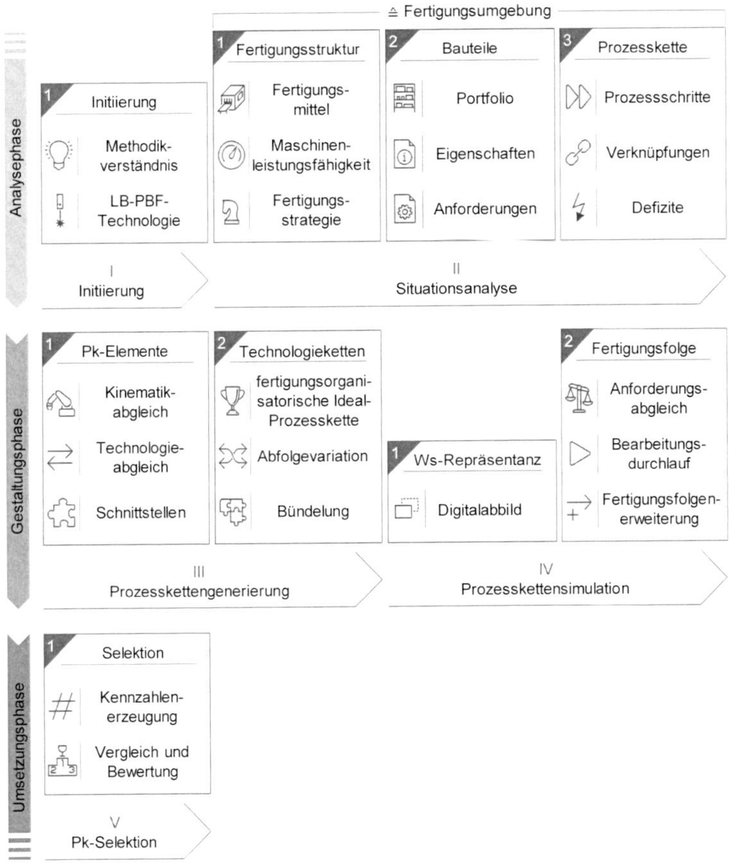

Abbildung 5-1: Methodik zur Integration pulverbettbasierter additiver Fertigungstechnologien in Fertigungsprozessketten

5.1 Ausgestaltung der Initiierung zur Anwendung der Integrationsmethodik

Elaboration of Initiation for Application of Integration Methodology

Die zur Schaffung eines gemeinsamen Methodik- und Anwendungsverständnisses vorgesehene Initiierungsphase ist der eigentlichen Methodikanwendung vorgeschaltet. In dieser Phase wird außerdem die LB-PBF-Technologie in einem Anwendungsumfeld theoretisch eingeführt, sodass schließlich ein gemeinsames Verständnis von technologischen Möglichkeiten und Verfahrensausprägungen besteht.

5.1.1 Schaffung des Methodikverständnisses

Creation of Common Understanding of Methodology

Zur Anwendung des methodischen Vorgehens ist Voraussetzung, dass alle Beteiligten und Mitarbeiter·innen der betrachteten Fertigungsumgebung den Ablauf, die Einsatzmöglichkeiten und das Ziel der Methodikanwendung nachvollziehen können. Als Kernbereich müssen Personen aus den Funktionen Arbeitsvorbereitung (subtraktive Fertigung) und additive Fertigung – soweit vorhanden – mit der Funktion der Methodik vertraut sein. Zum einen wird die Methodik dazu in den weiteren Schritten derart gestaltet, dass Interaktion mit Fachleuten möglich ist und Fachexpertise einfließen kann. Zum anderen wird in einem Auftaktworkshop den beteiligten Personen das schrittweise Vorgehen erläutert und die Phasen der Methodik vorgestellt. Insbesondere müssen zu akquirierende Daten und Informationen definiert werden, die unabdingbar für die Anwendung der Methodik sind. Diese finden sich im nachfolgenden Abschnitt und sind Maschinenbestand und Maschinenleistungsfähigkeit, Bauteilanforderungen sowie etablierte Prozessketten mitsamt ihren Prozessschritten.

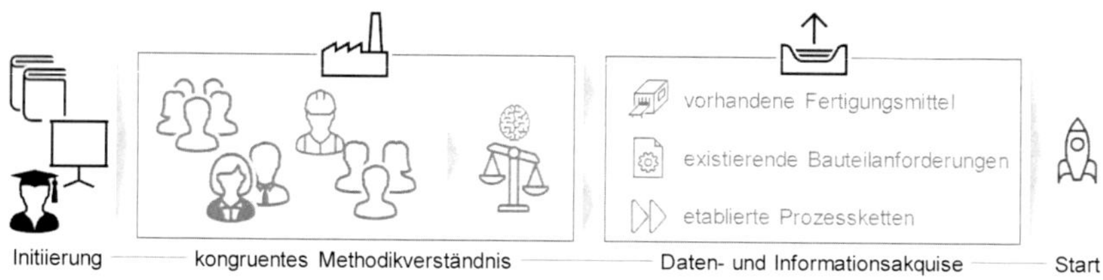

Abbildung 5-2: Initiierung, Methodikverständnis und Datenakquise

Grundsätzlich dient die Methodik der Unterstützung der Arbeitsvorbereitung zur Optimierung der Prozesskettengestaltung unter Berücksichtigung der additiven Fertigung als Ausgangstechnologie. Gerade bei der Unikatfertigung und kleinen bis mittleren zu fertigenden Stückzahlen, wozu jeweils eine umfassende bauteilspezifische Prozesskettenauslegung wie in der Serien- oder Fließfertigung nicht stattfindet und eine hohe Individualität vorherrscht, wird eine Unterstützungsleistung erzielt. Parallel oder alternativ unterstützt die Methodik Fachleute im Bereich der Prozessauslegung der additiven Fertigung. Diesen werden aus der Weiterbearbeitungsprozesskette und den Weiterbearbeitungstechnologien abgeleitete Handlungsempfehlungen für die Auslegung bzw. Parametrisierung des LB-PBF-Prozesses angeboten. Jeweils mit dem Ziel, die gesamte Prozesskette der additiv-subtraktiven Fertigung zeit- und kostenoptimaler zu gestalten, als dies mit domänenspezifischer Betrachtung möglich ist.

5.1.2 Definition der LB-PBF-Technologie

Definition of LB-PBF Technology

Das additive Fertigungsverfahren LB-PBF besitzt charakteristische Eigenschaften, die in Kapitel 2 zusammengetragen sind. Eigenschaften, die eine dominante Auswirkung auf Weiterbearbeitungsverfahren haben, sind die freie Werkstückorientierung in der Prozesskammer der LB-PBF-Maschine und das Vorhandensein von Stützstrukturen (vgl. [WOLL21, S. 200]). In dem vorliegenden Abschnitt wird die dezidierte Auswahl der relevanten Einflussmöglichkeiten durch die additive Prozessgestaltung erfasst. Typische Prozessentwicklungsansätze innerhalb der additiven Fertigung zielen auf eine erhöhte Prozessfähigkeit, optimierte Werkstückoberflächen oder gesteigerte Produktivität ab. Dabei werden Parameter wie die Volumenenergiedichte oder Belichtungsstrategien variiert. Bei der Betrachtung der Gesamtprozesskette reicht dieser Ansatz nicht aus, da nicht ausschließlich die Ergebnisse des additiven Prozesses in Betracht gezogen werden (»Design for AM«, engl.), sondern dessen Auswirkungen auf Folgeprozesse (»Design for post-processing«, engl.). Eine qualitative Übersicht der Interdependenzen zwischen LB-PBF-Parametern bzw. für die LB-PBF-Fertigung festzulegenden Randbedingungen und der Weiterbearbeitung zeigt Abbildung 5-3.

Auslegung Weiterbearbeitung → / Prozessparameter & Randbedingungen ↓	Oberfläche	Bearbeitungs-volumen	Bearbeitungs-aufmaß	Werkstoff-eigenschaften	Form-haltigkeit	Zugänglich-keit	Aspekt-verhältnis	Stützstruktur-volumen	Fertigungs-mittelauswahl
Prozess-kammergr.		■			■		■		■
Direktbe-arbeitung	■		■	■	■	■	■		■
Hybrid-fertigung		■	■	■	■				■
Verschach-telung				■		■	■		■
Schicht-dicke	■		■	■	■				■
Stützstruk-turgestalt		■		■	■	■		■	■
Neigungs-winkel	■		■		■	■		■	■
Position						■	■		■
Orien-tierung	■	■			■	■	■	■	■
Auf-spannung	■				■	■	■		■

■ Interdependenz zwischen Weiterbearbeitung und LB-PBF

Abbildung 5-3: LB-PBF-Parameter und Interdependenzen mit der Weiterbearbeitung

Die Auswirkungen auf die Folgeprozesse, respektive auf die Weiterbearbeitungsprozesskette, werden insgesamt nach Durchlauf der Methodik offenbar und müssen abhängig von einer unternehmensspezifischen Fertigungsumgebung bewertet werden. Die zentralen Einflussmöglichkeiten werden nachfolgend aufgezeigt und anhand der identifizierten Interdependenzen beschrieben.

Prozesskammergröße beim LB-PBF

Die Hüllgeometrie des zu fertigenden Werkstücks samt Stützstrukturen und Substratplattenhöhe determiniert die benötigte Prozesskammergröße. Durch die Vorgabe der Prozesskammergröße ergibt sich die Wahl des additiven Fertigungsmittels. Weiterhin muss die Prozesskammergröße abhängig von der Orientierung sowie der Anzahl der zu druckenden Werkstücke gewählt werden. Die verfügbare Prozesskammergröße nimmt vice versa Einfluss auf die Orientierung sowie die Anordnung bzw. die Verschachtelung der zu fertigenden Werkstücke auf der Substratplatte. Entsprechend werden Orientierung und Verschachtelung berücksichtigt.

Prinzipiell kann bei LB-PBF-Maschinen davon ausgegangen werden, dass die Investitionskosten mit steigender Prozesskammergröße zunehmen und somit ein erhöhter Maschinenstundensatz zugrunde gelegt werden muss. Verlängerte Prozesszeiten durch eine größere Werkstückanzahl pro Prozesskammervolumen und damit größeres zu verarbeitendes Pulvervolumen führen zu einer Verlängerung der Durchlaufzeit [BERI18, S. 36]. Die Durchlaufzeit und Prozesskosten als repräsentative Faktoren werden schließlich in der Methodik berücksichtigt.

Bauteilorientierung beim LB-PBF

Die Bauteilorientierung definiert neben der Positionierung die Lage des Bauteils relativ zum Koordinatensystem der Substratplatte. Sie hat zudem maßgeblichen Einfluss auf Ausgestaltung und Volumen der Stützstrukturen. Diese ergeben sich aus der zweidimensionalen Projektion des Bauteils auf die Substratplatte in Abhängigkeit von den Neigungswinkeln ζ der Oberflächen. Dies bedeutet, dass ein flaches, horizontal ausgerichtetes, prismatisches Werkstück ein wesentlich größeres Stützstrukturvolumen erfordert, als würde dieses vertikal aufgebaut (Abbildung 5-4). Hier zeigt sich die direkte Abhängigkeit von Orientierung, Stützstruktur und Weiterbearbeitungsvolumen.

Legende:
↓ geringer
↑ größer
→ ähnlich

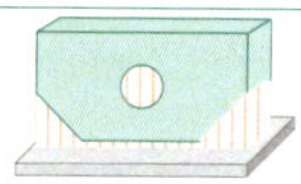
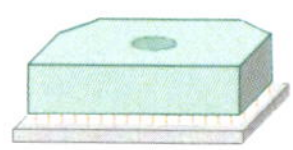

	Orientierung stehend (vertikal)	Orientierung liegend (horizontal)
Trennfläche Stützstruktur	↓	↑
Weiterbearbeitung Stützstruktur	→	→
Aufbauzeit LB-PBF (Schichtanzahl)	↑	↓
Wärmeabfuhr	↓	↑
mögliche Packungsdichte	↑	↓

Abbildung 5-4: Vergleich orthogonal unterschiedlich orientierter Werkstücke beim LB-PBF

Aus Perspektive der Weiterbearbeitung ist damit für den beschriebenen trivialen Fall davon auszugehen, dass die vertikale Ausrichtung geringere Trennaufwände erwarten lässt. Gleichzeitig beeinflusst die vertikale Orientierung die Prozesszeit der additiven Fertigung negativ, da neben der reinen Belichtungszeit öfter zum Pulverauftrag beschichtet werden muss – unabhängig von der projizierten Werkstückfläche in Aufbaurichtung. Die Betrachtung der Orientierung einzelner Werkstückoberflächen führt entsprechend dem Treppenstufeneffekt zu unterschiedlichen Oberflächenqualitäten und somit zu unterschiedlichem Weiterbearbeitungsaufwand je nach Qualitätsanforderungen (vgl. Abschnitt 2.4.2).

Zur Optimierung der Weiterbearbeitungsprozesskette ist es erforderlich, die Orientierung derart zu definieren, dass eine direkte kinematische Zugänglichkeit zu den Bearbeitungselementen eines Werkstücks entsteht. Somit können Bearbeitungselemente bereits vor dem Trennen des Werkstücks von der Substratplatte bearbeitet werden. Bezogen auf das Spannen und Referenzieren des Werkstücks, teils in Kombination mit der Substratplatte, kann diese Vorgehensweise rüst- und bearbeitungszeitverkürzend wirken.

Methodisch wird die Bauteilorientierung durch die Kombination mehrerer Ansätze modelliert: Zunächst wird die Referenz des Werkstücks relativ zur Substratplatte angegeben und durch die sich ergebenden Form- und Stützelemente abgebildet. Ferner werden die frei zugänglichen Oberflächen der Substratplatte über die Aufspannoptionen berücksichtigt. Aufspannoptionen werden durch ihre benötigten Spannflächen und den Winkel zur Hauptbearbeitungsachse definiert Festgelegte Bedingungen zwischen Prozessschritten bilden die kinematischen Zugänglichkeiten für die Weiterbearbeitungsverfahren ab (vgl. Abbildung 5-24). Innerhalb der additiven Prozessauslegung wird die Orientierung über die Informationen zu Prozesszeit und -kosten berücksichtigt. An dieser Stelle wirkt die Iteration der Anwendung der Methodik: Durch wiederholte Durchläufe wird die domänenspezifische Fachexpertise zur LB-PBF-Prozessauslegung um die Effekte der Weiterbearbeitung hinsichtlich technologisch-wirtschaftlicher Optimierung ergänzt.

Bauteilpositionierung und -verschachtelung

Neben der Orientierung eines Werkstücks auf der Substratplatte muss dessen Position definiert sein. In Anlehnung an die Orientierung wirkt sich auch die Position des Werkstücks auf die Trennung von Werkstück und Substratplatte sowie die Zugänglichkeit während der Weiterbearbeitung aus (Abbildung 5-5). Beide Faktoren wirken sich innerhalb des LB-PBF-Prozesses zudem auf die Gesamtbauzeit eines Fertigungsauftrags aus und gehen als Durchlaufzeitanteil in die Prozesskette ein [STIT20, S. 15].

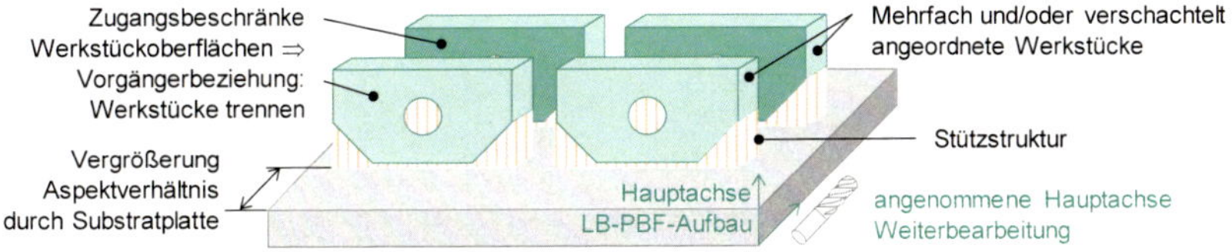

Abbildung 5-5: Einflussfaktoren Weiterbearbeitung auf Substratplatte

Im Falle der Direktbearbeitung (vgl. folgender Abschnitt) des Werkstücks auf der Substratplatte beeinflusst diese, insbesondere bei lateraler Bearbeitung, das Aspektverhältnis negativ. Bezogen auf den additiven Fertigungsprozess kann die Positionierung Auswirkungen auf den thermischen Verzug des Bauteils und den Schutzgasstrom haben (vgl. Abschnitt 2.4.1). Die Bauteilpositionierung wird analog zu den unter Bauteilorientierung beschriebenen Abhängigkeiten initial definiert (Form-/Stützelemente, Aufspannoptionen, Zwangsfolgen, Prozesskosten, Bauteilqualität).

Restriktionen bei der Werkstückzugänglichkeit, die sich durch die Verschachtelung mehrerer Werkstücke ergeben, werden durch Vorgängerbeziehungen beschrieben, die initial jedem Werkstück bzw. jedem Bearbeitungselement zugeordnet werden (vgl. Abbildung 5-24). In diesem Fall definiert die Vorgängerbeziehung zunächst für jedes auf der Substratplatte befindliche Werkstück die Bedingung, dass dieses von der Substratplatte zu trennen ist. Die sich ergebenden Skaleneffekte durch das gleichzeitige Aufbauen bzw. Trennen (Batchprozess, vgl. Abschnitt 2.4.2: Prozess) werden durch anteilige Rüst- und Prozesszeiten je Werkstück hinterlegt.

Direktbearbeitung von LB-PBF-Werkstücken

Die Direktbearbeitung bezeichnet die unmittelbare, jedoch serielle, Weiterbearbeitung eines additiv gefertigten Werkstücks auf der Substratplatte; es findet kein Trennen beider Objekte statt. Diese Vorgehensweise wird vielfach in der Literatur beschrieben und ist in der Praxis üblich [CORT18; DU16; LIOU07]. Als Teilmenge der Direktbearbeitung kann die hybride Fertigung als in-situ-Kombination von additiver und subtraktiver Bearbeitung in einem Fertigungsmittel betrachtet werden [WEBS21, S. 117048-19; KLOC17, S. 276–279; STRO17; LAUW14, S. 562].

Die wirtschaftliche Fertigung von Bauteilen, die nur lokal eine hohe Geometriekomplexität aufweisen und somit nur in Teilbereichen die Designfreiheit der additiven Fertigung nutzen, werden bauteilseitig hybrid ausgeführt [KUSH09, S. 31]. Im Gegensatz zu einem hybriden Fertigungsmittel wird auf einem zunächst subtraktiv bearbeiteten Halbzeug aus Block-, Platten- oder Stangenmaterial additiv Werkstoff aufgetragen. Aufgrund des Aufbaus in zweidimensionalen Schichten beim LB-PBF ist eine ebene Ausgangsfläche Voraussetzung. Durch die Hybridbauweise kann durch Reduzierung des additiv aufzubauenden Volumens eine Bearbeitungszeitverkürzung des additiven Fertigungsprozesses erreicht werden. Die damit verringerte Prozesszeit geht regelmäßig mit sinkenden AM-Fertigungskosten einher. Die Weiterbearbeitung fällt bei Hybridbauteilen abweichend aus: Die Trennung von der Substratplatte bzw. von der (verbindenden) Stützstruktur entfällt, da eine dauerhafte Verbindung zwischen Substrat (hier: Halbzeug) und aufgebautem Volumen vorausgesetzt ist. Die Entnahme des Hybridbauteils von der Bauplattform erfordert damit kein gesondertes Fertigungsverfahren. In der methodischen Umsetzung ergeben sich eindeutige Spannsituationen und Referenzflächen des Werkstücks über das subtraktiv vorgefertigte Bauteilelement. Diese werden als Randbedingung eingegeben. Die Verringerung des zu druckenden Werkstückvolumens geht mit der Verringerung von Bauzeit und -kosten einher. Unterdessen entstehen initial Kosten für die Herstellung des Halbzeugs. Folglich steigen die Fixkosten, die Prozesskosten der additiven Fertigung sinken. Die Hauptzeit der additiven Fertigung sinkt ebenso, Rüstzeiten können infolge eines Mehraufwands für die Halbzeugpositionierung in der Prozesskammer steigen.

Die Methodik bildet die Direktbearbeitung – bei Hybrid- und nicht-Hybridbauteilen – durch Zwangsfolgen, die bspw. die Reihenfolge Trennen eines Werkstücks von der Substratplatte und Bearbeiten der Trennfläche festlegt, sowie durch die Angabe von Aufspannungen unter Einbezug der Substratplatte ab (vgl. Abbildung 5-24). Aufspannungen, die die Substratplatte einbeziehen, führen aufgrund definierter Flächen zu reduzierten Rüstzeiten gegenüber komplex geformten Werkstücken. Am Werkstück verfügbare Spannflächen werden in Abhängigkeit des Werkstückzustands, respektive des Weiterbearbeitungsfortschritts, aktualisiert. Somit steht eine Direktbearbeitung nur dann zur Verfügung, wenn das Werkstück als mit der Substratplatte verbunden identifiziert wird. Das Trennen des Werkstücks von der Substratplatte gibt Aufspannoptionen direkt am Werkstück frei und der Substratplatte zugewandte Werkstückoberflächen werden zugänglich. Die Zwangsbedingungen werden zudem durch die Auskraglänge einer Aufspannung, die Stützstruktur sowie die konstruktive Bauteilsteifigkeit determiniert. Die Zwangsbedingungen zur Direktbearbeitung werden durch den Anwendenden manuell freigegeben.

Die Ansätze komplexer Substratplattensysteme mit mechanisch lösbaren Verbindungselementen zwischen Substrat und Werkstück (vgl. Abschnitt 2.6.2) werden als Hybridfertigung behandelt. Entsprechend der oben genannten Definition einer Hybridfertigung wird hier das Werkstück auf einem (standardisierten) Halbzeug aufgebaut.

LB-PBF-bedingte Werkstückeigenschaften

Insbesondere Bauteilbereiche, deren Qualitätsanforderungen durch den LB-PBF-Prozess direkt erreicht werden, kann die Erhöhung der Schichtstärke zur Aufbauzeitreduzierung eine Weiterbearbeitung erforderlich machen [BACC07, S. 45–48]. Diese Ausgestaltung einer effektiven Prozesskette bewegt sich im Dilemma zwischen der Prozesszeit der additiven Fertigung und der Prozesszeit für die Weiterbearbeitung. Wenn die Weiterbearbeitung des betrachteten Formelementes einen einzelnen Prozessschritt der Prozesskette bildet, ergeben sich neben der notwendigen Bearbeitung die Aufwendungen für die Programmierung, das Rüsten und den Transport. Demgegenüber kann eine effiziente additive Prozessauslegung durch Erhöhung der Schichtstärke erzielt werden, was zu Mehraufwand innerhalb einer bereits verwendeten Aufspannung eines in der Weiterbearbeitungsprozesskette geplanten Fertigungsmittels führt. Die Schichtstärke und die daraus resultierenden Aufmaße haben einen Einfluss auf die Feinbearbeitungstechnologien [ANDR15, S. 68–69]. So kann es wirtschaftlicher sein, im Anschluss an einen bewusst ungenauen Druckvorgang zunächst eine Schruppbearbeitung durch Fräsen oder Drehen vorzusehen, ehe das Werkstück geschliffen wird. Im Zusammenhang mit hohen Oberflächenanforderungen, die eine Feinbearbeitung erfordern, ist eine zerspanende Zwischenfertigung zu untersuchen. In die Methodik wird der beschriebene Zusammenhang durch die Definition von Formelementen integriert. Eine Abstimmung der Prozesskette im Hinblick auf Zwischenzustände wird durch alternativ berücksichtigte Kompaktprozessketten mit unterschiedlichen Prozesskettenelementen realisiert.

Der Neigungswinkel ζ wird in der Methodik nicht explizit abgebildet, jedoch implizit über Stützelemente berücksichtigt, die sich aus der vorgelagerten Auslegung des LB-PBF-Prozesses ergeben. Damit werden Stützstrukturen, die maßgeblich eine Unterscheidung zu subtraktiven und formgebenden Fertigungsverfahren darstellen, systematisch erfasst. Die Stützstrukturen bestimmen neben den geforderten Eigenschaften einer Bauteiloberfläche maßgeblich den Weiterbearbeitungsaufwand. Es wurde bereits aufgezeigt, dass sich die Stützstruktur in Abhängigkeit von der Bauteilorientierung verändert. Die geometrische Ausprägung der Stützstruktur wird mit dem gleichnamigen Parameter in der Methodik dargestellt. Dabei hat das zu trennende Werkstoffvolumen maßgeblichen Einfluss auf die Weiterbearbeitungsprozesskette. Stützstrukturen, die eine stift- oder kegelförmige Grundgeometrie aufweisen, bilden ein Volumen mit sehr geringer Dichte, im Vergleich zu volumetrisch gefüllten Strukturen ($\rho_{\text{StützRel}} < 55\,\%$) [STRA13a, S. 1254] (vgl. Abbildung 2-15). Diese Eigenschaft wirkt sich auf Weiterbearbeitungstechnologien wie das Fräsen oder die Drahtfunkenerosion aus. Die Erarbeitung entsprechenden Verständnisses ist Bestandteil laufender Forschung [FRAU20; GERR20; DENK18; CALI14].

Stützstrukturen seien als Verbindungsstützstrukturen oder Innenstützstrukturen definiert. Verbindungsstützstrukturen bedürfen des Entfernens von der Substratplatte durch ein trennendes Verfahren. Dies entfällt, sobald keine Verbindungsstützstrukturen an einem Werkstück definiert sind. Die Methodik unterstützt durch Variation der Bauteilorientierung sowie iterative Ausgestaltung veränderter Stützstrukturen dabei, Effekte auf die Weiterbearbeitungsprozesskette darzustellen. Ein grundlegender Optimierungsansatz kann dahingehend formuliert werden, dass Stützstrukturen dort vorzusehen sind, wo bereits im Vorfeld der additiven Fertigung eine Weiterbearbeitung geplant ist.

5.2 Ausgestaltung der Situationsanalyse

Detailing of Situation Analysis

Als zweiter Schritt der Analysephase erlaubt die Situationsanalyse die Vervollständigung der modellhaften Wiedergabe des Status quo in einem Unternehmen. Dazu zählt zunächst die Aufnahme vorhandener und für die Betrachtung relevanter Fertigungsmittel. Außerdem das Festlegen und Bewerten fertigungsstrategischer Randbedingungen sowie die Aufnahme der betrachteten Bauteile und bestehender Prozessketten.

5.2.1 Aufnahme der Fertigungsstruktur

Gathering of Manufacturing Structure

Die Aufnahme der Fertigungsstruktur als erster Schritt innerhalb der Situationsanalyse untergliedert sich in die Erfassung der Fertigungsmittel, die zugeordnete technologische Maschinenleistungsfähigkeit und fertigungsstrategische Randbedingungen.

Fertigungsmittel der Fertigungsstruktur

Zur umfassenden Aufnahme der maschinellen Fertigungsmittel wird eine Technologiematrix entwickelt (Abbildung 5-6). Sie bildet technologiebezogene Informationen einer Fertigungsumgebung ab, wozu entsprechend Abbildung 5-1 die Fertigungsstruktur, Bauteile und die Prozesskette zählen. Die mithilfe der Technologiematrix aufbereiteten Informationen werden ebenso als Datenbasis für den Softwareprototyp genutzt.

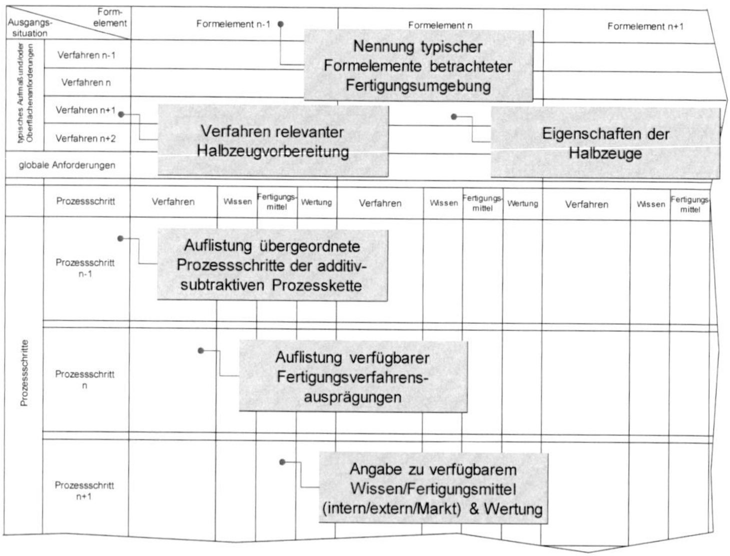

Abbildung 5-6: Technologiematrix (Auszug)

Die Technologiematrix listet in der Fertigungsumgebung regelmäßig wiederkehrende Formelemente auf, denen unternehmenstypische Anforderungen (Toleranzen, Oberflächeneigenschaften) zugeordnet werden. Je nach Betrachtungsbereich sind die Geometrieelemente auf ein spezifisches Bauteil oder ein Bauteilspektrum zu beziehen. Bauteilen liegen Halbzeuge zugrunde, die vor ihrer eigentlichen Bearbeitung hergestellt werden. Je nach

Herstellverfahren werden unterschiedliche Ausgangseigenschaften erreicht, die den Formelementen zugeordnet werden. So kann ein Bauteil z. B. aus einem gegossenen Halbzeug oder einem Stangenmaterial gefertigt werden; beide Halbzeuge besitzen abweichende Ausgangszustände, die sich auf die weitere Bearbeitung hinsichtlich Verfahrensauswahl und Prozesskette auswirken. Insbesondere trifft dies bei der zu integrierenden additiven Fertigung zur Halbzeugfertigung zu.

Die Technologiematrix enthält neben einer Auflistung vorhandener Fertigungsverfahren Angaben zu deren Verfügbarkeit im Unternehmen (intern) und darüber hinaus, bei Partner- oder Zulieferbetrieben (extern). Auch nicht unmittelbar intern oder extern verfügbare Verfahren können aufgeführt werden, um diese als Bestandteil eines zukünftigen Verfahrensportfolios oder zur Darstellung alternativer Szenarien abzubilden. Grundsätzlich richtet sich das Verfahrensspektrum nach den in Abschnitt 4.3.1 eingeführten Erhebungen. Die Fertigungsverfahren sind dabei grob entlang einer unternehmenstypischen und technisch sinnvollen Abfolge von Prozessschritten angeordnet. Die detaillierte etablierte Prozesskette wird an dieser Stelle noch nicht wiedergegeben. Somit bildet die Technologiematrix als Spiegel des Status quo eine zentrale Informationsbasis über die Verfügbarkeit von Verfahren, zugehörigem Anwendungswissen und Bauteileigenschaften bzw. -anforderungen.

Technologische Maschinenleistungsfähigkeit der Fertigungsmittel

Nach der übergeordneten Erfassung der Fertigungsumgebung in der Technologiematrix ist die Aufnahme der technologischen Leistungsfähigkeit der Fertigungsmittel notwendig, um diese zu charakterisieren und Unterschiede in der Eignung für spezifische Bearbeitungsaufgaben herauszustellen. Dadurch werden die Voraussetzungen für einen Abgleich im Spannungsfeld bauteilseitiger Anforderungen und fertigungstechnologischer Leistungen geschaffen (vgl. [HEES15, S. 127–130]). Die Fertigungsmittel werden in Bezug auf Anforderungen charakterisiert, die technologieübergreifend Anwendung finden – und damit hinreichend generisch gewählt werden müssen. Dabei gilt es, insbesondere die Leistungsgrenzen der einzelnen Technologien zu ermitteln.

Die Leistungsfähigkeiten der Fertigungstechnologien werden als Vektor dargestellt. Dabei wird für jedes Fertigungsmittel ein Vektor definiert, der alle Fähigkeiten enthält, deren Abgleich mit den bauteilseitigen Anforderungen vorzunehmen ist. Die Anforderungen besitzen dabei individuelle Einheiten und lassen sich auf Kardinalskalen anordnen. Die Dimensionen der Leistungsfähigkeit der Fertigungstechnologien T sind nachfolgend definiert und einleitend in Abbildung 5-7 dargestellt. Wie aus der Abbildung hervorgeht, sind einige Dimensionen der Leistungsfähigkeit ausschließlich von dem verfügbaren Fertigungsmittel abhängig, einige zudem von Bearbeitungswerkzeugen und deren Aufnahme (z. B. Drahtelektrodendurchmesser, Fräswerkzeuglänge).

- Mit $T_{g1,F}$ wird angegeben, welche Masse ein Werkstück maximal erreichen darf, um die mögliche Zuladung eines Fertigungsmittels nicht zu überschreiten.
- Ein Fertigungsmittel spannt in den drei Maschinenachsen X, Y, und Z einen Bearbeitungsraum auf und bildet damit das maximal verfügbare Volumen für die Werkstückbearbeitung. Die maximale verfügbare Länge des Bearbeitungsraums begrenzt die maximale bearbeitbare Seitenlänge eines Werkstücks und wird als $T_{g2,F}$ definiert.
- Aus Perspektive der Fertigungstechnologie wird die maximale bearbeitbare Härte von $T_{g3;F}$ repräsentiert. Bei stoffeigenschaftenverändernden Verfahren gibt $T_{g3,F}$ an, welche Härteveränderung stattfindet.

- Fertigungstechnologiebezogen gibt $T_{g4,F}$ die mindestens erforderliche elektrische Leitfähigkeit zur erfolgreichen Bearbeitbarkeit eines Werkstücks an.
- Die minimal herstellbare Maßtoleranz $T_{g5,F}$ beschreibt die Differenz zwischen Unter- und Höchstmaß (Grenzmaß) und gibt die maximal zulässige Abweichung des Werkstücks von der definierten Geometrie an, die mit einem Fertigungsmittel erzielt werden kann [DIN19, S. 10].

Abbildung 5-7: Dimensionen der technologischen Maschinenleistungsfähigkeit

Die Kennzahlen $T_{g6,F}$ bis $T_{g9,F}$ beziehen sich auf fertigbare Radien am Werkstück. Die Angabe zu horizontalen und vertikalen Radien bezieht sich auf die Hauptachse der Bearbeitung. Zur weiterführenden Erläuterung sei auf Abbildung 5-8 verwiesen.

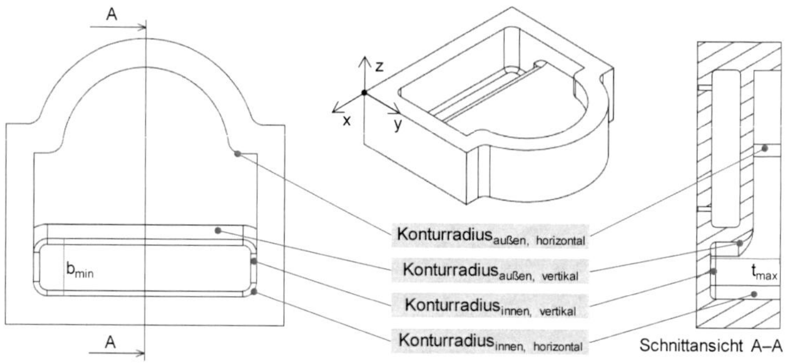

Abbildung 5-8: Definition Konturradien und Aspektverhältnis an exemplarischem Bauteil

- Der innere vertikale Konturradius $T_{g6,F}$ beschreibt den kleinsten vertikalen konvexen Radius, der hergestellt werden kann. Begrenzend wirkt typischerweise nicht das Fertigungsverfahren, sondern das eingesetzte Bearbeitungswerkzeug (z. B. Fräswerkzeugeckenradius), was entsprechend der Ausstattung der Fertigungsumgebung zu berücksichtigen ist.
- Der äußere vertikale Konturradius $T_{g7,F}$ beschreibt analog den kleinsten vertikalen konkaven Radius, der bearbeitet werden kann. Außenradien wirken hinsichtlich Bearbeitbarkeit i. d. R. nicht limitierend.
- Der innere horizontale Konturradius $T_{g8,F}$ beschreibt den kleinsten horizontalen konvexen Radius, der bearbeitbar ist. Häufig wird dieser durch das Bearbeitungswerkzeug begrenzt (z. B. Drahtelektrodenradius).

- Der äußere horizontale Konturradius $T_{g9,F}$ beschreibt hingegen analog den kleinsten horizontalen konkaven Radius. Für die Fertigungstechnologie ist hierzu der minimal herstellbare Außenradius anzugeben. Dieser wirkt i. d. R. nicht begrenzend.
- Das Aspektverhältnis ist seitens der Fertigungstechnologie eine Kennzahl für Zugänglichkeit und Steifigkeit eines Fertigungsmittels und erhält das Formelzeichen $T_{g10,F}$. Das maximale Aspektverhältnis beschreibt die größte erreichbare Kavitätstiefe t_{max} im Verhältnis zu dem minimal herstellbaren inneren horizontalen Konturradius $T_{g8,F}$ bzw. der geringsten erzeugbaren Konturbreite b_{min}. Die Tiefe bedingt die Mindestlänge eines Bearbeitungswerkzeugs inkl. dessen Werkzeug-Maschinen-Schnittstelle, wohingegen der horizontale Radius durch den Bearbeitungswerkzeugdurchmesser determiniert wird. Es ergibt sich die Werkzeugsteifigkeit, die verfahrensspezifisch unterschiedlich ausfällt [HEES15, S. 142; BILS07, S. 41]. Liegt die Bearbeitungswerkzeugachse nicht kollinear oder parallel zur Flächennormalen, muss ein modifiziertes Aspektverhältnis definiert werden.
- Der arithmetische Mittenrauwert Ra, der mit einem Fertigungsmittel erzielt werden kann, ist $T_{g11,F}$. In der Fertigungstechnik wird die erzielbare Qualität unterschiedlicher Fertigungsschritte in Schruppen, Vorschlichten, Schlichten und Feinschlichten eingeteilt[18]. Fertigungstechnologien sind folglich hinsichtlich der minimal möglichen und reproduzierbaren gemittelten Abweichung der Profilordinaten zu bewerten.
- $T_{g12,F}$ beschreibt die Fähigkeit eines Fertigungsmittels, ein Werkstück mit einer vorgegebenen Ebenheit herzustellen. Die Fähigkeit eines Fertigungsmittels hängt dabei insbesondere von der Ausrichtung der Maschine und dem Spannsystem ab sowie von den grundsätzlichen Fähigkeiten der Technologie. Ebenheit beschreibt die maximal zulässige Abweichung einer Fläche, begrenzt durch den definierten Abstand zweier paralleler Grenzflächen [DIN06, S. 23]. Die Ebenheit zählt zu den Formtoleranzen und ist insbesondere für prismatische Werkstücke relevant.
- Demgegenüber beschreibt $T_{g13,F}$ die erzielbare Rundheit, also die Abweichung eines orthogonal zur Rotationsachse geschnittenen Rotationskörpers [DIN06, S. 24]. Die Rundheit eignet sich für die Beschreibung hauptsächlich rotatorischer Bauteile.

Zur späteren Gestaltung von Technologieketten (Abschnitt 5.3.2) werden Maschinenleistungsfähigkeiten der Fertigungsmittel an die jeweils zugeordnete und übergeordnete Fertigungstechnologie übertragen. Somit wird für die Erstellung der Technologieketten, die eine Näherung der finalen Fertigungsfolge darstellen, ein Vorauswahlkriterium bereitgestellt, das jedoch noch nicht auf ein Fertigungsverfahren oder -mittel eingrenzt. Das Vorauswahlkriterium ist dennoch bereits unternehmensindividuell.

Fertigungslayout der Fertigungsstruktur

Je nachdem, wo Fertigungsmittel in einer Fertigungsstruktur lokalisiert sind, verändern sich Transportzeiten zwischen einzelnen Prozessschritten. Die Ergänzung um die lokalen Koordinaten des Standorts trägt diesem Umstand Rechnung. Dazu wird das Fertigungslayout aufgenommen und abstrahiert (Abbildung 5-9).

[18] Zielgrößen der Bearbeitungsfolgen innerhalb eines Prozesses: Schruppen: max. Bearbeitungsvolumen pro Zeiteinheit, Vorschlichten: Vereinheitlichen des Schlichtaufmaßes, Schlichten: max. Bearbeitungsfläche pro Zeiteinheit, Feinschlichten: Optimieren der Rauheit, i. A. a. ARNTZ [ARNT13, S. 25–26]

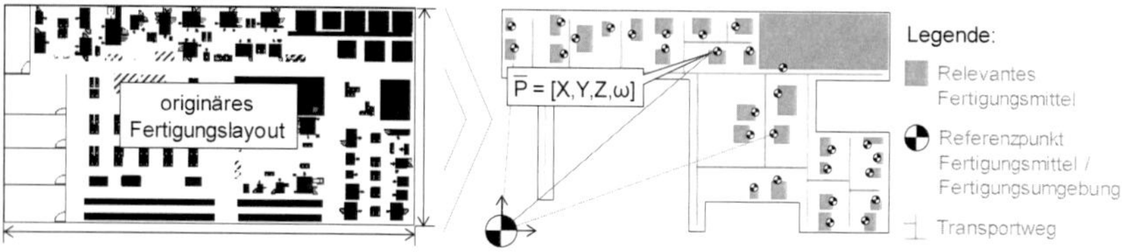

Abbildung 5-9: Modellhafte Abbildung des Fertigungslayouts mit relevanten Fertigungsmitteln

Die Position der Fertigungsmittel in einem Fertigungslayout kann daraus abgeleitet und schließlich in der Prozesskettensimulation berücksichtigt werden. Hinreichend sind Metadaten des Standorts, die die Koordinaten des Zugangspunkts ($\bar{P}$ mit Koordinaten X, Y, Z und Winkel ω relativ zum frei definierten Referenzpunkt Fertigungsumgebung) zu einem Fertigungsmittel wiedergeben. Der Zugangspunkt ist z. B. die Tür einer Maschine, eine assoziierte Ablagefläche oder die Beladestation einer Fertigungszelle. Zusätzlich erleichtert die Angabe der Hüllmaße eines Fertigungsmittels die Orientierung.

Fertigungsstrategische Randbedingungen

Die fertigungsstrategischen Randbedingungen leiten sich aus der globalen Unternehmensstrategie ab und besitzen Gültigkeit für die betrachtete Fertigungsumgebung. Mögliche fertigungsstrategische Positionierungen können laut Literatur in Bezug auf die Kompetenz, Flexibilität, Produktivität, Qualität, Ökologie, Technologierelevanz, Digitalisierungsgrad oder Automatisierung formuliert werden [BERG20, S. 6; HEES15, S. 121–122; BILS07, S. 28–30; KLOC05, S. 15]. Die Berücksichtigung strategischer Randbedingungen diversifiziert die Prozesskettenauswahl dahingehend, dass nicht ausschließlich ökonomische Aspekte Berücksichtigung finden. Weiterhin können so Prozessketten in den Zielkorridor gelangen, die aus kurzfristig-operativer Perspektive nicht sinnvoll erscheinen, jedoch langfristig-strategisches Potenzial aufweisen und damit ein zukunftsgerichtetes Fertigungskonzept unterstützen. Grundsätzlich erlaubt die Einbeziehung der fertigungsstrategischen Stoßrichtung die unternehmensindividuelle Bewertung der generierten Fertigungsfolgen zum Abschluss der Prozesskettensimulation.

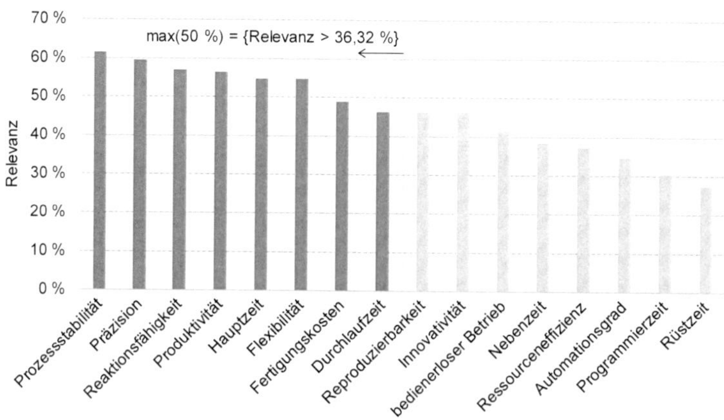

Abbildung 5-10: Relevanz verschiedener Prozesscharakteristika für Planung und Optimierung

Als fertigungsstrategisch berücksichtigte Prozesscharakteristika P_{Ff} seien die 50 % der Prozesscharakteristika mit der höchsten Relevanz herangezogen, die Unternehmen im Bereich der additiven Fertigung und subtraktiven Weiterbearbeitung als besonders wichtig für die Bewertung von additiv-subtraktiven Prozessketten beurteilen (Abbildung 5-10). Damit sind einerseits unterschiedliche Charakteristika abgedeckt, andererseits bleibt die Auswahl übersichtlich. Grundsätzlich bietet die Methodik die Flexibilität, andere oder weitere Charakteristika einzubeziehen. Die Datenbasis der Umfrage zu diesem Ergebnis geht aus Anhang A.4 hervor.

Diese Charakteristika sind in der Reihenfolge ihrer Relevanz die

- Prozessstabilität P_{Ff1} (i. A. a. Leischnig, der die Aspekte Funktionsfähigkeit, Verfügbarkeit und Zuverlässigkeit zusammenfasst [LEIS09, S. 26]; mit Prozessstabilität oder Prozesszuverlässigkeit wird die Wahrscheinlichkeit, mit der eine definierte Funktion über eine festgesetzte Zeitspanne ohne Störungen erbracht werden kann, beschrieben; Prozessstabilität ist somit ein zeitbezogener quantifizierter Aspekt der Verfügbarkeit der vorgesehenen Funktion einer technischen Anlage),
- Präzision P_{Ff2} (Zusammenfassung quantitativer, qualitätsrelevanter Merkmale mit Bezug auf Maßhaltigkeit, Oberflächenrauheit und -topografie, Wiederholgenauigkeit; Fertigungsverfahren, die mit entsprechenden Maschinen Zielwerte etwa unterhalb 10 µm für Ra ebenso wie für Formgenauigkeit einhalten, können als Präzisionsverfahren eingestuft werden [NEUG12, S. 19]),
- Reaktionsfähigkeit P_{Ff3} (Bezug auf Fertigungseinflüsse, die nicht perspektivisch planbar sind und für die keine vorhergedachten Lösungen existieren [REIN00, S. 24]; Fertigungsfolge zeichnet sich dann durch hohe Reaktionsfähigkeit aus, wenn diese durch systematische Methoden und Vorgehensweisen auf unvorhergesehene Situationen reagieren kann),
- Produktivität P_{Ff4} (Produktivität ist Ergebnis der Analyse, wie effizient eine Technologie produziert und errechnet sich aus der Division von Output und Input [HEES15, S. 131]; optimaler Zustand ist dann erreicht, wenn es bei gegebener technologischer Ausstattung nicht möglich ist, von einem Gut mehr zu produzieren und dabei von allen anderen Gütern mindestens die gleiche Menge zu produzieren; nach Debreu »Pareto-Optimum« [DEBR54, S. 588]),
- Hauptzeit P_{Ff5} (Zeit, in der ein Bearbeitungswerkzeug im Einsatz ist und innerhalb derer »ein unmittelbarer Fortschritt im Sinne des Fertigungsauftrages [...] entsteht« [VDI94, S. 5]; zur vergleichenden Berücksichtigung der Zeiteffizienz unterschiedlicher Fertigungsmittel der gleichen Fertigungstechnologie wird die Hauptzeit herangezogen; geringere Hauptzeiten ergeben sich aus gesteigerten Zeitspanvolumina moderner Fräsmaschinen, höheren Vorschubgeschwindigkeiten aufgrund aktueller Generatortechnik bei Funkenerosion oder verbesserten Aufbauraten im LB-PBF),
- Flexibilität P_{Ff6} (steht oftmals im Spannungsfeld mit zuvor erwähnter Produktivität, da hohe Flexibilität einer Produktion oftmals mit sinkender Produktivität einhergeht; Flexibilität wird von Voss-Dahm als Fähigkeit, Fertigungsmittel an ein sich änderndes Arbeitsaufkommen anzupassen, definiert [VOSS11, S. 251–252].),
- Fertigungskosten P_{Ff7} (Kosten, die zur Erstellung eines Bauteils anfallen [WEBE18]; teilen sich in Fertigungsgemeinkosten (bezogen auf Fertigungsinfrastruktur) und Fertigungseinzelkosten (bezogen auf Bauteil); vorliegende Betrachtung fokussiert Fertigungseinzelkosten) und die

- Durchlaufzeit P_{Ff8} (Summe aus Fertigungszeit, Transportzeit und Liege- bzw. Wartezeit [BOOS17, S. 26]; Indikator für Planbarkeit von Fertigungsaufträgen und Liefertreue; wichtige kundenseitige Kennzahl, da alle fertigungsbezogenen Zeiten umfassend).

Die unternehmensindividuelle Gewichtung wird mittels eines Paarvergleichs unter Anwendung einer Präferenzmatrix durchgeführt. Dadurch ist eine objektivierte Beurteilung der einzelnen Prozesscharakteristika möglich. In der Präferenzmatrix wird jedes betrachtete Prozesscharakteristikum mit jedem anderen verglichen. Sind zwei zu vergleichende Charakteristika gleichbedeutend, wird eine »0« in die Präferenzmatrix am Schnittpunkt der beiden Charakteristika eingetragen. Weist die Prozesscharakteristik, die weiter oben in der Präferenzmatrix aufgelistet ist, eine höhere Relevanz auf, wird eine »1« eingetragen. Im umgekehrten Fall wird eine »–1« eingetragen. Durch die Summierung aller Einträge zu einem Prozesscharakteristikum ergibt sich jeweils der Wert S_{PFf}. Mit Formel (5-1) lassen sich die Summen in die normierten Gewichtungen G_{PFf} umrechnen. In Abbildung 5-11 ist der Paarvergleich mit Präferenzmatrix i. A. a. HABERFELLNER exemplarisch dargestellt [HABE19, S. 205–206].

$$G_{PFf} = 4 \times \frac{S_{PFf} - S_{min}}{S_{max} - S_{min}} + 1 \qquad (5\text{-}1)$$

G_{PFf}	=	unternehmensindividuelle Gewichtung der Prozesscharakteristika
S_{PFf}	=	$\sum$ der Eintragungen in Präferenzmatrix für Prozesscharakteristikum
S_{min}	=	minimale Ausprägung von S_{PFf}
S_{max}	=	maximale Ausprägung von S_{PFf}

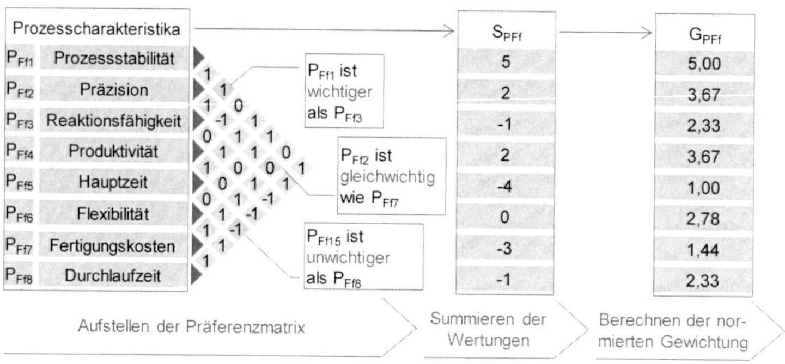

Abbildung 5-11: Paarvergleich mit Präferenzmatrix (exemplarisch ausgefüllt)

5.2.2 Definition der Bauteilbeschreibung

Definition of Component's Description

Bereits in der Konzeption der Analysephase (Abschnitt 4.3) sind die zentralen Anforderungen an den Komplex Bauteile ausgeführt, der sich in das Bauteilportfolio, die Eigenschaften und Anforderungen untergliedert. Insbesondere die Eigenschaften und Anforderungen der Bauteile korrespondieren in ihrem Einfluss auf die Fertigungsmittelauswahl und Prozesskettengestaltung stark miteinander und werden gemeinsam geführt. Das resultierende Bauteilmodell soll die zur Durchführung der AM-Integration in Fertigungsprozessketten notwendigen Informationen enthalten und das Bauteil hinreichend genau wiedergeben.

Bauteilportfolio der Fertigungsumgebung

In Abschnitt 5.2.1 wurde bereits die Technologiematrix (Abbildung 5-6) eingeführt. Diese enthält neben Informationen zu Fertigungsverfahren auch charakteristische Merkmale des Bauteilportfolios, das in einer Fertigungsumgebung hergestellt wird. Es werden typische Formelemente eines oder mehrerer Bauteile erfasst und bereits in erster Näherung geeignete Fertigungsverfahren zugeordnet. Typische Formelemente werden unternehmensindividuell adaptiert und sind nicht vorgegeben. Als Grundlage für geometrische Formen eignen sich jedoch vorhandene Kataloge wie die von DAHL, FALLBÖHMER, MENZEL oder OWODUNNI (vgl. Abschnitt 4.3.3: Bauteile). Auf dieser Basis werden die Formelemente in einem moderierten Workshop unter Beteiligung von Konstruktions- und Fertigungsexpert·innen definiert. Dies ermöglicht eine angepasste Reaktion auf die vorherrschenden Randbedingungen einer Fertigungsumgebung. Die so gesammelten Bauteilinformationen können später in einer Softwarelösung aufgegriffen werden. Da auf Ebene der Formelemente agiert wird, ist eine nachträgliche Übertragbarkeit auf zunächst nicht berücksichtigte Bauteile möglich. Die Technologiematrix wird somit dem generalistischen Anspruch der Methodik gerecht. Den Formelementen werden zudem Anforderungen zugeordnet, die sich hier zunächst durch maximal geforderte Maßtoleranzen und Oberflächenrauheiten ausdrücken. Liegen spezifische qualitative Anforderungen zur optischen Erscheinung von Oberflächen vor, können auch diese systematisch erfasst werden.

Eigenschafts- und Anforderungsbeschreibung der Bauteile

Nachdem das Bauteilportfolio zunächst übersichtshalber abstrakt erfasst ist, erfolgt die Beschreibung der Bauteileigenschaften und -anforderungen spezifisch. Die Abgrenzung zwischen Technologiematrix und spezifischer Bauteilbeschreibung zeigt Abbildung 5-12. Daraus gehen auch die zu erfassenden Bauteilinformationen hervor, wie folgend erläutert.

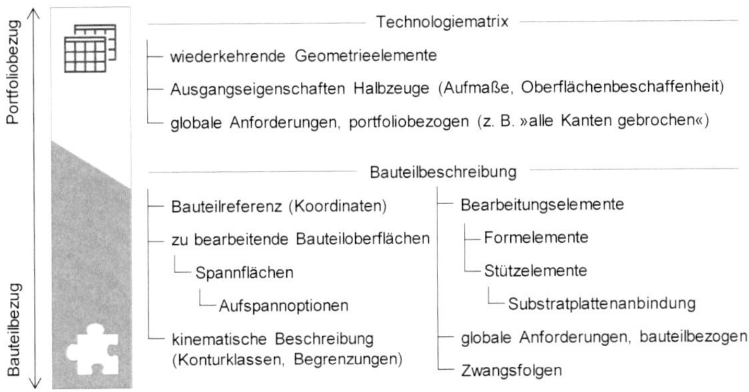

Abbildung 5-12: Einordnung der Bauteilbeschreibung mit Technologiematrix und über Bauteilanforderungen

Zunächst wird zur Lagebestimmung des Bauteils relativ zur Substratplatte eine Referenz definiert. Diese Referenz ist bauteilbezogen, sodass bei mehreren auf einer Substratplatte angeordneten Bauteilen je Bauteil eine unabhängige Referenz angenommen wird. Eine Bauteildefinition enthält zudem die Information zu Eigenschaften, die ausschließlich durch global einwirkende Fertigungsverfahren erreicht werden. Dazu zählt die geforderte Werkstoffhärte, grundlegende Oberflächenanforderungen (z. B. »Oberflächen sandgestrahlt«, »alle

Kanten gebrochen«) und Oberflächenbeschichtungen. Weiterhin werden alle für eine Weiterbearbeitung relevanten Bauteiloberflächen identifiziert. Eine Bauteiloberfläche sei als kinematisch abgrenzbare Fläche definiert. Die Relevanz einer Oberfläche ergibt sich aus der Eignung als Aufspannfläche oder der Notwendigkeit einer Weiterbearbeitung (Oberfläche ist Formelement). Weiterzubearbeitende Oberflächen werden mit dem für die Klassifizierung der Verfahrensausprägungen verwendeten kinematischen Baukasten (vgl. Abschnitt 5.2.1) systematisch beschrieben.

Die technologischen Bauteileigenschaften ergänzend, werden mögliche Aufspannoptionen unter Angabe der beteiligten Werkstückoberflächen identifiziert. Es werden das Spannprinzip und relevante Attribute für eine Aufspannoption festgelegt. Insbesondere wirkt sich die Zuordnung einer Aufspannoption, die Formelemente blockiert, auf die Prozesskettengestaltung aus. Entsprechend werden Vorgängerbeziehungen (z. B.: zur Substratplatte zeigende Werkstückoberflächen, die nach Trennung von der Substratplatte zur Verfügung stehen) und Sperrungen (Aufspannungen können Oberflächen verdecken) gesetzt. Diese Informationen ermöglichen die Zuordnung geeigneter Fertigungstechnologien und das eventuell notwendige Generieren von Zwangsfolgen. Die in Abbildung 5-13 aufgelisteten Attribute werden zur Beschreibung der Aufspannoptionen herangezogen.

	Einheit	Attribut	Erläuterung
Spannprinzip (physikalisch)		mechanisch, pneumatisch, magnetisch, elektrostatisch, adhäsiv, stoffschlüssig	
Spannform (geometrisch)		parallel, rotatorisch, flach, individuell	
Spannposition		Substratplatte, Werkstück	
Spannfläche	mm²		wirksame Fläche der Spanneinrichtung am Werkstück
min. Spannabstand	mm		kleinster Abstand zwischen Spannflächen
min./max. Spannkraft	N		Intervall zw. sicherem Halt und plast. Ws-Verformung
Systemorientierung			Ausrichtung von Spanneinrichtung mit Werkstück
Achse		X, Y, Z	(werkstückbezogen)
Winkel	°		werkstückbezogen

Abbildung 5-13: Beschreibung von Aufspannoptionen

Im Anhang A.7 sind die möglichen Spannprinzipe aufgeführt und grundlegend erläutert. Bisher bestehende Ansätze zur Definition von Aufspannungen im Kontext der Weiterbearbeitung additiv gefertigter Werkstücke beziehen sich auf einzelne Technologiekombinationen und sind somit nicht auf den Anspruch einer ganzheitlichen Prozesskettenbetrachtung mit diversen Fertigungsverfahren übertragbar; wenngleich der Ansatz von Waldschmidt et al. ein geeignetes Abstraktionsniveau zur Bauteilbeschreibung aufweist [WALD20].

Im abschließenden Schritt der Bauteilanalyse werden Dependenzen zwischen Bearbeitungselementen definiert. So kann z. B. eine Aufspannoption erst nach der Bearbeitung von Spannflächen zur Erzeugung hinreichender Genauigkeit möglich sein oder zur Weiterbearbeitung eines Formelements muss zunächst eine verdeckende Stützstruktur entfernt werden. Besonders zu berücksichtigen ist der Fall, dass die Substratplatte nach dem Abtrennen des Werkstücks von dieser nicht mehr als Aufspannoption zur Verfügung steht. Bei geometrisch komplexen Bauteilen entstehen durch diese Zwangsfolgen unüberschaubare Wechselbeziehungen, die eine Vielzahl an Prozessfolgen ermöglichen und manuell nicht umfassend betrachtet werden können. Eine rechnergestützte Umsetzung ist daher notwendig (s. Abschnitt 6.1).

Die Vorgehensweise zur geometrischen Bauteilbeschreibung beruht entgegen bestehenden Ansätzen nicht auf der semantischen Beschreibung von Volumenelementen, sondern gibt eine Gliederung zusammengehöriger Flächen aus fertigungstechnischer Perspektive an. Die Flächenaufgliederung erfolgt funktionsorientiert und nicht infinitesimal. Abbildung 5-14 zeigt dazu eine einfache Nut in einem Quader. Die Nut ergibt sich aus zwei seitlich begrenzenden Flächen in der Y-Z-Ebene und einer Grundfläche in der X-Y-Ebene. Vorder-, Rück- und Oberseite sind offen.

Ziel der Bauteilbeschreibung mithilfe funktional zusammenhängender Flächen ist die Abbildbarkeit der kinematischen Zugänglichkeit. Dazu werden die geometrischen Restriktionen des Bauteils, die sich aus umliegenden Flächen ergeben, betrachtet. Im Falle des exemplarischen Formelements »Nut« aus Abbildung 5-14 ist die Bodenfläche der Nut in der X-Y-Ebene entlang der Vektoren und Richtungen +y, –y und –z zugänglich, respektive bearbeitbar. Die formal vollständige Beschreibung dieses Formelements muss zudem alle angrenzenden Flächen umfassen. Somit müssen drei Flächen, die Bodenfläche und die beiden dazu orthogonal angrenzenden lateralen Flächen, einbezogen werden. Da additiv gefertigte Werkstücke endkonturnah ausgeprägt sind, erlaubt die oberflächenbezogene Herangehensweise eine hinreichende Beschreibung eines Bauteils. Es ist eine Abgrenzung zu subtraktiver Fertigung erkennbar, die neben oberflächenorientierter Schlichtbearbeitung auch volumenorientierte Schruppbearbeitung umfasst.

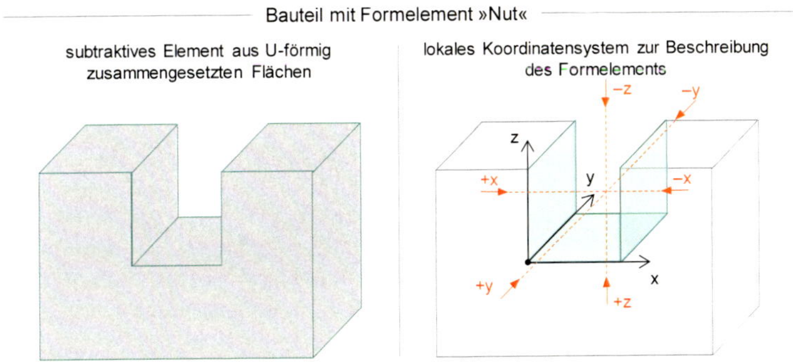

Abbildung 5-14: Koordinatensystem zur Formelementbeschreibung

Auf Basis der eingeführten Formelementbeschreibung leitet sich die Struktur der kinematischen Bearbeitungselementbeschreibung ab. Zur Klassifizierung einzelner Flächen wird ein lokales Bearbeitungselementkoordinatensystem eingeführt, das relativ zum Bauteilkoordinatensystem definiert ist. Das Bearbeitungselementkoordinatensystem wird so angeordnet, dass die Z-Achse orthogonal zur Hauptfläche des Bearbeitungselements liegt. Zur weiteren Abstraktion wird eine Oberfläche daraufhin mit zwei kartesischen Koordinatensystemen beschrieben und so in ein zweidimensionales Problem überführt. Es ist nun möglich, die betrachtete Oberfläche eines Bearbeitungselements durch zwei Projektionen der orthogonal durch diese verlaufenden Ebenen zu beschreiben (Abbildung 5-15). [WOLL21, S. 202]

Die Projektion oben rechts in Abbildung 5-15 bildet die x-z-Ebene ab. Die Betrachtung der zweiten Kontur, unten rechts, stellt keine direkte Projektion dar, sondern ergibt sich aus der Projektion des orthogonalen Konturverlaufs der betrachteten Fläche entlang des tangentialen Vektors der ersten Kontur z(x). Dies ist erforderlich, um beispielsweise rotatorische Elemente zu identifizieren, die bei einer einfachen Projektion mehr als ein Konturelement aufweisen würden. Zeigt der tangentiale Konturvektor auf eine weitere Bauteiloberfläche, liegt eine geschlossene Kontur vor, andernfalls ist die Kontur geöffnet. Es ergeben sich insgesamt fünf mögliche Freiheitsgrade, die eine Oberfläche definieren ($x_{min,\,max}$, $y_{min,\,max}$, z, α (Drehwinkel um x), β (Drehwinkel um y)). Eine Unterscheidung ergibt sich weiterhin durch die Angabe des Normalvektors $\bar{N}$ der Kontur. Sofern die Konturprojektion konstant oder linear verläuft, sei der Normalvektor konstant. Andernfalls ist dieser rotatorisch. Die kinematischen Restriktionen werden zusammenfassend über die Klassifizierung des Normalvektors sowie die Start- und Endbedingungen ($x_{min,\,max}$, $y_{min,\,max}$) der Kontur definiert. Zur eindeutigen Klassifizierung der kinematischen Beschreibung wird die in Abbildung 5-17 gezeigte Konturklassensystematik angewendet.

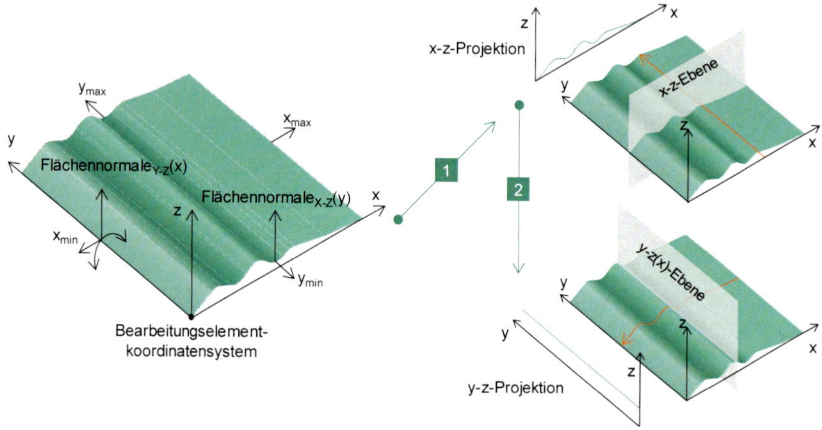

Abbildung 5-15: Oberflächenzerlegung in zwei Projektionsebenen

Zur analogen Abbildung rotationssymmetrischer oder bionischer Konturen sind geschlossene Graphen vorgesehen (zirkulär, Polynomzug geschlossen). Die Klasse »Konturperiode« dient z. B. der Oberflächenbeschreibung eines Gewindes oder einer Keilwelle, ohne dass diese Konstruktionselemente in ihre Einzelflächen zerlegt werden müssten. Solche Regelgeometrien lassen sich Bohrungen bzw. Wellen zuordnen, um Konstruktionselemente für den Fertigungstechnologieabgleich zu beschreiben.

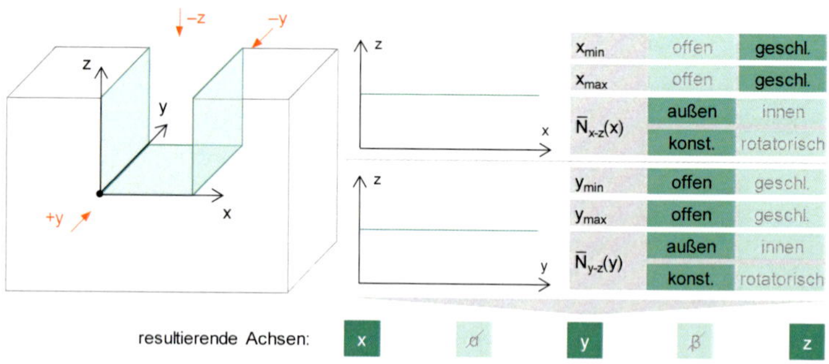

Abbildung 5-16: Achsenbestimmung am Bauteil mit Formelement »Nut«

Am Beispiel des Bauteils aus Abbildung 5-14 sei die Oberflächenzerlegung und die Konturklassenzuordnung gezeigt. Bei dem betrachteten Formelement sind Start- und Endpunkt in

X-Z-Ebene geschlossen. In y-Richtung ist die Kontur geöffnet. Dargestellt sind diese Formelementeigenschaften in Abbildung 5-16. Ein weiteres, komplexeres Bauteilbeispiel findet sich im Anhang A.8.

Die in dieser Arbeit betrachteten projizierten Konturen zur Beschreibung von Oberflächen eines Bearbeitungselements werden einer Konturklasse zugewiesen und die Begrenzungsbedingungen bestimmt. Diese vollständigen Kriterien des Kennwertsystems sind in Abbildung 5-17 zusammengefasst.

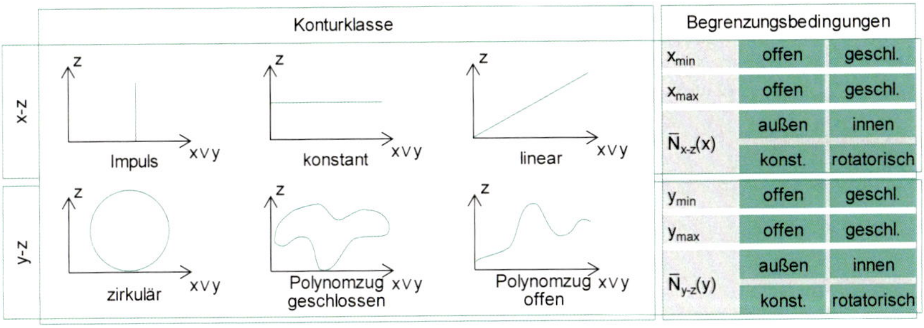

Abbildung 5-17: Kennwertsystem Konturklassen und Begrenzungsbedingungen

5.2.3 Aufnahme der bestehenden Prozesskette(n)

Mapping of existing process chain(s)

Für die Aufnahme bestehender Prozessketten und deren modellhafter Aufzeichnung und Wiedergabe existieren unterschiedliche Möglichkeiten. Grundsätzlich wird dabei ein Ausschnitt des betrieblichen Wertstroms i. S. d. Wertstromanalyse erfasst und in einer Prozessmodellierungssprache wiedergeben [ERLA10, S. 31–34]. Zu unterscheiden ist die Wertstromanalyse von der Prozessanalyse. Die Wertstromanalyse nimmt eine ganzheitliche Perspektive zur Betrachtung betrieblicher Abläufe ein und zielt auf die Optimierung zusammenhängender Prozessabläufe und die Eliminierung von Verschwendung ab. Die Prozessanalyse fokussiert die lokale Optimierung von Einzelprozessen bzw. Prozessschritten. [KORT14, S. 48] Im Kontext dieser Arbeit ist der ganzheitliche Ansatz zu verfolgen, da nur so die vollständige Prozesskettenbetrachtung aus additiver Fertigung und subtraktiver Weiterbearbeitung erfolgen kann. Die formale Darstellungsform kann eine Skriptsprache oder eine Diagrammsprache sein. Skriptsprachen können an Programmiersprachen angelehnt verstanden werden. Diagrammsprachen sind bildliche Repräsentationen und können datenfluss-, kontrollfluss- und objektorientiert ausgeführt sein [GADA20, S. 89]. Die Auswahl der am besten geeigneten Prozessmodellierungssprache »aixperanto« ist in Anhang A.9 erläutert.

Prozessschritte

Um die Integration der additiven Fertigung effizient, d. h. zügig sowie technologisch und organisatorisch angepasst zu vollziehen, ist die Kenntnis der Prozessschritte im Wertschöpfungsprozess notwendig. In aixperanto werden dazu zunächst alle Funktionen (Bereiche, Abteilungen, Aufgabenfelder, etc.) aufgeführt, die mit der betrachteten Fertigungsumgebung interagieren. Dies sind im Regelfall die Konstruktion, die Arbeitsvorbereitung, die Fertigung selbst und nachgelagerte Funktionen wie die Montage oder die Qualitätssicherung. Zudem müssen Funktionen berücksichtigt werden, die Technologieeinführungen vollziehen. Diese können z. B. Stabs- oder Entwicklungsabteilungen zugeordnet sein. Die Funktionen werden in aixperanto zeilenförmig »Swimlanes« angeordnet, sodass zu einem späteren

Zeitpunkt horizontale Verknüpfungen (intrafunktional) und vertikale Verknüpfungen (transfunktional) visualisiert werden können.

Die Ermittlung der tatsächlichen Prozessschritte entspricht zunächst der üblichen Vorgehensweise in der Modellierungssprache. Das korrekte Abstraktionslevel muss zwischen der Bauteilebene, als untere Grenze der Detaillierung und der Ebene des gesamten zu fertigenden Bauteilportfolios, als obere Grenze der Generalität, festgelegt werden. Unterstützend wirkt die Technologiematrix, in der bereits typische Bauteilanforderungen und Geometrieelemente zusammengetragen sind. Erfahrungswerte aus der Anwendung zeigen, dass die Nivellierung innerhalb der ersten drei bis fünf Prozessschritte erfolgt und das korrekte Abstraktionslevel gefunden ist. Die Prozessschritte werden durch eine Substantiv-Verb-Kombination eindeutig beschrieben. Zu berücksichtigen sind wertschöpfende Prozessschritte, die eine direkte Änderung am Bauteil hervorrufen, unterstützende Prozessschritte, die zur Bauteilfertigung notwendig sind und nicht wertschöpfende Prozessschritte, die keinen nachweisbaren Mehrwert im Leistungserstellungsprozess erbringen. Eine Einordnung hinsichtlich der Standardisierung eines Prozessschritts findet ebenfalls statt. Untergliedert wird in standardisiert, bedingt standardisiert oder kreativ und nicht standardisiert. Die Einordnung ist in Abbildung 5-18 zusammengefasst.

Kurzwertung	Wertschöpfung	Standardisierung
hoch	wertschöpfend Wert nach Prozessschritt > Wert vor Prozessschritt	standardisiert gleichartig wiederholbar
mittel	unterstützend Wert nach Prozessschritt = Wert vor Prozessschritt – oder – notwendige Voraussetzung für wertschöpfenden Prozess	bedingt standardisiert teilweise/bedingt gleichartig wiederholbar – oder – kreativ
gering	verschwendend Wert nach Prozessschritt < Wert vor Prozessschritt – oder – Wert nach Prozessschritt = Wert vor Prozessschritt und keine notwendige Voraussetzung für wertschöpfenden Prozess	nicht standardisiert nicht gleichartig wiederholbar oder nicht derart ausgeführt

Abbildung 5-18: Prozessschrittcharakteristika Wertschöpfung und Standardisierung i. A. a. aixperanto [BOOS15a, S. 34, 73]

Besonders hervorzuheben ist die Berücksichtigung von Prozessschritten, die sich aus der digitalen CAx-Prozesskette ergeben. Die Aufbereitung von Fertigungsdaten, Umwandlung von CAD-Modellen und Ähnliches wird berücksichtigt, um später die spezifischen Anforderungen der additiven Fertigung zu integrieren. Diese zeichnet sich durch teils zeitaufwendige Datenaufbereitung aus und bedarf zusätzlicher Softwaresysteme im Vergleich zu rein subtraktiv geprägten Fertigungsumgebungen (s. Abschnitte 2.4.3, 2.6.2).

Prozessverknüpfungen

Die bereits beschriebenen intra- und transfunktionalen Verknüpfungen docken an die Prozessschritte an. Für die vorliegende Betrachtung werden zwei Verknüpfungsvarianten verwendet: zum einen eine Repräsentation des direkten Materialflusses, zum anderen bauteilbezogene Informationsflüsse[19]. Die Verknüpfungen repräsentieren reale Verbindungen,

---

19 Der Informationsfluss ist hier Obermenge des Datenflusses. Zugrunde liegt die Definition, nach der Daten Informationen subordiniert sind [BERG20, S. 85, 92]. Es ist davon auszugehen, dass reine Datenflüsse dann relevant sind und in der Prozessmodellierung abgebildet werden, wenn Informationen für den Fertigungsablauf daraus abgeleitet oder gewonnen werden können.

nicht in Prozessbeschreibungen definierte. Die Verknüpfungen können physisch oder digital ausgeprägt sein. Das sich aus Prozessschritten (Knoten) und Verknüpfungen (Kanten) ergebende Netzwerk bildet damit Zwangsbedingungen und konsekutive Reihenfolgen ab. Die Verknüpfungen sind mit Pfeilen versehen, die die Richtungsabhängigkeit wiedergeben. Zwangsbedingungen werden, wenn sie sich auf die Bauteilebene auswirken, in der Bauteilbeschreibung ergänzt. Sind vorherrschende Zwangsbedingungen auf organisatorische Randbedingungen zurückzuführen, leiten sich Handlungsfelder zur Optimierung ab. Diese sind bei der Gestaltung der Soll-Prozesskette zu berücksichtigen, um eine bessere Näherung des Optimums zu erreichen.

Defizite entlang der Prozesskette

Offensichtliche Defizite werden durch sogenannte »Kaizen-Blitze« bereits während der Prozessaufnahme notiert. Diese beziehen sich nicht notwendigerweise auf Spezifika die additive Fertigung betreffend und haben zunächst allgemeinen Optimierungscharakter im Sinne eines kontinuierlichen Verbesserungsprozesses.

Im Kontext der Integration der additiven Fertigung findet ein Abgleich mit weiteren additiv-subtraktiven Prozessketten auf fertigungsorganisatorischer Ebene statt. Diese weiteren Prozessketten entstammen anderen Entitäten, also Abteilungen oder Unternehmen, die bereits additive Fertigungsverfahren integriert haben. Somit kann die Erfahrungshistorie aus dem Unternehmensumfeld einfließen. Zur Wahrung des Know-how-Schutzes und dem Ausschluss der Weitergabe wettbewerbsrelevanter Informationen ist der Abgleich so anonymisiert auszuführen, dass eine Rückverfolgbarkeit ausgeschlossen wird. Damit ist ein Benchmarking[20] gegeben, das einen relativen Vergleich von betrachteter Fertigungsumgebung und weiteren Fertigungsumgebungen erlaubt. Die Analyse offenbart Defizite, die aus der rein internen Betrachtung nicht hervorgehen, da keine Vergleichsgrößenwerte vorliegen. Ein derartiges Benchmarking anhand von Prozessketten aus drei unterschiedlichen Fertigungsumgebungen und Unternehmen ist beispielhaft in Abbildung 5-19 wiedergegeben. Dabei steht zunächst die individuelle Bewertung in den Dimensionen Wertschöpfung und Standardisierung im Fokus, analog zu den Vorgaben der Modellierungssprache aixperanto. Der Benchmarkingcharakter ergibt sich aus dem Vergleich der genannten Dimensionen Wertschöpfung sowie Standardisierung als methodische Standard-Bewertungsfaktoren und wird ergänzt um die Auswertung der Verteilung der Prozessschritte auf inhaltlich gleich ausgerichtete Funktionsbereiche, die Gesamtanteile wertschöpfender und standardisierter Prozessschritte und konkreten Best Practices zu spezifischen Prozessschritten oder deren Zusammenwirken (Verknüpfungen).

Aus der Prozesskettenbetrachtung und dem Benchmarking wird eine quasi-ideale Soll-Prozesskette abgeleitet, die gleichzeitig die Randbedingungen der Fertigungsumgebung berücksichtigt und so den Übergang zur additiven Fertigung ermöglicht. Die Betrachtungsebene ist als fertigungsorganisatorisch zu beschreiben, da Prozesselemente und deren Verknüpfungen keinen Aufschluss über die technologische Leistungsfähigkeit einzelner Fertigungsverfahren und damit der gesamten Kette geben. Dies beziehen die nachfolgenden Phasen der Methodik ein. In Abschnitt 5.3.2 wird die fertigungsorganisatorische Ideal-Prozesskette im Rahmen der Prozesskettengestaltung aufgegriffen.

[20] Der Begriff Benchmarking geht auf das Unternehmen Xerox Corp. zurück, so dokumentiert es CAMP, der sich dem Themenkomplex erstmals umfassend widmet. Nach ebendiesem ist ein Benchmarking »die Suche nach den besten Industriepraktiken, die zu Spitzenleistungen führen.« [CAMP94, S. 16]

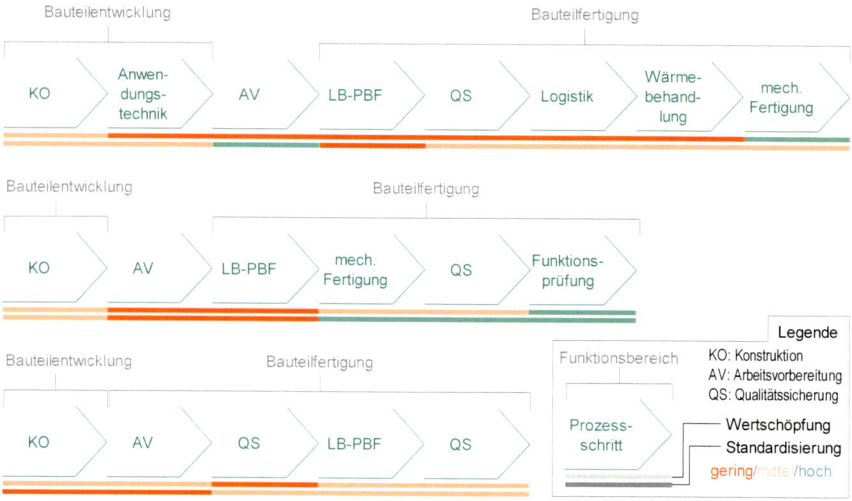

Abbildung 5-19: Benchmarking von drei unterschiedlichen additiv-subtraktiven Prozessketten zur Fertigung unterschiedlicher maschinenbaulicher Bauteile

5.3 Ausgestaltung der Prozesskettengenerierung

Detailing of Process Chain Design

Die Generierung der Prozesskette untergliedert sich, wie bereits in Abschnitt 2.1 beschrieben, in eine fertigungsumgebungsunabhängige Technologiekette und eine fertigungsumgebungsspezifische Fertigungsfolge. Neben dieser Betrachtung nach dem Detaillierungsgrad wird das in Abbildung 5-20 dargestellte Prozesskettenmodell herangezogen und dient modifiziert als Grundlage für die Ausgestaltung der Prozesskettengenerierung.

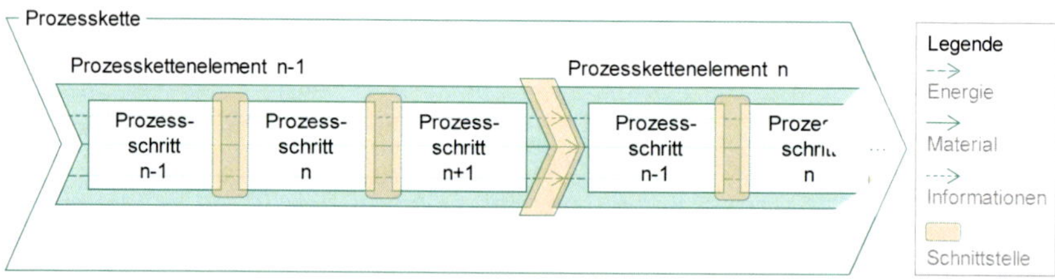

Abbildung 5-20: Prozesskettenmodell, i. A. a. BRANDES [BRAN08, S. 43]

Das Prozesskettenmodell repräsentiert das Zusammenwirken einzelner Prozessschritte und enthält neben der Prozess- und Prozesskettenebene eine weitere Ebene: die Prozesskettenelemente. Prozesskettenelemente sind hier verknüpfte Prozessschritte; ein oder mehrere Prozesskettenelemente bilden wiederum die gesamte Prozesskette. Die drei Betrachtungsebenen sind wesentlich, um die Übergabe von diskreten Bauteilinformationen zwischen Prozessschritten bzw. zwischen Prozesskettenelementen modellieren zu können. Grundsätzlich findet zwischen Prozessen eine Übergabe von Informationen, Material und Energie statt. Die Prozesse innerhalb eines Prozesskettenelements finden typischerweise innerhalb eines Fertigungsmittels statt, sodass die interprozessualen Schnittstellen u. a. durch Spannmittel und

NC-Programme abgebildet werden. Die Schnittstellen über Prozesskettenelemente hinaus bewegen sich regelmäßig über die Grenzen einzelner Fertigungsmittel hinweg. Hier muss die Information über den aktuellen Werkstückzustand übertragen werden, um die korrekte und unmittelbar anschließende weitere Bearbeitung anknüpfen zu können.

Der Abgleich von Bauteilanforderungen und Fertigungstechnologien stellt ein für die Weiterbearbeitung geeignetes Technologiespektrum zur Verfügung, das anschließend hinsichtlich der spezifisch geforderten Eigenschaften der Bearbeitungselemente im Vergleich zu den technologischen Leistungsfähigkeiten untersucht wird. Somit wird eine weitere Eingrenzung möglicher Fertigungsverfahren erreicht. Diesen und die folgend in den Abschnitten 5.3.1 und 5.3.2 beschriebenen Schritte zur kennzahlenbasierten Generierung von Prozesskettenelementen zeigt Abbildung 5-21.

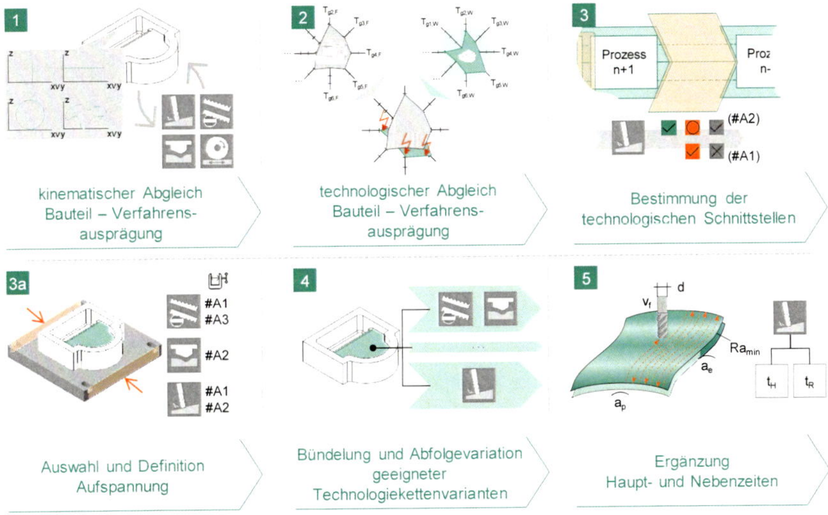

Abbildung 5-21: Schritte der kennzahlenbasierten Generierung von Prozesskettenelementen

Auf Basis der bereits definierten Zwangsfolgen lassen sich Schaltbedingungen ableiten. Die Annahme, dass die Bearbeitung eines Formelements die vorherige Trennung des Werkstücks von der Substratplatte erfordert, kann auf alle verbindenden Stützelemente zwischen Werkstück und Substratplatte vererbt werden. Erst wenn alle diese Stützelemente die vollzogene Trennung signalisieren, ist die Schaltbedingung für die weitere Bearbeitung des Formelements erfüllt. Da die Technologiekette zur Bearbeitung eines Stützelements mehrere Fertigungstechnologien umfassen kann, ist das vollständige Sammeln der Schaltbedingungen erforderlich. Getrennte Stützelemente sind nicht per se fertig bearbeitet und werden entsprechend als nicht fertig bearbeitet gekennzeichnet. Das Element entfällt somit nicht aus der weiteren Technologiekettengenerierung.

Zwangsbedingungen und Zugänglichkeiten von Oberflächen müssen von den Bearbeitungselementen auf die Prozessketten vererbt werden. Dies geschieht über eine technologische Schnittstelle, die eine diskrete Fertigung und freies Alligieren der Prozessketten ermöglicht.

5.3.1 Erzeugung der Prozesskettenelemente

Creation of Process Chain Elements

Die oben eingeführten Prozesskettenelemente bilden sich einerseits aus dem erfolgreichen kinematischen Abgleich von Bauteil und Verfahrensausprägungen, womit die Gültigkeit der Zugänglichkeit bei der Bearbeitung von Oberflächen überprüft wird. Andererseits bilden sich diese aus dem technologischen Abgleich der beiden Komponenten Bauteil und Verfahrensausprägung. Dieser stellt die technologische Eignung zum Erfüllen von Bauteilanforderungen sicher. Als integrierendes Element wirkt schließlich die technologische Schnittstelle. Sie ermöglicht die Informationsübergabe zwischen Prozessschritten und ist somit ein zentrales Element bei der Erzeugung der Prozesskettenelemente.

Ausgestaltung des kinematischen Abgleichs Bauteil – Verfahrensausprägung

Wie auch den Bauteilen kinematische Beschreibungen zugeordnet sind, geschieht dies ebenso für alle betrachteten Fertigungsverfahrensausprägungen einer Fertigungsumgebung. Die Konturklassen aus Abschnitt 5.2.2 werden analog für die Fertigungsverfahrensausprägungen zugrunde gelegt.

Für eine betrachtete Oberfläche eines Bauteils lassen sich entsprechend der kinematischen Bauteilbeschreibung resultierende Achsen ermitteln. Es kann jedoch keine zielführende Fertigungstechnologiezuordnung allein aufgrund der resultierenden Achsanzahl bestimmt werden, da Fertigungsverfahren zur Bearbeitung von Oberflächen neben dem Punkt- auch Linien- und Flächenkontakt nutzen. Am Beispiel des Bohrens bedarf es drei translatorischer und einer rotatorischen Achse: rotatorische Hauptbewegung und translatorische Vorschubbewegung [KLOC18, S. 566]. Das Bohrwerkzeug definiert durch dessen projizierte kreisförmige Grundfläche die übrigen zwei Achsen. Daraus ergibt sich jedoch nicht die allgemeingültige Annahme, dass das Verfahren vier Achsen zur Verfügung stellt. Dies ist nur für spezifische Konturkombinationen in Abhängigkeit von kinematischen Restriktionen zutreffend. Hieraus begründet sich die Notwendigkeit, die identifizierten Konturklassen in allen Kombinationen auf die Verfahrensausprägungen einer Fertigungsumgebung hinsichtlich Normalvektoren sowie Start- und Endbedingungen (Begrenzungsbedingungen) einzuordnen.

Durch sich überschneidende kinematische Klassifizierungen von abstrahiertem Bearbeitungselement und abstrahierter Verfahrensausprägung wird ein Abgleich möglich, ohne dass ein Bauteilmodell als komplexes 3D-CAD-Modell vorliegt (Abbildung 5-22). Allein die kinematische Klassifizierung aggregiert die für die Zugänglichkeit während der Fertigung notwendigen Merkmale, ergänzt um die technologischen Anforderungen.

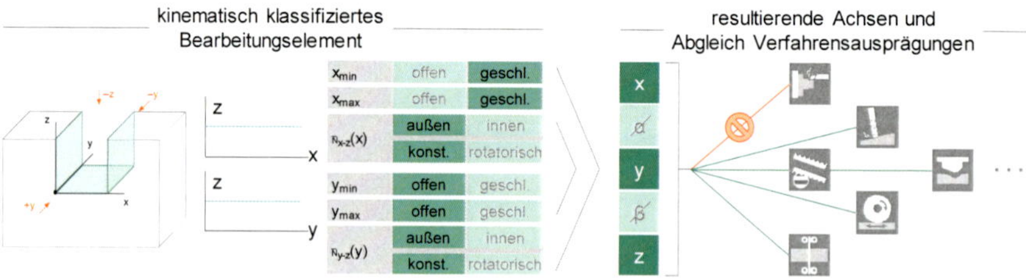

Abbildung 5-22: Überschneidende Klassifizierung abstrahiertes Bearbeitungselement und Verfahrensausprägung

Ausgestaltung des technologischen Abgleichs Bauteil – Verfahrensausprägung

Für die Technologiekettengenerierung (Schritt III.2) wird ein zweistufiges Vorgehen zur Zuordnung der Fertigungstechnologien zu Bearbeitungselementen angewendet. Die erste Stufe bildet eine Vorauswahl geeigneter Fertigungstechnologien über den kinematischen Abgleich und die grundlegende Erreichbarkeit von Bearbeitungselementen durch eine Fertigungsverfahrensausprägung. In der zweiten Stufe wird diese Vorauswahl auf die technologisch geforderten Eigenschaften überprüft und auf Fertigungsverfahrensausprägungen reduziert, die eine hinreichende technologische Leistungsfähigkeit aufweisen. Dazu wird ein technologisches Kennzahlsystem entwickelt und angewendet. Zu Beginn von Abschnitt 5.2.1 wurde bereits die Leistungsfähigkeitsbeschreibung von Fertigungsmitteln eingeführt. Um einen Abgleich dieser Leistungsfähigkeiten mit den Anforderungen eines Bauteils umzusetzen, sind entsprechende bauteilseitige Kennzahlen festzulegen, die im weiteren Verlauf erarbeitet und definiert werden. In Abgrenzung zu Kennzahlen, die die Leistungsfähigkeit von Fertigungsmitteln repräsentieren, müssen bauteilseitig globale (werkstückbezogene, T_g, z. B. Härte) und lokale (bearbeitungselementbezogene, T_l, z. B. Formtoleranzen) Eigenschaften abgebildet werden. Dieser Anspruch ergibt sich daraus, dass nicht ein gesamtes Werkstück mit einem Fertigungsmittel bearbeitet wird, sondern lediglich einzelne Bearbeitungselemente. Da werkstückbezogene Kennzahlen ebenso für Bearbeitungselemente gelten, werden diese vererbt. Es gilt:

$$T_g \supseteq T_l \qquad \text{mit } T_g, T_l \in \mathbb{R} \tag{5-2}$$

Insbesondere das Aspektverhältnis und Konturradien sind von der Bearbeitungsrichtung abhängig und werden somit lokal betrachtet. Die Beschreibung der Konturradien erfolgt in Abhängigkeit der Flächennormale $\overline{N}$. Weiterhin werden nur solche Kennzahlen betrachtet, die einen Einfluss auf die Fertigungstechnologieauswahl nehmen. Somit können bauteilbezogene Anforderungen mit den fertigungstechnologischen Leistungsfähigkeiten abgeglichen werden. Alle definierten Kennzahlen lassen sich auf einer Kardinalskala abbilden und durch reelle Zahlen ausdrücken.

Auf Bauteilebene sind dies folgende Kennzahlen:

- Die maximale Werkstückmasse $T_{g1,W}$ umfasst die Masse des Werkstücks nach dem additiven Fertigungsschritt und der Entpulverung (vgl. Abschnitt 2.4.3: Entpulverung), inklusive Stützstrukturen und Substratplatte.
- Die maximalen Werkstückabmessungen $T_{g2,W}$ bemessen sich anhand der größten Strukturdimensionen eines Bauteils im Anschluss an die additive Fertigung und bilden so die prismatische Hüllgeometrie ab.
- Die Werkstoffhärte $T_{g3,W}$ beschreibt anforderungsseitig die Härte eines Fertigteils sowie die aktuelle Härte eines Werkstücks während der Fertigung.
- Die elektrische Leitfähigkeit $T_{g4,W}$ ergibt sich aus dem verwendeten Werkstoff und ist für die funkenerosive Bearbeitung relevant.

Auf Ebene der Bearbeitungselemente sind die folgenden Kennzahlen relevant:

- Die minimale Maßtoleranz Tl1,W beschreibt in Anlehnung an die DIN EN ISO 286 die Differenz zwischen Untermaß und Höchstmaß, dem Grenzmaß, und gibt die maximal zulässige Abweichung von der definierten Geometrie an [DIN19, S. 10]. Maßtoleranzen, welche sich auf mehrere Bearbeitungselemente beziehen, müssen auf die Bearbeitungselemente abgeleitet werden.

Die folgenden Kennzahlen $T_{I2,W}$ bis $T_{I5,W}$ beziehen sich auf Radien am Werkstück und werden aus Flächennormalrichtung betrachtet. Grafisch sind diese bereits in Abbildung 5-8 erläutert, ebenso wie $T_{I6,W}$, (Aspektverhältnis).

- Der innere vertikale Konturradius $T_{I2,W}$ beschreibt den kleinsten vertikalen konvexen Kontur- oder Eckenradius eines Bearbeitungselementes.
- Der äußere vertikale Konturradius $T_{I3,W}$ ist analog der kleinste vertikale konkave Kontur- oder Eckenradius eines Bearbeitungselementes.
- Der innere horizontale Konturradius $T_{I4,W}$ beschreibt den kleinsten horizontalen konvexen Kontur- oder Eckenradius eines Bearbeitungselementes.
- Der äußere horizontale Konturradius $T_{I5,W}$ ist analog der kleinste horizontale konkave Kontur- oder Eckenradius eines Bearbeitungselementes.
- Das maximale Aspektverhältnis $T_{I6,W}$ beschreibt die größte Kavitätstiefe t_{max} im Verhältnis zu dem lokalen, minimalen inneren horizontalen Konturradius $T_{I4,W,min}$ bzw. die geringste Konturbreite b_{min}, wenn kein Radius vorliegt. Beide bestimmenden Größen treten lokal auf. Das Aspektverhältnis kann durch die alleinige Betrachtung des Bearbeitungselements nicht ausreichend beschrieben werden. Umliegende Flächen, die die Zugänglichkeit durch ein Bearbeitungswerkzeug limitieren, müssen einbezogen werden. Die Abhängigkeit der Zugänglichkeit im Abgleich Bauteil zu Fertigungstechnologie ist in Anhang A.10 dargestellt. An einem Bearbeitungselement ergeben sich in jeder Raumrichtung unterschiedliche Aspektverhältnisse und damit unterschiedliche Kennzahlen.
- Der arithmetische Mittenrauwert Ra, hier $T_{I7,W}$, beschreibt die Anforderungen an die Werkstückoberfläche nach DIN EN ISO 4287 [DIN19, S. 15].
- Die Ebenheit $T_{I8,W}$ beschreibt die maximal zulässige Abweichung einer Fläche, begrenzt durch den definierten Abstand zweier paralleler Grenzflächen [DIN06, S. 23]. Die Ebenheit zählt zu den Formtoleranzen und ist insbesondere für prismatische Bearbeitungselemente relevant.
- Ergänzend ist die Rundheit $T_{I9,W}$ die geforderte maximale Abweichung eines orthogonal zur Rotationsachse geschnittenen Rotationskörpers [DIN06, S. 24].

Der technologische Abgleich kann bei Bedarf um weitere Form- und Lagetoleranzen erweitert werden.

Bei der Reduzierung der zur Verfügung stehenden Fertigungstechnologien muss hinsichtlich kritischer und nicht kritischer Kennzahlen differenziert werden. Dies lässt sich am Beispiel des Aspektverhältnisses beschreiben. Sofern das Aspektverhältnis durch eine Technologie nicht erreicht wird, ist die Bearbeitung kinematisch nicht möglich, wohingegen die erreichbare Maßgenauigkeit einer Technologie keinen Ausschluss bedingt. Ein weiterer Prozessschritt mit einer ergänzenden Fertigungstechnologie ist möglich. Entsprechend muss ein weiteres Prozesskettenelement mit weiterer Fertigungstechnologie integriert werden. Eine zusammenfassende Übersicht der technologischen Kennzahlen, bauteil- und fertigungsmittelbezogen, zeigt Abbildung 5-23. Die Ausprägung beschreibt, ob der minimale oder der maximale Kennzahlenwert begrenzend wirkt.

Insgesamt sind 13 technologische Kennzahlen zur Anforderungsbeschreibung eines Bearbeitungselementes definiert. Ist eine technologische Kennzahl für eine Fertigungstechnologie nicht relevant, wird deren Wert nicht festgelegt und bleibt frei. Das Kennzahlsystem stellt somit einen technologischen Abgleich zur Bearbeitbarkeit für spezifische kinematisch beschriebene Oberflächen durch Fertigungstechnologien sicher. Dem Anwendenden werden mögliche Fertigungstechnologien aus der betrachteten Fertigungsumgebung offeriert, sodass diesem die finale Auswahl weiterhin obliegt. Dies erzeugt Transparenz und ermöglicht fachliche Einflussnahme.

		Formelzeichen		Einheit	Ausprägung
global	Werkstückmasse	T_{g1}		kg	max
global	Werkstückabmessung	T_{g2}		mm	max
global	Werkstückhärte	T_{g3}		HRC	max
global	Elektrische Leitfähigkeit	T_{g4}		S/m	min
lokal	Maßtoleranz	$T_{l1,W}$	$T_{g5,F}$	mm	min
lokal	Konturradius, innen, vertikal	$T_{l2,W}$	$T_{g6,F}$	mm	min
lokal	Konturradius, außen, vertikal	$T_{l3,W}$	$T_{g7,F}$	mm	min
lokal	Konturradius, innen, horizontal	$T_{l4,W}$	$T_{g8,F}$	mm	min
lokal	Konturradius, außen, horizontal	$T_{l5,W}$	$T_{g9,F}$	mm	min
lokal	Aspektverhältnis	$T_{l6,W}$	$T_{g10,F}$	–	max
lokal	Mittenrauwert	$T_{l7,W}$	$T_{g11,F}$	µm	min
lokal	Ebenheit	$T_{l8,W}$	$T_{g12,F}$	mm	min
lokal	Rundheit	$T_{l9,W}$	$T_{g13,F}$	mm	min

Abbildung 5-23: Technologische Kennzahlen zum Abgleich Bauteil – Verfahrensausprägung

Bestimmung der technologischen Schnittstellen

Die technologischen Schnittstellen zwischen einzelnen Prozesskettenelementen verknüpfen diese zu Prozessketten. Die Schnittstellen bilden den Übergangszustand zwischen zwei Prozesskettenelementen ab und ermöglichen die Übergabe des Werkstückzustands zu einem diskreten Zeitpunkt. Das Zusammenführen der Prozesskettenelemente führt schließlich zu anwendbaren Fertigungsfolgen. Die in der bauteilbezogenen Situationsanalyse (Abschnitt 5.2.2) definierten Abhängigkeiten werden als Basis zur Prozesskettenentwicklung genutzt. Zudem gelten generische, abstrakte Abhängigkeiten zwischen Form- und Stützelementen sowie Aufspannungen. Die Gültigkeit der Abhängigkeiten ist unabhängig von verknüpften Prozessschritten, also Prozesskettenelementen. Mögliche Abhängigkeiten greift Abbildung 5-24 exemplarisch auf.

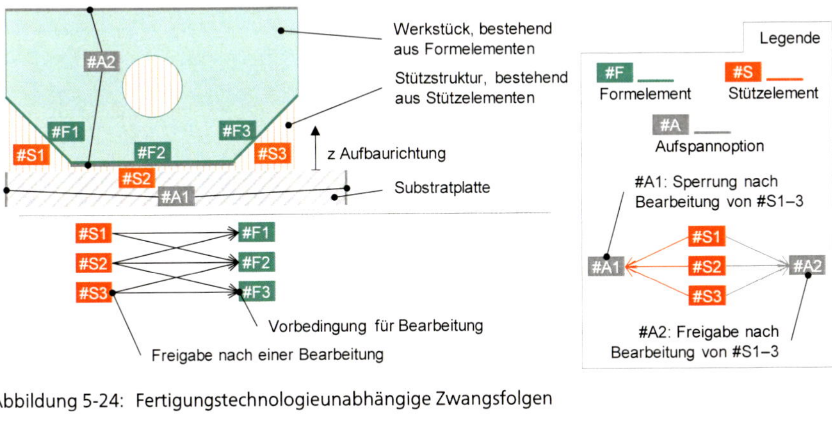

Abbildung 5-24: Fertigungstechnologieunabhängige Zwangsfolgen

Bearbeitungselemente können die Zugänglichkeit von Spannflächen eines Werkstücks blockieren: Das in Abbildung 5-24 dargestellte Stützelement S2 blockiert die Aufspannung A2. Unzureichende Formgenauigkeiten bedingen, dass mögliche Spannflächen erst nach der Bearbeitung eines Bearbeitungselements genutzt werden können. Die Formelemente F1–3 können erst bearbeitet werden, nachdem die Stützelemente S1–3 vollständig entfernt sind. Die beschriebenen Abhängigkeiten zwischen unterschiedlichen Bearbeitungselementen fließen als Zwangsfolgen in die Technologiekettengenerierung ein.

Die Zwangsfolgen werden bei der Trennung des Werkstücks von der Substratplatte deutlich. Anhand des Vergleichs des Trennens durch das Sägen oder die Drahtfunkenerosion zeigt sich ein unterschiedlicher Bearbeitungsfortschritt der Bearbeitungselemente; die Unterschiede sind in Abbildung 5-25 grün unterlegt. Auch die möglichen Aufspannoptionen verändern sich. Das Sägen erzeugt eine Änderung des Werkstückzustands durch die Trennung von der Substratplatte. Dies bedingt den Verlust der Aufspannoption A1. Die Drahtfunkenerosion erzeugt zusätzlich zu der Trennung von Werkstück und Substratplatte das Formelement F2 – oder gibt dieses direkt für eine weitere Bearbeitung frei. Das Stützelement S2 ist damit bereits vom Werkstück entfernt. Eine weitere Unterscheidung nach dem Trennen durch Sägen und Drahtfunkenerosion ergibt sich aus der erzeugten Aufspannung A2, die nach Entfernung von Stützelement S2 zur Verfügung steht. Bei der Aufspannung A2 muss weiterhin die Abhängigkeit der Stützelemente S1 und S2 einbezogen werden. Das Beispiel zeigt, dass nach einzelnen Prozessschritten Zwischenzustände vorliegen, die zu veränderten Vorbedingungen und damit Zwangsfolgen führen. Zwischenzustände beschreiben folglich einen diskreten Werkstückzustand, bevor dieses ein Fertigteil ist (vgl. [WOLL21, S. 202]).

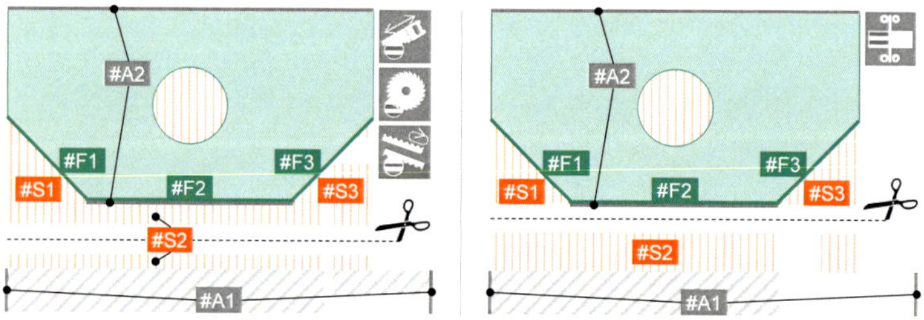

Trennen durch Sägen			Trennen durch Drahtfunkenerosion	
getrennt ✓	entfernt ⊗	#S1	getrennt ✓	entfernt ⊗
getrennt ✓	entfernt ⊗	#S2	getrennt ✓	entfernt ✓
getrennt ✓	entfernt ⊗	#S3	getrennt ✓	entfernt ⊗
zugänglich ⊗	bearbeitet ⊗	#F1	zugänglich ⊗	bearbeitet ⊗
zugänglich ⊗	bearbeitet ⊗	#F2	zugänglich ✓	bearbeitet ✓
zugänglich ⊗	bearbeitet ⊗	#F3	zugänglich ⊗	bearbeitet ⊗
verfügbar ⊗		#A1	verfügbar ⊗	
verfügbar ⊗		#A2	verfügbar ✓	

Abbildung 5-25: Fertigungstechnologieabhängige Werkstückzustände und Auswirkungen auf Zwangsfolgen

Werden Zwischenzustände erreicht, folgen daraus Fertigstellungen von Bearbeitungselementen, Freigaben von Zugänglichkeiten und Verfügbarkeiten von Aufspannoptionen. Um die entsprechenden Veränderungen für die weiteren Prozessschritte kenntlich zu machen, werden folgende Schaltbedingungen implementiert:

- Die Schaltbedingung »Aufspannoption verfügbar« signalisiert einen Werkstückzustand, bei dem eine von einem spezifischen Bearbeitungselement abhängige Aufspannoption freigegeben wird. Für nachfolgende Prozesskettenelemente wird diese Aufspannoption während der Prozesskettensimulation berücksichtigt.
- Die Schaltbedingung »Aufspannoption gesperrt« beschreibt einen Werkstückzustand, bei dem eine von diesem Bearbeitungselement abhängige Aufspannoption nicht weiter verfügbar ist. Für nachfolgende Prozesskettenelemente wird diese Aufspannoption nicht berücksichtigt.
- Die Schaltbedingung »Stützelement getrennt« bezieht sich auf den Zustand, ab dem ein Werkstück und Substratplatte verbindendes Stützelement getrennt ist.
- Die Schaltbedingung »Stützelement entfernt« kennzeichnet, dass eine Bearbeitung des Formelements möglich ist. Das Stützelement steht der endkonturnahen Ausprägung des additiv gefertigten Werkstücks nicht weiter entgegen.
- Beide Ausprägungen eines Bearbeitungselementes enthalten die Schaltbedingung »Formelement fertigbearbeitet«. Diese signalisiert den Zustand, ab dem alle lokalen technologischen Anforderungen erfüllt sind.

Die Freigabe zur Bearbeitung ist nicht nur von einem Bearbeitungselement abhängig, sondern von weiteren Eingangsinformationen: Mehrere Formelemente können durch die Abhängigkeit von der Trennung des Werkstücks von der Substratplatte geprägt sein. Dies kann wiederum in Abhängigkeit zu Stützelementen stehen. Es ist daher notwendig, den Werkstückzustand im Anschluss an jedes absolvierte Prozesskettenelement durch auslesen des Digitalabbilds eines Werkstücks festzustellen. Dies ist insbesondere deshalb notwendig, um sämtliche möglichen Prozesskettenelement-Kombinationen zu berücksichtigen. Somit werden alle validen Abfolgen der Weiterbearbeitungstechnologien einer Machbarkeitsprüfung unterzogen.

Erst die Zusammenstellung der vollständigen Abfolge aller Prozesskettenelemente schafft die Voraussetzung zur Agglomeration gleichartiger Prozessschritte und erlaubt die Prozesskettenoptimierung. Aus diesem Grund werden alle notwendigen Schaltbedingungen, die sich aus Interdependenzen zwischen den Bearbeitungselementen sowie zu den Aufspannungen ergeben, auf die Prozessketten vererbt. Eine Prozesskette enthält demnach für jede dieser Schaltbedingungen ein oder mehrere Prozesskettenelemente, die den Werkstückzustand erfüllen (Abbildung 5-26).

Neben den zuvor beschriebenen Restriktionen, die über die technologische Schnittstelle zwischen Prozesskettenelementen übertragen werden, müssen die technologischen Eigenschaften des Werkstückzustands integriert werden. Das Kennzahlensystem zum Abgleich der Bauteilanforderungen mit den technologischen Leistungsfähigkeiten der Weiterbearbeitungstechnologien (vgl. Abschnitt 5.3.1: Ausgestaltung des technologischen Abgleichs Bauteil – Verfahrensausprägung) ist für die Repräsentation des Gesamtbauteils als auch für die Abbildung diskreter Werkstückzustände geeignet.

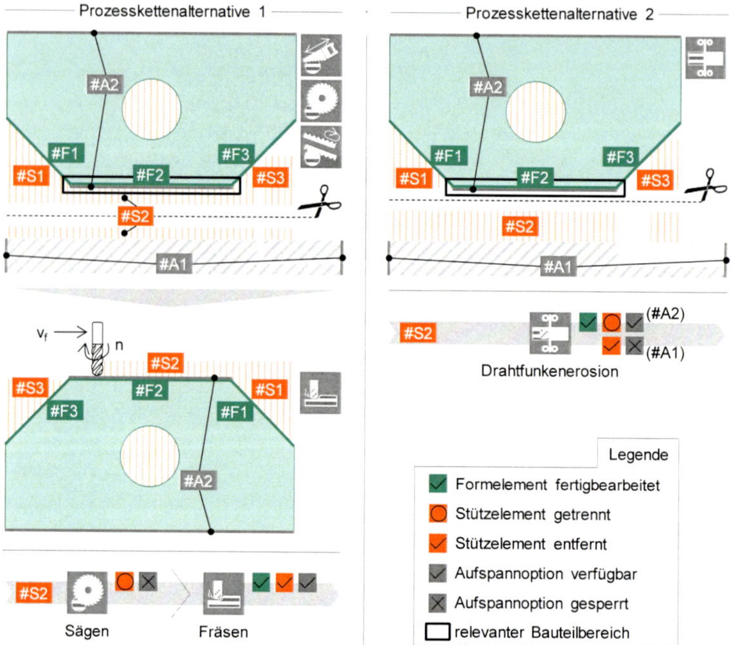

Abbildung 5-26: Vererbung von Schaltbedingungen diskreter Werkstückzustände

Jedoch nehmen ausgewählte Fertigungstechnologien neben der Erzeugung gewünschter Eigenschaften negativen Einfluss auf umliegende Bearbeitungselemente. So führt eine globale Wärmebehandlung, die in etablierten, nicht additiven Prozessketten regelmäßig zwischen Grobbearbeitung (Schruppen) und Feinbearbeitung (Schlichten) angeordnet ist, zu einer thermisch bedingten Deformation des Werkstücks und damit sämtlicher Bearbeitungselemente. Zudem wirkt sich eine erhöhte Werkstoffhärte negativ z. B. auf Zerspanprozesse aus. Aus diesem Grund umfasst die technologische Schnittstelle neben den oben eingeführten Schaltbedingungen den derzeitigen Bearbeitungszustand. Folgende Kennzahlen werden zur Repräsentation des Bearbeitungszustands berücksichtigt: Härte, Maßtoleranz, innerer vertikaler Konturradius, äußerer vertikaler Konturradius, innerer horizontaler Konturradius, äußerer horizontaler Konturradius, Mittenrauwert, Ebenheit und Rundheit. Durch die Werkstückbearbeitung nehmen die Fertigungstechnologien Einfluss auf die genannten Eigenschaften und können im Anschluss an den Prozesskettendurchlauf mit den Bauteilanforderungen abgeglichen werden. Die im Vergleich zu Abbildung 5-23 nicht genannten technologischen Kennzahlen ändern sich durch die Behandlung grundsätzlich nicht signifikant (z. B. elektrische Leitfähigkeit) oder sind im Kontext eines additiv gefertigten Halbzeugs vernachlässigbar (geringe Änderungen bei Masse und Hüllgeometrie). Abbildung 5-27 gibt eine Übersicht der generischen technologischen Schnittstelle (vgl. [WOLL21, S. 203]).

Die technologische Schnittstelle eines Prozesskettenelementes enthält die vollständige Menge der Vorbedingungen und Anforderungen an die nachfolgende Fertigungstechnologie. Sobald das Werkstück die dem Prozesskettenelement zugeordnete Fertigungstechnologie aufruft, werden die Inhalte der technologischen Schnittstellen aller beteiligten Prozesskettenelemente ausgelesen. Das spezifische Fertigungsmittel prüft die Bearbeitbarkeit, also ob die Bearbeitungsanforderungen des Prozesskettenelements erfüllt werden können. Hierzu wird auf den Werkstückzustand referenziert. Ein positiv vollzogener Abgleich der vorherrschenden und geforderten Eigenschaften der Bearbeitungselemente mit der Leistungsfähigkeit des Fertigungsmittels schaltet die Bearbeitungsoption frei. Vorausgesetzt wird, dass die Bearbeitbarkeit eines Bearbeitungselements zum aktuellen Bearbeitungsfortschritt und mit verfügbarer Aufspannoption gegeben ist. Damit erhält ein Fertigungsmittel die Auswahl möglicher Prozesskettenelemente sowie eine Menge an Aufspannoptionen. Die Daten der technologischen Schnittstelle werden innerhalb des Fertigungsmittels genutzt, um die Prozessreihenfolge zu bilden. Hierzu überprüft das Fertigungsmittel die zugeordneten Aufspannoptionen aller Prozesskettenelemente und ermittelt Synergiepotenziale durch die Reduktion von Umspannvorgängen.

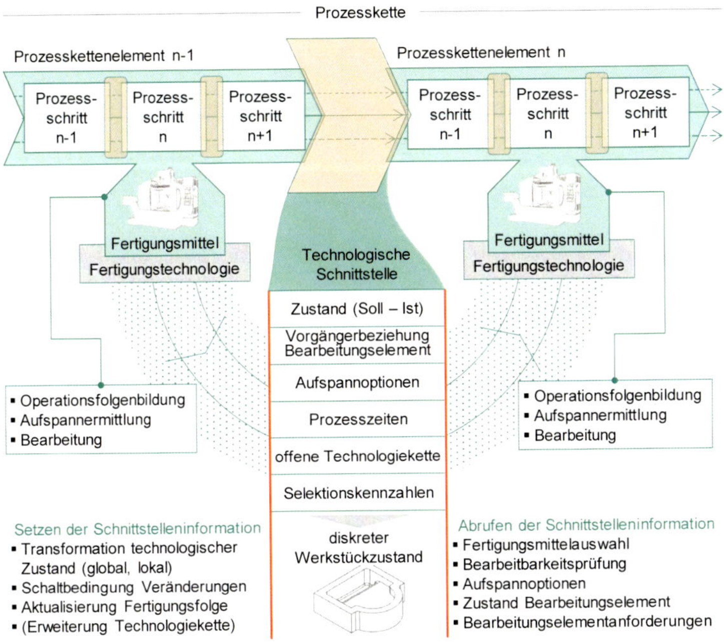

Abbildung 5-27: Technologische Prozesskettenelement-Schnittstelle

Es folgt die Bearbeitung, die jeweils eine Aktivierung der Schaltsignale sowie direkte Aktualisierung der Werkstückeigenschaften und des -zustands hervorruft. Dies ist notwendig, um aufgrund beschränkender Zwangsbedingungen zunächst nicht bearbeitbare Bearbeitungselemente dennoch im aktuellen Fertigungsmittel zu bearbeiten, indem Zwangsfolgen eingehalten werden.

Bei der Bearbeitung durch ein Fertigungsmittel erfahren das Werkstück und dessen Bearbeitungselemente eine Veränderung der Eigenschaften, die als Eigenschaftstransformation modelliert wird. Die Transformation wird verfahrensunabhängig definiert, sodass beliebige Verfahrensausprägungen abgedeckt werden und eine zukünftige Ergänzung möglich ist. Abhängigkeiten zwischen Kennzahlen können abgebildet werden, z. B. veränderte Bauteildimensionen in Abhängigkeit von der Wärmebehandlung oder veränderte Spannsituation nach einem Prozessschritt. Die den Bearbeitungszustand repräsentierenden Kennzahlen werden hierzu technologiebezogen festgelegt. In Bezug auf die betrachteten Verfahrensausprägungen lassen sich drei Transformationsfunktionen identifizieren:

- Werkstück-Transformationen (global) θ_g beschreiben die Veränderung der Werkstückeigenschaften.
- Bearbeitungselement-Transformationen (lokal, individuell) $\theta_{l,j}$ beziehen sich auf das jeweilige Bearbeitungselement n des Prozesskettenelementes.
- Bearbeitungselement-Transformationen (lokal, gesamt) $\theta_{l,J}$ beziehen sich ebenfalls auf die Veränderung der Eigenschaften eines Bearbeitungselementes. Jedoch führt die Bearbeitung zur Veränderung der Eigenschaften an allen Bearbeitungselementen N eines Werkstücks.

Die Übersicht des Transformationsmodells für eine Auswahl an Fertigungsverfahren zur Weiterbearbeitung additiv gefertigter Werkstücke ist in Abbildung 5-28 aufgelistet. Eine weiterführende Übersicht findet sich in Anhang A.11. Die Eigenschaftstransformationen komplettieren die technologische Schnittstelle für die generische Simulation diskreter Fertigungsfolgen.

Legende wie Abbildung 5-23:
1 = Transformation
0 = keine Transform.

Verfahrensausprägung	Werkstück-Transformation (global) θ_g	Bearbeitungselement-Transformation (lokal, individuell) $\theta_{l,j}$	Bearbeitungselement-Transformation (lokal, gesamt) $\theta_{l,J}$
	$\bar{\theta}_g = (T_{g3})$	$\bar{\theta}_{l,j} = (T_{l1}, T_{l2}, T_{l3}, T_{l4}, T_{l5}, T_{l7}, T_{l8}, T_{l9})$	$\bar{\theta}_{l,J} = (T_{l1}, T_{l2}, T_{l3}, T_{l4}, T_{l5}, T_{l7}, T_{l8}, T_{l9})$
LB-PBF	$\bar{\theta}_g = (1)$	$\bar{\theta}_{l,j} = (0, 0, 0, 0, 0, 0, 0, 0)$	$\bar{\theta}_{l,J} = (1, 1, 1, 1, 1, 1, 1, 1)$
Außendrehen	$\bar{\theta}_g = (0)$	$\bar{\theta}_{l,j} = (1, 1, 1, 1, 1, 1, 1, 1)$	$\bar{\theta}_{l,J} = (0, 0, 0, 0, 0, 0, 0, 0)$
Innendrehen	$\bar{\theta}_g = (0)$	$\bar{\theta}_{l,j} = (1, 1, 1, 1, 1, 1, 1, 1)$	$\bar{\theta}_{l,J} = (0, 0, 0, 0, 0, 0, 0, 0)$
Rundbohren	$\bar{\theta}_g = (0)$	$\bar{\theta}_{l,j} = (1, 0, 0, 1, 0, 1, 0, 1)$	$\bar{\theta}_{l,J} = (0, 0, 0, 0, 0, 0, 0, 0)$
Gewindebohren	$\bar{\theta}_g = (0)$	$\bar{\theta}_{l,j} = (1, 0, 0, 1, 0, 1, 0, 1)$	$\bar{\theta}_{l,J} = (0, 0, 0, 0, 0, 0, 0, 0)$
3-A-Fräsen	$\bar{\theta}_g = (0)$	$\bar{\theta}_{l,j}$ = (1 1 [illegible] 1)	$\bar{\theta}_{l,J}$ = (0, 0, 0, 0, 0 [illegible]

Abbildung 5-28: Eigenschaftstransformationen ausgewählter Verfahrensausprägungen

5.3.2 Gestaltung von Technologieketten

Creation of Technology Chains

Auf Ebene der Technologiekette werden bereits geeignete Fertigungstechnologien und deren Zusammenwirken festgelegt. Um die Technologieketten auch organisatorisch erfolgreich in die bestehende Fertigungsumgebung einbinden zu können, wird die aufgenommene Prozesskette herangezogen. Mitsamt den bisher generierten Informationen wird eine Ideal-Prozesskette erarbeitet.

Ableitung der fertigungsorganisatorischen Ideal-Prozesskette

Die aufgenommene und analysierte fertigungsorganisatorische Prozesskette (vgl. Abschnitt 5.2.3) bildet die Basis für die spätere Eingliederung der selektierten Fertigungsfolge. Dazu wird in dieser Phase der Erzeugung von Technologieketten die fertigungsorganisatorische Ideal-Prozesskette abgeleitet (Abbildung 5-29).

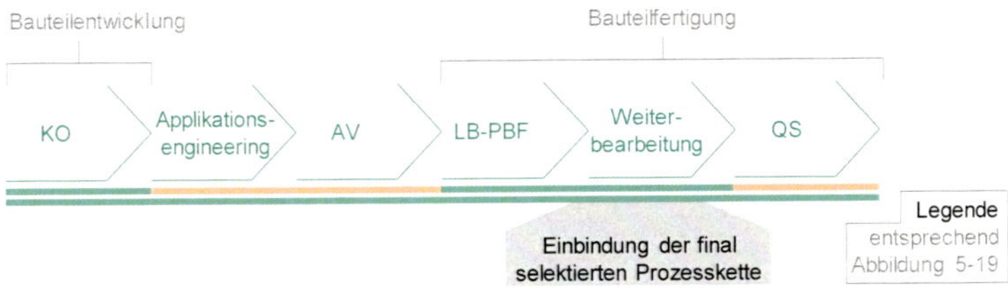

Abbildung 5-29: Abgeleitete fertigungsorganisatorische Ideal-Prozesskette

Diese Ideal-Prozesskette ist in der praktischen Anwendung entsprechend der aufgenommenen Prozesskette detaillierter ausgearbeitet. Die Abbildung stellt die grundlegende Gliederung dar, an der die Ideal-Prozesskette mit höherem Detaillierungsgrad ausgerichtet wird.

Die Implementierungshürden für eine neue bzw. ausschließlich extern bekannte Technologie sind gering, wenn die Randbedingungen der Fertigungsumgebung geringe Beeinflussung erfahren. In Anlehnung an die Methoden der operativen Technologieplanung (vgl. Abbildung 2-17) sind bei der Neueinführung einer Technologie Implementierungsaufwand und Implementierungsrisiko grundsätzlich hoch. Um dennoch das entsprechend ebenfalls hohe Implementierungspotenzial in technologische Leistungsfähigkeit und Produktivität umzuwandeln, werden vorgelagerte Schritte des Stufenmodells der operativen Technologieplanung durch die Definition der Ideal-Prozesskette vorbereitet und simplifiziert. Aus Abbildung 5-30 gehen die Einwirkungsebenen hervor. Die prozessuale Einwirkung ergibt sich aus prozessualen Veränderungen, die eine Entscheidung zur Integration der additiven Fertigung nicht tangieren. Die Fertigungsorganisation wird über die Ideal-Prozesskette abgebildet. Diese dient der Berücksichtigung der fertigungsstrategischen Einwirkung und greift im Kontext der additiven Fertigung notwendige Anpassungen der Fertigungsstrategie sowie Umstellungen der Fertigungsprozesskette als Teil des gesamten Auftragsabwicklungsprozesses auf. In einer akut betrachteten Fertigungsumgebung ist durch die Entscheidung zur AM-Integration die technologieverändernde Einwirkung vorgegeben. In dieser Ebene ist ausschließlich zu beantworten, welche Erfahrungshistorie mit der additiven Fertigung im Unternehmensumfeld verbunden ist. Vorhandene Erfahrung konnte bereits durch den Benchmarking-Ansatz in die abgeleitete Ideal-Prozesskette einfließen.

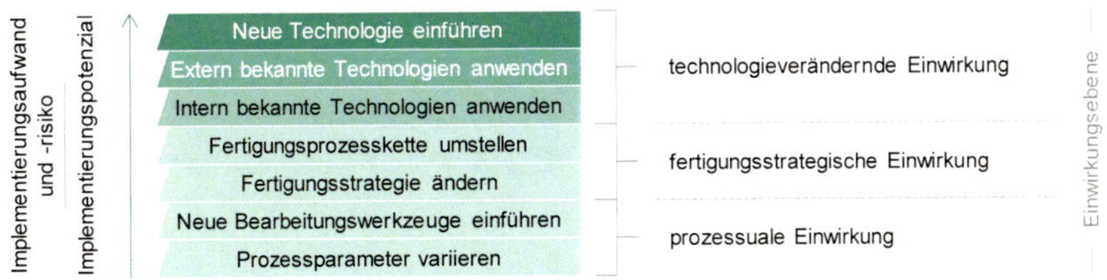

Abbildung 5-30: Einwirkungsebenen der Technologieplanungsmethoden

Bündelung und Abfolgevariation geeigneter Technologiekettenvarianten

Zur Bildung möglicher Technologiekettenvarianten wird eine Abfolgevariation aller beteiligten Technologien vollzogen. Dies geschieht auf Basis von Kompaktprozessketten, also Prozessketten, die ausschließlich auf einzelne Bearbeitungselemente bezogen sind. Da einzelne Fertigungstechnologien für mehrere Bearbeitungselemente relevant sein können, erscheinen dann einzelne Fertigungstechnologien mehrfach an unterschiedlichen Positionen entlang einer Prozesskette. Die entstehende heterogene, logistisch nicht optimierte Prozesskette wird dazu einer Bündelung unterzogen. Gleiche Verfahrensausprägungen entlang einer Prozesskette, die für unterschiedliche Bearbeitungselemente herangezogen wurden, werden zusammengefasst. Weiterhin gilt die Voraussetzung, dass Zwangsfolgen eingehalten werden und notwendige Schaltbedingungen gesetzt sind. Die Bündelung führt zu einer Komplexitätsreduktion durch Prozesskettenverkürzung.

Jedes Bearbeitungselement ist mindestens einer spezifischen Prozesskette mit jeweils mindestens einer enthaltenen Weiterbearbeitungstechnologie zugeordnet. Folglich enthält eine gesamte Prozesskette mindestens die Anzahl an Prozesskettenelementen, die der Anzahl der Bearbeitungselemente am Werkstück entspricht. Der hierarchische Ansatz zur Modellierung der Prozesskette ist in Abbildung 5-31 dargestellt. Ausgehend von einem Werkstück (Ebene 1) ist die Anzahl der Bearbeitungselemente j (Ebene 2) enthalten. Für jedes Bearbeitungselement besteht mindestens eine Kompaktprozesskette k (Ebene 3). Jede Kompaktprozesskette bildet sich wiederum aus mindestens einem Prozesskettenelement e (Ebene 4). Somit steigt der Detaillierungsgrad in Richtung Ebene 4 an. Ebene 4 repräsentiert spezifische Bearbeitungsschritte.

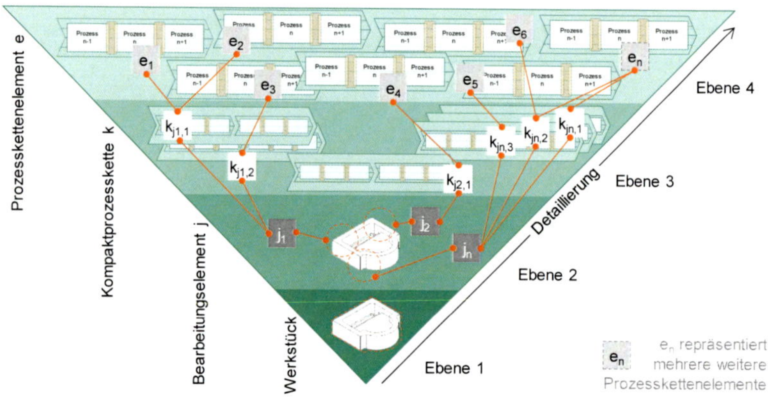

Abbildung 5-31: Hierarchische Prozesskettenelementbeschreibung

Es werden alle Kompaktprozessketten derart kombiniert, dass jede dieser Variationsmöglichkeiten betrachtet wird. Hierdurch entsteht entsprechend den Kompaktprozessketten K nach Gleichung (5-3) eine definierte Anzahl an *Weiterbearbeitungstechnologiebündeln* WTB_N. In einem Weiterbearbeitungstechnologiebündel sind Bearbeitungsalternativen auf der Ebene von Bearbeitungselementen für ein Werkstück zusammengefasst.

$$WTB_n = \prod_{m=1}^{M} m^{\Sigma_{k\to m}^{K}(1)} \qquad , \forall j, \forall \in \mathbb{N}, m > 0 \qquad (5\text{-}3)$$

WTB_n	=	Anzahl der Weiterbearbeitungstechnologiebündel
m	=	Anzahl Kompaktprozessketten für ein Bearbeitungselement
M	=	maximale Anzahl Kompaktprozessketten für ein Bearbeitungselement
j	=	Bearbeitungselement
k	=	Kompaktprozesskette von Bearbeitungselement j
K	=	Anzahl Kompaktprozessketten von Bearbeitungselement j

Aus dem abgebildeten Beispiel (Abbildung 5-31) ergeben sich nach Einsetzen in Formel (5-3) mit maximal drei Kompaktprozessketten (Basis mit Wert 1, 2, 3), bei denen jeweils ein Bearbeitungselement ein, zwei und drei Kompaktprozessketten besitzt (Exponent jeweils Wert 1),

$$WTB_n = 1^1 \times 2^1 \times 3^1 = 6$$

Weiterbearbeitungstechnologiebündel. Die Prozesskettenelemente aus den Kompaktprozessketten werden extrahiert und zusammengefasst (Abbildung 5-32). Global wirkende Fertigungstechnologien werden ergänzend in die unterschiedlichen Technologiebündel integriert.

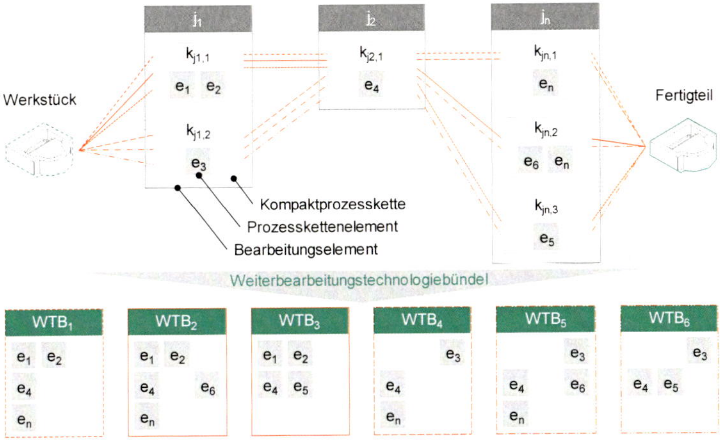

Abbildung 5-32: Weiterbearbeitungstechnologiebündel-Generierung

Das Flussdiagramm[21] des Algorithmus zur Generierung der Technologiebündel ist in Abbildung 5-33 dargestellt. Dessen Ergebnis wird in den nächsten Abschnitt der Technologiekettengenerierung übergeben.

Nach der komplexitätsreduzierenden Bündelung werden die Verfahrensausprägungen innerhalb der Prozesskette in ihrer Reihenfolge alligiert, um das Optimum entsprechend den fertigungsstrategischen Zielgrößen in der späteren Prozesskettenbewertung zu identifizieren. Die Anzahl der Kombinationsmöglichkeiten stellt ein manuell nicht beherrschbares Problem dar, da ein exponentielles Wachstum an Varianten in Abhängigkeit von der steigenden Anzahl unterschiedlicher Verfahrensausprägungen vorliegt. Auch die Anzahl der Bearbeitungselemente eines Werkstücks wirkt sich exponentiell auf die Anzahl möglicher Prozesskettenalternativen aus. Die Abfolgevariation soll daher softwaregestützt erfolgen. Dazu wird die mathematisch mögliche Gesamtanzahl entstehender Prozessketten analytisch hergeleitet. Die sich daraus ableitende Komplexitätsreduktion soll die Praktikabilität in der Anwendung steigern. Der Einsatz der Methodik zur Integration pulverbettbasierter additiver Fertigungstechnologien in Fertigungsprozessketten ist, neben einer Unterstützung von AM-Expert·innen bei der Prozessauslegung unter Einbezug der Weiterbearbeitung, in der Arbeitsplanung vorgesehen. Hier ist gerade im Bereich der Unikatfertigung wenig Planungszeit vorauszusetzen. Daraus erwächst die Anforderung eines zügigen Planungsvorgangs.

[21] Die Notation des Flussdiagramms erfolgt i. A. a. DIN 66001 [DIN83].

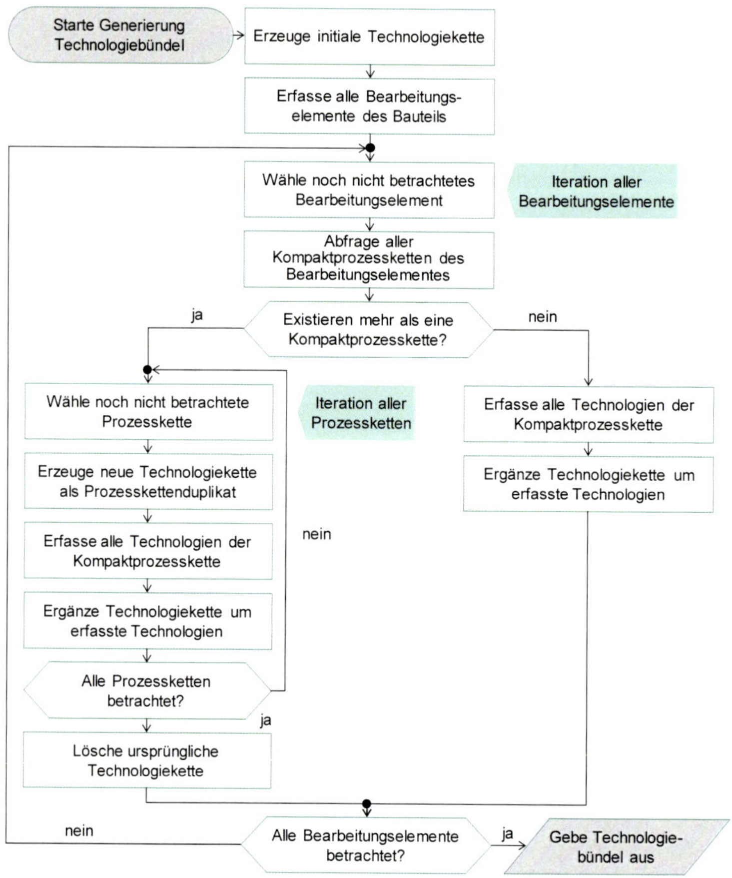

Abbildung 5-33: Algorithmus zur Technologiebündelgenerierung

Die alternative Kombinierung der Prozesskettenelemente erzeugt schließlich individuelle Technologieketten. Die Anzahl der Varianten eines Technologiebündels wird nach Gleichung (5-4) berechnet. Die Gesamtanzahl möglicher Technologieketten ergibt sich durch Summieren der Anzahl verschiedener Technologieketten aller Technologiebündel, wie in Formel (5-5) angegeben.

$$Tk_{n,WTB,j} = \left[\left(\sum_{e=1}^{E_{TB}} T_e \right) + TB_n \right]! \quad , \forall \in \mathbb{N} \qquad (5\text{-}4)$$

e	=	Prozesselement
E_{TB}	=	maximale Anzahl der Technologien eines Technologiebündels
T_e	=	Prozesselement e des Technologiebündels
TB_n	=	Anzahl globaler Bauteiltechnologien
$Tk_{n,WTB,j}$	=	Anzahl alternativer Technologieketten eines Technologiebündels

$$Tk_{n,WTB,J} = \sum_{WTB=1}^{WTB_n} Tk_{n,WTB,j} \quad , \forall \in \mathbb{N} \tag{5-5}$$

$Tk_{n,WTB,j}$ = Anzahl alternativer Technologieketten eines Technologiebündels

$Tk_{n,WTB,J}$ = Gesamtheit alternativer Technologieketten aller Technologiebündel

WTB = Weiterbearbeitungstechnologiebündel

Beispielhaft sei ein Werkstück angenommen, das ein Technologiebündel mit fünf Prozesselementen umfasst (Sägen – Fräsen – Fräsen – Fräsen – Fräsen). Durch Abfolgevariation dieser Fertigungstechnologien entstehen bereits 120 alternative Technologieketten. Gleichzeitig ist offensichtlich, dass die vier Prozesskettenelemente Fräsen zusammengefasst werden können. Eine Vervielfachung der Technologieanzahl von fünf auf 13 – eine typische Anzahl in Fertigungsunternehmen [BOOS17, S. 29] – führt zu einem Anstieg alternativer Technologieketten ca. um den Faktor $51{,}9 \times 10^6$. Um den Rechenaufwand zu reduzieren, werden redundante Verfahrensausprägungen innerhalb eines Weiterbearbeitungstechnologiebündels zusammengefasst. Dies ist möglich, da ein Weiterbearbeitungstechnologiebündel immer mindestens surjektiv auf die Gesamtheit der Bearbeitungselemente, also das Werkstück, verweist. Das soeben angeführte Beispiel wird hierdurch auf zwei Prozesskettenelemente reduziert (Sägen – Fräsen), die insgesamt zwei alternative Technologieketten bilden können (Sägen – Fräsen oder Fräsen – Sägen).

Generierung technologisch valider Weiterbearbeitungstechnologieketten

Schließlich werden alle technologisch validen Weiterbearbeitungstechnologieketten erzeugt. Dazu werden, wie zuvor beschrieben, alle verbleibenden Technologiebündel und die damit verbleibenden Kompaktprozessketten zusammengefügt. Die zuvor erzeugten Technologiebündel bilden die Basis für den weiteren Variations- und damit Generierungsprozess. Je Weiterbearbeitungstechnologiebündel finden Iterationen statt, die Status nach Durchlauf der letzten Iteration aller vorliegenden Technologiebündel werden abschließend aufsummiert. Der iterative Ablauf je Technologiebündel terminiert, sobald alle möglichen Fertigungstechnologiekombinationen vorliegen. Alle Prozesselemente e sind dann platziert, d. h. einer fixen Position in der Technologiekette zugeordnet (Abbildung 5-34).

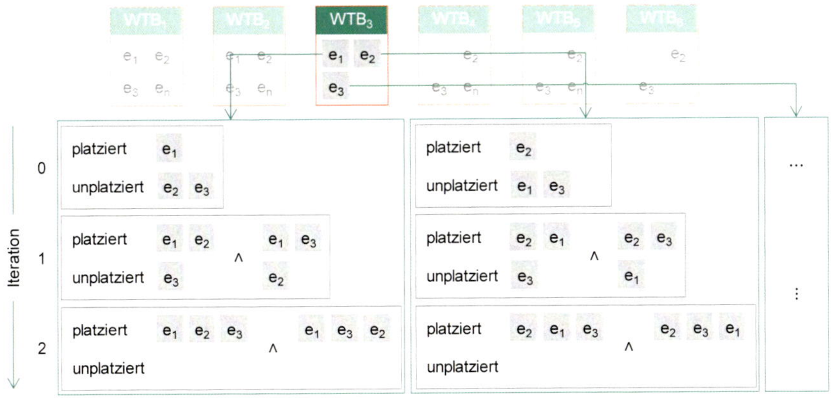

Abbildung 5-34: Weiterbearbeitungstechnologiekettengenerierung

In der Softwareumsetzung werden analog so oft neue Objekte der Klasse Weiterbearbeitungstechnologiekette erzeugt, bis die maximale Anzahl möglicher Kombinationen erreicht ist. Jedes Objekt repräsentiert eine einzigartige Technologiekette. In Abbildung 5-34 ist ersichtlich, dass in der ersten und zweiten Iterationsstufe jeweils zwei Objekte entstehen, die unterschiedliche Reihenfolgen der Technologieketten repräsentieren. Die Objekte der vollständigen Technologieketten, die folglich alle Prozesskettenelemente eines Technologiebündels enthalten, werden anschließend an die Prozesskettensimulation übergeben. Im abgebildeten Beispiel sind dies die im zweiten Iterationsschritt erzeugten Technologieketten.

5.4 Ausgestaltung der Prozesskettensimulation

Detailing of Process Chain Simulation

In die Prozesskettensimulation werden neben den zuvor generierten Weiterbearbeitungstechnologieketten das in der Situationsanalyse aufgenommene Fertigungslayout und die verfügbaren Fertigungsmittel als zentrale Randbedingungen der Fertigungsumgebung importiert. Bauteilseitig wird die Form- und Stützelementbeschreibung herangezogen, dazu die Aufspannoptionen. Daraus ergibt sich einerseits die zugrundeliegende Anordnung von Maschinen und baulichen Restriktionen wie Wänden und Logistikflächen, die zeitliche Auswirkungen auf den Ablauf der Fertigungsprozesskette haben. Andererseits sind die Bauteilanforderungen definiert. Sämtliche Eingangsinformationen werden als Softwareagenten instanziiert und stehen so als eigenständige Programmelemente zur Verfügung. Damit ist das autonome Agieren der Elemente möglich, bei weiterhin gleicher Datenbasis. Als Programmierumgebung kommt das Multimethoden-Simulationswerkzeug »AnyLogic« 8.5.2 des Anbieters The AnyLogic Company zum Einsatz. Das zugrundeliegende Prozessmodell in dieser Umgebung ist in Abbildung 5-35 wiedergegeben.

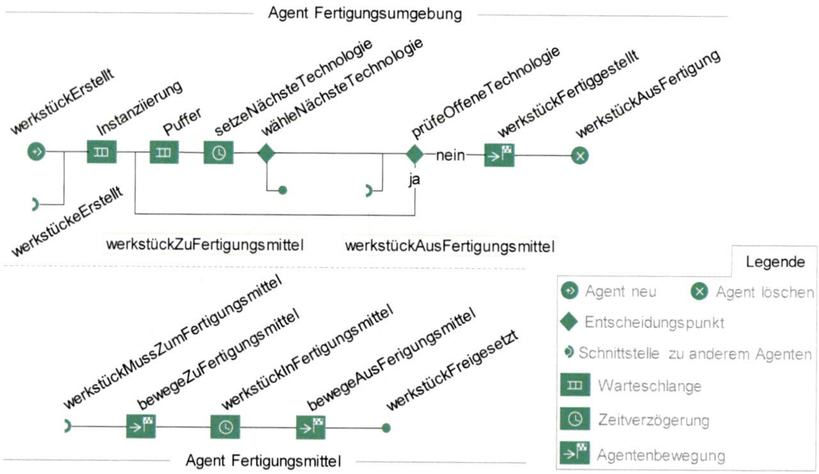

Abbildung 5-35: Prozessmodell der Simulation in der Software »AnyLogic«

5.4.1 Erzeugung der Werkstück-Repräsentanz

Creation of Workpiece Representation

Für jede zuvor erzeugte Technologiekette wird ein digitales Werkstück erzeugt. Dieses kann als Teilelement eines Digitalen Zwillings betrachtet werden. Dieser bildet »Daten und Informationen zu einem realen Objekt in einer digitalen Umgebung [ab]« [BERG20, S. 83]. Bei der vorliegenden Nutzung gibt das digitale Abbild nicht eine existierende Umgebung wieder oder nimmt deren Signale über Sensorik auf, sondern dient der Generierung einer zukünftigen realen Umgebung. Zudem ist kein multiphysikalisches Modell enthalten, welches ein Werkstückverhalten auf physikalischer Ebene beschreibt (vgl. [BERG20, S. 86–87]). Zutreffender könnte die Bezeichnung Digitaler Schatten sein: »Der Digitale Schatten schafft gewissermaßen die Datenbasis für den Digitalen Zwilling in Form von Roh- oder Metadaten, die einem bestimmten Objekt mit räumlichem oder zeitlichem Bezug zugeordnet werden« [BERG20, S. 88]. Diese Beschreibung deckt sich zudem mit der Definition der Wissenschaftlichen Gesellschaft für Produktionstechnik WGP [BAUE16, S. 23], die jedoch dem Digitalen Zwilling gleichzeitig die Möglichkeit von Simulationen zuerkennt, wie sie hier genutzt werden. Um ein ungenügendes Verständnis der Zuordnung auszuschließen, wird der Begriff Digitalabbild genutzt. Dieses enthält aggregierte Metadaten, die sich aus Prozessauswirkungen auf ein Werkstück ergeben. Fertigungsorganisatorische Daten stehen im Vordergrund, nicht Prozessdaten im engeren Sinne oder physikalische Daten. Die Werkstück-Repräsentanz umfasst die Informationen

- Zwangsfolgen,
- technologische Eigenschaften und
- Prozesskettenelemente.

Eine Werkstückrepräsentanz repräsentiert immer eine einzelne Prozesskette und akkumuliert die Historie durchlaufener Prozesskettenelemente. Ausgehend von dieser Objektinstanziierung strebt jedes autonom agierende Digitalabbild die Erfüllung der geforderten Eigenschaften aller Bearbeitungselemente an. Dies soll mittels Durchlaufen der individuellen Technologiekette erreicht werden. Da alle auf Basis der Randbedingungen möglichen Abfolgen von Prozesskettenelementen erzeugt werden, die jedoch abhängig von Zwangsbeziehungen und Aufspannoptionen nicht in jedem Fall durchführbar sind, kann es erforderlich sein, eine Technologiekette zu modifizieren. Dazu umfasst der Simulationsablauf Iterationen. Mit jedem Iterationsschritt werden zunächst ungeeigneten Technologieketten weitere Prozessschritte hinzugefügt. Dennoch ungeeignete Technologieketten werden ausgesondert. Somit ist es einerseits möglich, alle Technologieketten zu betrachten und nicht frühzeitig zu verwerfen, andererseits ist dennoch sichergestellt, dass ungeeignete Ergebnisse entfernt werden. Hinzukommend werden Technologieabfolgen erzeugt, die aufgrund definierter Zwangsbedingungen in einer Singularität terminieren und sich innerhalb der Iterationsschleife verfangen, da sich voneinander abhängige Parameter gegenseitig blockieren.

5.4.2 Erstellung von Fertigungsfolgen

Definition of Processing Sequences

Fertigungsfolgen sind schließlich die aussagekräftigsten Prozessketten. Sie enthalten die Fertigungsverfahrensausprägungen, Haupt- und Nebenzeiten zur Fertigung von Bearbeitungselementen sowie Wegezeiten. Das Zusammenwirken aller dieser Faktoren führt zu einer bewertbaren Basis einer Prozesskette, die sich eignet, in eine bestehende Fertigungsumgebung integriert zu werden.

Bearbeitungsdurchlauf

In Abbildung 5-36 ist der vereinfachte Aufbau der Simulationsstruktur dargestellt, der einen Minimalumfang notwendiger Informationen für die Relationen der Objekte zur Simulation der Technologieketten umfasst. Die vollständige Darstellung findet sich in Anhang A.12. Als

Basis wird die Fertigungsumgebung herangezogen, welche ein Fertigungslayout und mindestens ein Fertigungsmittel beinhalten muss. Ein Fertigungsmittel wiederum erreicht eine spezifische technologische Leistungsfähigkeit und verfügt über Spannmittel. Ein Fertigungsmittel kann mehrere Verfahrensausprägungen umfassen, woraus minimierte Rüstaufwände resultieren. Beispielsweise enthält das 5-Achs-Fräsen auch die Verfahrensausprägung 3-Achs-Fräsen.

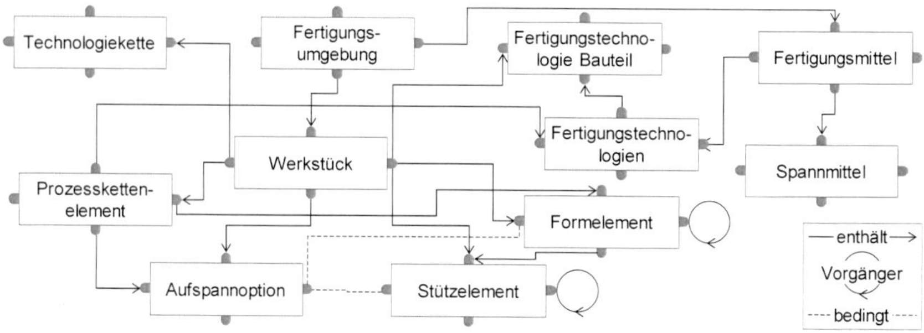

Abbildung 5-36: Komprimierte Simulationsstruktur und Klassenrelationen

Die Prozesskettensimulation (Abbildung 5-37) beginnt mit der ersten Fertigungstechnologie gemäß der durch die Technologiekette vorgegebenen Reihenfolge. Konsekutiv wird jeweils eine weitere Technologie einbezogen. Das aktive Werkstück wird einem Fertigungsmittel, welches die aktuelle Technologie umfasst, zugeordnet. Die Kriterien zur Entscheidungsfindung basieren auf der strategischen Zielwerterfüllung.

Zunächst wird der Transport des Werkstücks zu dem gewählten Fertigungsmittel vollzogen und entsprechende Transportzeiten im virtuellen Werkstück dokumentiert. Es folgt die Interpretierung der Prozesskettenelemente. Sie enthalten die in der Generierungsphase erzeugten Informationen zu dem Bearbeitungselement, der Technologie, den Aufspannoptionen und der technologischen Schnittstelle. Nach Auslesen der Informationen ergibt sich eine definierte Menge durchführbarer Prozesskettenelemente. Aus der Gesamtmenge möglicher Aufspannoptionen wird eine Operationsreihenfolge der Prozesskettenelemente gebildet. Die Aufspannoption, die von der Menge der Prozesskettenelemente am häufigsten verwendet wird, bildet die Aufspannung für die erste Bearbeitung. Sind Prozesskettenelemente für die Bearbeitung dieser Aufspannung nicht geeignet, werden diese nach Iteration der Abfrage der Aufspannoptionen in einer alternativen verfügbaren Aufspannung gefertigt. Die notwendige Prüfung zur Freischaltung einzelner Bearbeitungen findet durch wechselseitige Zugriffe zwischen den Agenten Bearbeitungselemente, Aufspannungen, Prozesskettenelemente, Werkstück und Fertigungsmittel statt. Zur Reduzierung von Umspannvorgängen und dem Wechsel zwischen Fertigungsmitteln werden Prozessschritte auch dann mit einem Fertigungsmittel durchgeführt, wenn einem anderen Fertigungsmittel bessere Leistungsfähigkeitskennzahlen, höhere Übereinstimmungen mit den fertigungsstrategischen Zielgrößen der Fertigungsumgebung oder günstigere Kosten zugeordnet sind. Eine zu kleinteilige Fertigungsfolge wird so im Sinne der Unikat- und Kleinserienfertigung unterbunden.

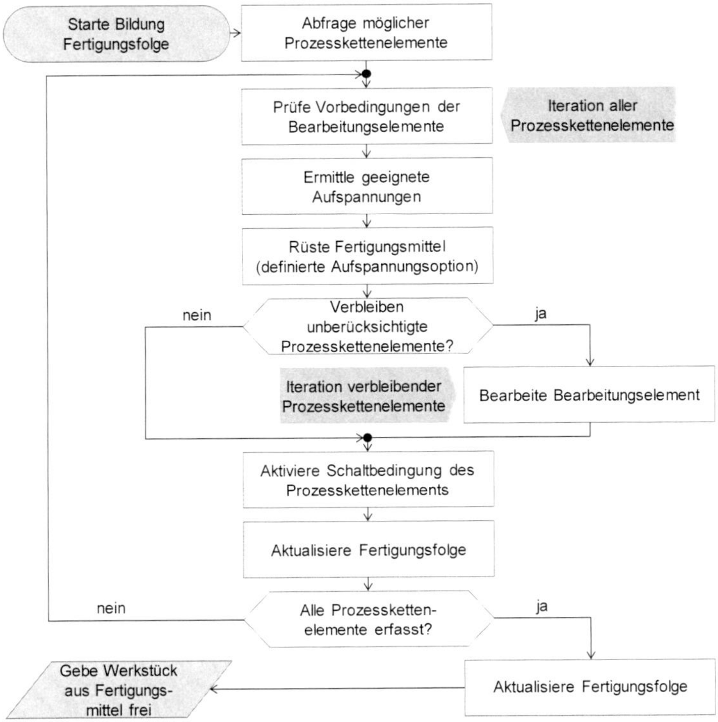

Abbildung 5-37: Algorithmus zur Fertigungsfolgenbildung der Weiterbearbeitung

Fertigungsfolgenerweiterung

Reichen die Iterationsschleifen innerhalb einer Fertigungstechnologie nicht aus, können mit allen Aufspannoptionen keine Ergebnisse erzielt werden (Intraiteration), findet unter Wiederholung des gleichen Vorgehens die Erweiterung der Technologiekette statt. Somit werden Prozesskettenelemente, die nicht erfolgreich einer Technologie zugeordnet werden konnten, mit einer bzw. mehreren weiteren verfügbaren Fertigungstechnologien abgeglichen. Diese äußere Iteration (Extraiteration) ermöglicht ein erneutes Abfragen der Vorbedingungen und Aufspannungen, da jeweils im Anschluss an die Fertigung eines Prozesskettenelements durch die technologische Schnittstelle eine Anpassung der Werkstückzustände erfolgt. Hierdurch können Prozesskettenelemente, die bedingt durch zunächst nicht freigegebene Aufspannoptionen oder eine bestehende Vorbedingung nicht bearbeitet werden konnten, realisiert werden. Sofern die Iterationen ohne eine Aktualisierung der Werkstückzustände durchlaufen werden, jedoch noch offene Prozesskettenelemente für die Technologie vorhanden sind, wird die Technologiekette um diese erweitert. Die Simulation umfasst die Mutation von Technologieketten sowie eine darauf aufbauende automatische Entwicklung der Fertigungsfolgen in Abhängigkeit von der Fertigungsumgebung und Fertigungsmitteln.

Das Ergebnis des Algorithmus, d. h. Transportzeiten, Zuordnung von Prozesselementen zu Aufspannoptionen und Fertigungsmitteln und damit schließlich die Fertigungsfolge nach abschließender Bearbeitung durch ein Fertigungsmittel werden in der Werkstück-Repräsentanz zusammengetragen und gespeichert. Als Bewertungsgrundlage stehen damit Zeiten, Technologiewechsel und Prozessschritte zur Verfügung. Nach Vollendung der Fertigungsfolge erfolgt die Übergabe aller simulativ erzeugten Kennzahlen in einen Ausgabedatensatz. Dieser wird abschließend zur kennzahlengestützten Bewertung der Prozessketten und damit der Auswahl der bestgeeigneten Variante herangezogen.

5.5 Ausgestaltung der Prozesskettenselektion

Detailing of Process Chain Selection

Die Detaillierung der Prozesskettenselektion ist durch Kennzahlen getrieben, die eine technologisch und ökonomisch fundierte Entscheidung ermöglichen. Das Kuratieren und Berechnen der Kennzahlen wird in den folgenden Abschnitten erläutert.

5.5.1 Kennzahlensystem zur Selektion von Fertigungsfolgen

Key Performance Indicator System for Selection of Processing Sequences

Die Bewertung der entwickelten Fertigungsfolgen ist das Agens zur Entscheidungsunterstützung bei der Prozesskettenauswahl und AM-Integration. Wie in Abschnitt 5.2 eingeführt, wird die fertigungsstrategische Gewichtung zugrunde gelegt.

Die Definition zielführender Kennzahlen umfasst Größen, die innerhalb der Analysephase zur unternehmensindividuellen Gewichtung sowie der Bewertung einzelner Fertigungsmittel herangezogen werden. Somit ist die systematische Selektion der gebildeten Fertigungsfolgen sichergestellt. Das Kennzahlensystem fasst entsprechend Informationen entlang aller konsekutiv aufgebauten Phasen der Methodik zusammen. Die Auswahl der Kenngrößen resultiert zunächst aus dem Resultat der Präferenzmatrix zur Gewichtung der fertigungsstrategischen Prozesscharakteristika (vgl. Abschnitt 5.2). Zusätzlich werden Kriterien ergänzt, die aus Fachliteratur und Praxiserfahrung Relevanz besitzen.

Aus den in Kapitel 3 betrachteten Ansätzen richtet JURKLIES den Fokus auf die Prozesskosten mit der Argumentation, dass jedes Unternehmen in einer Gewinnerzielungsabsicht handelt [JURK04, S. 44]. HEINEMANN ET AL. prognostizieren ein weiteres wichtiges Bewertungskriterium in der Ressourceneffizienz. Als Auslöser werden steigende Energie- und Rohstoffpreise sowie ein wachsendes Umweltbewusstsein angeführt [HEIN13, S. 278]. Dies ist ebenso vor dem Hintergrund aktueller Anstrengungen der industriellen Transformation zu nachhaltigen Prozessen und Produkten aufzuführen [UNIT20, S. 42] [BURG20] [GRÜN19]. BELLMANN ET AL. messen der Prozesscharakteristik Flexibilität eine signifikante Bedeutung für die leistungswirtschaftliche Performance von Produktionssystemen zu [BELL09, S. 221–222]. Kennzahlen für die spezifische Fertigungsfolge werden über die technologischen Schnittstellen zwischen den Prozesselementen erfasst. Die im Folgenden vorgestellten Kennzahlengruppen Zeit, Kosten und Fertigungsstrategie ergeben die Prozesskettenperformance (PkP).

Kennzahlengruppe Zeit

Um die Effekte der *Durchlaufzeit* als zentralen Erfolgsfaktor in der Unikatfertigung zu erheben, wird eine Kennzahl in Anlehnung an die Warteschlangentheorie eingeführt. Dabei ist die *Wartezeit* die mittlere Zeit zwischen dem Eintreffen eines Werkstücks am Fertigungsmittel bis zu dessen Bearbeitungsbeginn [BAUM13, S. 414]. Die Wartezeit ist retrospektiv je Fertigungsmittel anzugeben und wird von der Auslastung, der Planungsqualität sowie der Anzahl alternativer, gleichartiger Fertigungsmittel beeinflusst. Der Werkstücktransportaufwand ergibt sich aus der individuellen Fertigungsfolge und der betrachteten Fertigungsumgebung mit ihrem Fertigungslayout. Die *Transportzeit* beschreibt das Zeitintervall, in dem ein Werkstück von einem Fertigungsmittel zum nächsten verbracht wird. Die *Prozesszeit* addiert Rüst- und Grundzeiten zur Abarbeitung der einzelnen Prozesskettenelemente innerhalb des jeweiligen Fertigungsmittels (vgl. Anhang A.12). Die Summe aus Prozesszeit, Transportzeit und Wartezeit ergibt die Durchlaufzeit [BOOS17, S. 26].

Kennzahlengruppe Kosten

Die *Transportkosten* errechnen sich aus dem Produkt von Transportzeit und dem Kostensatz der eingesetzten Transportmittel. Aus dem Produkt von Prozesszeit und Maschinenstundensatz eines Fertigungsmittels ergeben sich die *Prozesskosten*. Dabei setzt sich der Maschinenstundensatz aus kalkulatorischen Abschreibungen und Zinsen des Investitionsguts, Instandhaltungskosten, Raum- und Energiekosten zusammen und bezieht sich auf die Maschinenlaufzeit [WILL08, S. 71]. Weiterhin werden die Werkzeug- und Betriebsstoffkosten einbezogen. Es wird angenommen, dass Maschinenstundensätze für die Fertigungsmittel einer Fertigungsumgebung bekannt sind. Darüber hinaus existieren detaillierte Ansätze zur Prozesskostenberechnung, auch mit Bezug auf die additive Fertigung (z. B. [KOPF18]). Ferner werden die *Fertigungssonderkosten* im Kontext der vertikalen Prozesskette aufgegriffen. Sonderkosten stellen einem Bauteil direkt allokierte Aufwendungen dar. Diese erlauben die Berücksichtigung von Herstellkosten für Halbzeuge bei Hybridfertigung oder von Kosten für Sonderwerkzeuge wie Senkelektroden.

Kennzahlengruppe Fertigungsstrategie

Die Kennzahlen dieser Gruppe wurden bereits in Abschnitt 5.2 (Fertigungsstrategische Randbedingungen) erarbeitet und eingeführt. Zur Erfassung der fertigungsstrategischen Randbedingungen werden die bereits definierten Kennzahlen herangezogen.

Überschneidungen der Kennzahlengruppen Fertigungsstrategie, Zeit und Kosten dürfen zur Wahrung unabhängiger Bewertungsmerkmale nicht vorliegen. Entsprechend sind die aufgelisteten Prozesscharakteristika aus strategischer Perspektive, nicht jedoch aus operativer Perspektive zu beurteilen. Hauptzeit, Durchlaufzeit und Fertigungskosten sind als strategisch relevante Zielgrößen zu interpretieren, nicht jedoch numerisch mit expliziten Zeiten/Kosten hinterlegt. Vielmehr findet eine höhere Gewichtung z. B. von Prozessketten mit geringer Durchlaufzeit dann statt, wenn dem fertigungsstrategischen Prozesscharakteristikum Durchlaufzeit ein hohes Gewicht zugeteilt ist.

Die Kennzahlengruppe Fertigungsstrategie wird in zweifacher Weise genutzt. Zum einen findet die zuvor beschriebene, auf das Unternehmen, respektive die gesamte Fertigungsumgebung bezogene Wertung statt. Zum anderen werden dieselben Charakteristika für jedes einzelne Fertigungsmittel herangezogen. Somit wird auf Prozesskettenebene, jedoch auch auf Fertigungsmittelebene bewertet, womit eine detaillierte Einschätzung zu einzelnen Fertigungsmitteln möglich wird. Dazu müssen zu jedem Fertigungsmittel Kennzahlen vorliegen, die den acht Prozesscharakteristika zugeordnet werden. Hierzu können unternehmensinterne oder sonstige Kennzahlensysteme herangezogen werden. Als Beispiel sei das technologische Kennzahlensystem nach Bilsing genannt, das eine technologische Leistungsfähigkeitskennzahl ausgibt (vgl. Abschnitt 3.3.2) [BILS07, S. 56–65]. Neben der Fertigungstechnologieebene ist ein Aufgliedern auf einzelne Fertigungsmittel möglich. Allgemein werden zur fertigungsstrategischen Bewertung der Fertigungsmittel deren Charakteristika nach Formel (5-6) gewichtet.

$$\text{Fertigungsstrategische Kennzahl}_{\text{Fertigungsmittel}} = \frac{\sum_{n=1}^{8} (G_{PFfn} \times P_{Ffn,\text{Fertigungsmittel}})}{\sum_{n=1}^{8} G_{PFfn}} \tag{5-6}$$

Dabei repräsentiert $P_{Ffn,\text{Fertigungsmittel}}$ die fertigungsmittelspezifische Kennzahl aus einem externen Kennzahlensystem, die einem der gegebenen Prozesscharakteristika zugeordnet ist. Der Wert muss zuvor auf das Intervall 0–1 normiert werden. Der Wert 1 ist jeweils dem besten in der Fertigungsumgebung verfügbaren Fertigungsmittel einer Fertigungstechnologie zuzuweisen.

Kennzahlengruppe Prozesskettenähnlichkeit (PkS)

Um die besondere Betrachtung der Integration des LB-PBF in bestehende Fertigungsprozessketten und damit bestehende Fertigungsumgebungen abzubilden, werden Kennzahlen zur Prozesskettenähnlichkeit fassoniert. Diese drücken auf Basis der existierenden Fertigungsumgebung relative Ähnlichkeiten und Varianzen der LB-PBF-beinhaltenden Prozessketten aus. (Fertigungs-)Strategische Entscheidungen bedürfen einer Informationsbasis zu Veränderungen in der Relevanz unterschiedlicher Fertigungsmittel, sobald Halbzeuge additiv gefertigt sind. Die Kennzahlen zur Prozesskettenähnlichkeit erlauben die objektive Beurteilung der generierten ›neuartigen‹ Prozessketten.

Die Kennzahl *Prozesskettenähnlichkeit* wird aus drei subordinierten Kennzahlen gebildet. Zum einen ist dies der *Fertigungsmittelabgleich*, der die Veränderung der Nutzung einzelner Fertigungsmittel in der additiven im Vergleich zu der etablierten Fertigungsprozesskette eines Bauteils wiedergibt. Damit wird eine grundsätzliche und transparente Aussage über die Bedeutung einzelner Fertigungsmittel möglich. Die beiden Kennzahlen *Prozesskettenlänge* und *Technologievarianz* erlauben die analytische Beschreibung der Prozesskettenähnlichkeit. Beide Kennzahlen drücken die Divergenzen zu der etablierten Prozesskette eines Bauteils aus: Die relative Anzahl der Fertigungsschritte einer Prozesskette gibt die Prozesskettenlänge an. Hieraus lässt sich die Prozesskettenkomplexität ablesen. In Abgrenzung zum Fertigungsmittelabgleich drückt die Kennzahl Technologievarianz Veränderungen auf Ebene der Fertigungstechnologien aus. Das strategische Augenmerk auf zukünftige Kompetenzen und Qualifikationen des Personals, der Betriebsmittel und Wertschöpfungsabläufe kann durch die Technologievarianz antizipiert werden. Auch hier sei auf die abhängige Einordnung auf Basis der bestehenden Fertigungsumgebung als Status quo verwiesen.

Anzumerken ist, dass die Prozesskettenähnlichkeit solitär nicht aussagekräftig über die Güte des Fertigungsergebnisses, Bearbeitungs- und Durchlaufzeiten sowie Herstellkosten ist. Die Kombination mit der fertigungsstrategischen und den ökonomischen Kennzahlengruppen erlaubt erst die holistische Bewertung. Das Kennzahlsystem (Abbildung 5-38) zur Selektion geeigneter Fertigungsfolgen beruht folglich auf der Bewertung und Charakterisierung der Fertigungsmittel sowie den individuellen Informationen des Werkstücks mit dessen Prozesskettenelementen.

Neben der strategischen Einordnung ist eine Aussage auf operativer Ebene von Bedeutung, um eine Entscheidungsunterstützung hinsichtlich konkreter Fertigungsmittel bzw. Maschinen herbeizuführen. Dazu findet ein automatischer Fertigungsmittelabgleich zwischen etablierter Prozesskette und neu generierten Prozessketten statt, wie er in Abbildung 5-39 beschrieben ist. Zunächst werden die jeweiligen Fertigungsfolgen indexiert. Die dazu aufzuführenden Fertigungsmittel der etablierten Prozesskette sind aus der Praxis bekannt und können in der Prozesskettensimulationsumgebung eingegeben werden.

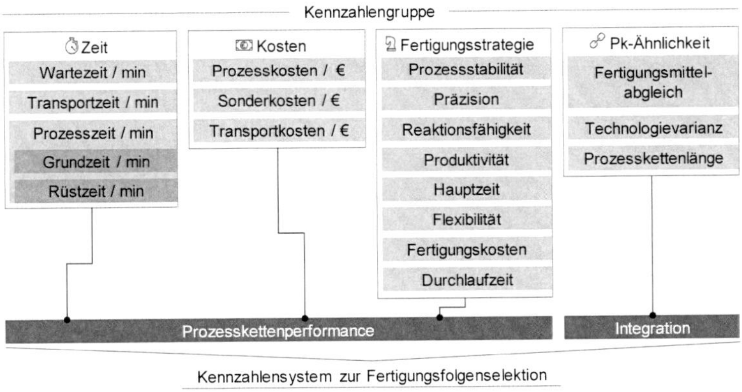

Abbildung 5-38: Kennzahlensystem zur Selektion geeigneter Fertigungsfolgen zur additiv-subtraktiven Bearbeitung

Dabei wird eine einheitliche Nomenklatur der Fertigungsmittel zwischen etablierter Prozesskette und für die Prozesskettengenerierung hinterlegten Fertigungsmitteln verwendet. Da sich der Abgleich auf die Menge gleicher Fertigungsmittel bezieht, werden dieselben Fertigungsmittel, die mehrfach in einer Prozesskette aufgerufen werden, gebündelt. Es folgt der eigentliche Fertigungsmittelabgleich durch Vergleichen aller indexierten Fertigungsmittel bzw. gebündelten Fertigungsmittel. In der neu generierten Prozesskette auftretende Fertigungsmittel, die kein Pendant in der etablierten Prozesskette haben, werden als fehlende Fertigungsmittel ermittelt. Damit steht das Ergebnis aus operativer Perspektive fest und Handlungsempfehlungen zur Maschinennutzung können abgeleitet werden.

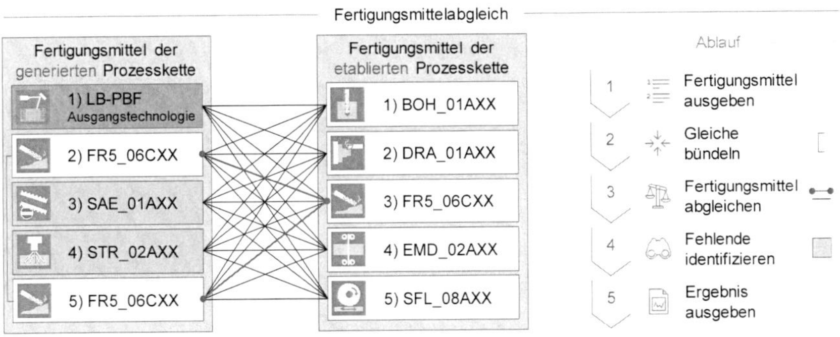

Abbildung 5-39: Ablauf Fertigungsmittelabgleich

5.5.2 Selektion der finalen Fertigungsfolge

Selection of Final Processing Sequence

Zur holistischen, phasenübergreifenden Selektion einer Fertigungsfolge erfolgt zunächst eine Zusammenfassung der Eingangsdaten, wie im vorangegangenen Abschnitt erläutert. Das digitale Abbild des Werkstücks kumuliert bereits innerhalb der Simulationsphase fertigungsfolgenindividuelle Kennzahlen. Diese Datenbasis wird nach Abschluss der Simulation ausgegeben und steht damit der weiteren Auswertung zur Verfügung und Kennzahlen zur Ermittlung der Prozesskettenperformance (PkP) können gebildet werden.

Die Ermittlung der zeitlichen Performance einer Fertigungsfolge erfolgt nach Gleichung (5-7). Diese Performance wird auf die kürzeste Durchlaufzeit einer Fertigungsfolge der Menge aller zur Auswahl stehenden Fertigungsfolgen bezogen. Je länger die Durchlaufzeit, desto geringer der Zeit-Kennwert einer spezifischen Fertigungsfolge.

$$t_{Z,Ff,i} = \frac{DLZ_{Ff,l,min}}{DLZ_{Ff,i}} \tag{5-7}$$

$t_{Z,Ff,i}$	=	Zeit-Kennwert der Fertigungsfolge i
$DLZ_{Ff,i}$	=	Durchlaufzeit der Fertigungsfolge i / min
$DLZ_{Ff,l,min}$	=	min. Durchlaufzeit aller Fertigungsfolgen l / min

Die Durchlaufzeit wird für jede Fertigungsfolge nach Gleichung (5-8) berechnet.

$$DLZ_{Ff,i} = t_{R,Ff,i}+t_{G,Ff,i}+t_{W,Ff,i}+t_{T,Ff,i} \tag{5-8}$$

$DLZ_{Ff,i}$	=	Durchlaufzeit der Fertigungsfolge i / min
$t_{R,Ff,i}$	=	Rüstzeit der Fertigungsfolge i / min
$t_{G,Ff,i}$	=	Grundzeit der Fertigungsfolge i / min
$t_{W,Ff,i}$	=	Wartezeit der Fertigungsfolge i / min
$t_{T,Ff,i}$	=	Transportzeit der Fertigungsfolge i / min

Analog zu der Durchlaufzeitbewertung über den Zeit-Kennwert werden auch die Fertigungskosten einer Fertigungsfolge auf das Kostenminimum der Menge aller Fertigungsfolgen bezogen, wie mit Gleichung (5-9) ausgedrückt.

$$c_{Z,Ff,i} = \frac{c_{Pk,Ff,l,min}}{c_{Pk,Ff,i}} \tag{5-9}$$

$c_{Z,Ff,i}$	=	Kosten-Kennwert der Fertigungsfolge i
$c_{Pk,Ff,i}$	=	Prozesskettenkosten einer Fertigungsfolge i / €
$c_{Pk,Ff,l,min}$	=	min. Prozesskettenkosten aller Fertigungsfolgen l / €

Die jeweiligen Prozesskettenkosten errechnen sich aus der Addition der Kosten für das Rüsten, die Bearbeitung (Grundkosten), den Transport und die Fertigungssonderkosten, Gleichung (5-10).

$$c_{Pk,Ff,i} = c_{R,Ff,i}+c_{G,Ff,i}+c_{T,Ff,i}+c_{S,Ff,i} \tag{5-10}$$

$c_{Pk,Ff,i}$	=	Prozesskettenkosten einer Fertigungsfolge i / €
$c_{R,Ff,i}$	=	Rüstkosten einer Fertigungsfolge i / €
$c_{G,Ff,i}$	=	Grundkosten einer Fertigungsfolge i / €
$c_{T,Ff,i}$	=	Transportkosten einer Fertigungsfolge i / €
$c_{S,Ff,i}$	=	Fertigungssonderkosten einer Fertigungsfolge i / €

Um schließlich die Prozesskettenperformance zu bilden, werden die zuvor ermittelten Werte – unter Berücksichtigung der Gewichtung der Zieldimensionen Zeit, Kosten und Fertigungsstrategie durch das Unternehmen – nach Gleichung (5-11) herangezogen und daraus die gewichtete Summe gebildet.

$$PkP_{Ff,i} = t_{Z,Ff,i} \times Z_{t,Gw,UN}+c_{Z,Ff,i} \times Z_{c,Gw,UN}+S_{Z,Ff,i} \times Z_{S,Gw,UN} \tag{5-11}$$

$PkP_{Ff,i}$ = Prozesskettenperformance einer Fertigungsfolge i / %

$Z_{t,Gw,Un}$ = Unternehmenswichtung der Zieldimension Zeit / %

$Z_{c,Gw,Un}$ = Unternehmenswichtung der Zieldimension Kosten / %

$Z_{S,Gw,Un}$ = Unternehmenswichtung der Zieldimension Fertigungsstrategie / %

Die Prozesskettenähnlichkeit als Eigenschaft zur Bewertung der Integrationsfähigkeit einer neu generierten Fertigungsfolge in eine bestehende Fertigungsumgebung erfolgt als Funktion der Technologievarianz und der Prozesskettenlänge. Beide Größen sind der fertigungsstrategischen Ebene zuzuordnen. Die Kennzahlen erlauben die Einschätzung veränderter Technologien, die in einer Fertigungsumgebung neu etabliert werden müssen. Weiterhin wird eine Aussage zur Prozesskettenkomplexität möglich.

Die Technologievarianz (Gleichung (5-12)) bildet den technologischen Anteil der Integrationsfähigkeit ab. Die Kennzahl gibt an, wie stark sich die etablierte Prozesskette von einer neu generierten Prozesskette unterscheidet. Die Beurteilung erfolgt auf Ebene der Fertigungstechnologien:

$$T_{V,Ff,i} = \frac{T_{neu,i}}{T_{ident,i}} \times \left| T_{eta} - T_{gen,i} \right| \qquad (5\text{-}12)$$

T_V = Technologievarianz einer Fertigungsfolge i

$T_{neu,i}$ = Anzahl bisher nicht auftretender Technologien einer Fertigungsfolge

$T_{ident,i}$ = Anzahl identischer Technologien generierte/ etablierte Fertigungsfolge

T_{eta} = Anzahl Technologien etablierte Fertigungsfolge

$T_{gen,i}$ = Anzahl Technologien generierte Fertigungsfolge i

Die analytische Beschreibung der Prozesskettenlänge ergibt sich nach Gleichungen (5-13) und (5-14). Diese erlaubt eine Aussage über die Veränderung der Prozesskettenkomplexität und der damit einhergehenden Planungskomplexität. Zunächst findet der Prozesskettenlängenvergleich statt:

$$Pk_{l,rel,i} = \frac{\min\,(Pk_{l,eta}, Pk_{l,gen,i})}{\max\,(Pk_{l,eta}, Pk_{l,gen,i})} \qquad (5\text{-}13)$$

$Pk_{l,rel,i}$ = Prozesskettenlängenvergleichswert für eine Prozesskette i

$Pk_{l,eta}$ = Prozesskettenlänge, etablierte Prozesskette

$Pk_{l,gen,i}$ = Prozesskettenlänge, generierte Prozesskette i

Angeschlossen folgt unter Einsetzen des Prozesskettenlängenvergleichswerts die Berechnung des Prozesskettenlängenwerts. Dieser gibt die Varianz als mittleren quadratischen Abstand des Längenvergleichswertes zwischen der etablierten Prozesskette zur Fertigung eines Bauteils und einer neu generierten Prozesskette wieder:

$$PkL_i = \sqrt{(1 - Pk_{l,rel,i})^2} \qquad (5\text{-}14)$$

PkLi = Prozesskettenlängenwert einer Prozesskette i

Schließlich ergibt sich die Prozesskettenähnlichkeit nach Gleichung (5-15). Diese berücksichtigt die Technologievarianz und die Prozesskettenlänge.

$$PkS_{Ff,i} = \frac{1}{(1+T_{V,Ff,i}) \times (1+Pk_l)} \qquad (5\text{-}15)$$

$PkS_{Ff,i}$ = Prozesskettenähnlichkeit für eine Prozesskette i

Die eingeführten Kennzahlen können als Portfoliodarstellung übersichtlich verbildlicht werden (Abbildung 5-40). Die Prozesskettenperformance wird auf einer kardinalen Verhältnisskala [0...1] angegeben, die Prozesskettenähnlichkeit auf einer nicht eingegrenzten Verhältnisskala aufgetragen. Als relative Kennzahlen mit Größen der Dimension Zahl werden keine Einheiten angegeben. Der Vergleich der Kennzahlen ist allenfalls für dieselbe Fertigungsumgebung möglich, da individuelle Bewertungsgrundlagen vorliegen.

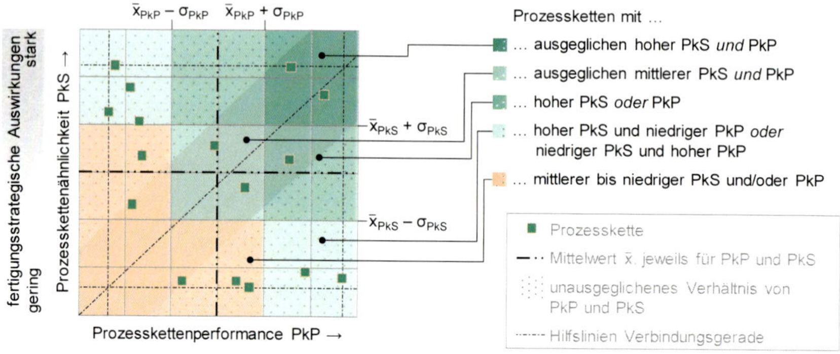

Abbildung 5-40: Prozessketten-Ähnlichkeits-Performance-Matrix (exemplarische Darstellung)

Die dargestellte grafische Gruppierung in der Prozessketten-Ähnlichkeits-Performance-Matrix (gepunktete/nicht gepunktete Bereiche) findet in Klassenbreiten w (A-1)[22] zu einem Drittel der Spannweite R (A-2) der Werte von Prozesskettenähnlichkeit bzw. Prozesskettenperformance statt. Die Basis bildet die Verbindungsgerade zwischen den Schnittpunkten des Minimal- und Maximalwerts der Prozesskettenähnlichkeit und der Prozesskettenperformance (schmale Strich-Punkt-Linien). Zur weiteren grafischen Eingrenzung hoch bewerteter Prozessketten werden der Mittelwert $\bar{x}$ (A-3) und die diesen umgebende Standardabweichung σ (A-4), jeweils von Prozesskettenähnlichkeit und Prozesskettenperformance, herangezogen. In Abbildung 5-40 ist dies exemplarisch anhand von 3×3 Kacheln dargestellt. Es gelingt durch diese Eingrenzung, Prozessketten mit Prozesskettenähnlichkeit und Prozesskettenperformance oberhalb der Standardabweichung zu identifizieren und gleichzeitig sicherzustellen, dass beide Kennzahlen in einem ausgeglichenen Verhältnis zueinander vorliegen.

5.6 Zwischenfazit

Interim Conclusion

Kapitel 5 zeigt die erfolgreiche Detaillierung der Prozesskettengestaltung und -selektion. Es wird deutlich, dass insbesondere die detaillierte Erfassung der betrachteten Fertigungsumgebung mit ihren Maschinen, dem Hallenlayout und nicht zuletzt der relevanten Bauteile wichtig ist. Die qualifizierte Beschreibung von Fertigungsmittel durch deren Leistungsfähigkeit und kinematische Eigenschaften auf der einen Seite und die fertigungsbezogene Beschreibung der Werkstücke auf der anderen Seite ermöglichen schließlich die Algorithmus-basierte Erzeugung von Fertigungsprozessketten. Gerade die Werkstückbeschreibung, nicht auf Basis bekannter Feature-Ansätze oder mithilfe betriebswirtschaftlicher Kenngrößen,

[22] Die zur Definition der Prozessketten-Ähnlichkeits-Performance-Matrix verwendeten Formeln der Statistik sind in Anhang A.14 aufgeführt.

musste entwickelt werden. Gleiches gilt für die sukzessive Generierung der Prozesskette über Prozesskettenelemente, Technologieketten hin zu Fertigungsfolgen, die tatsächliche Maschinenkapazitäten, Intralogistik und besondere Fertigungsaufwände berücksichtigen. Die abschließende kennzahlenbasierte und analytische Bewertung erlaubt eine fundierte, multikriterielle Prozesskettenauswahl auf Basis der Randbedingungen der additiven Fertigung und der vorherrschenden Fertigungsumgebung. Somit ist es gelungen, eine für Anwendende nachvollziehbare und wiederholbare Methodik zu entwickeln, die Fertigungsplaner·innen und AM-Expert·innen gleichermaßen unterstützt, indem die jeweils fehlende Komponente – Expertise bei etablierten Fertigungsabläufen oder in Bezug auf die additive Fertigung – ergänzt wird.

Die Methodik zur Integration pulverbettbasierter additiver Fertigungstechnologien in Fertigungsprozessketten bietet damit eine Erweiterung kommerziell verfügbarer Arbeitsvorbereitungs- und CAM-Planungssysteme im Bereich der additiven Prozessgestaltung. Sie stärkt den bidirektionalen Informationsaustausch zwischen subtraktiven und additiven Fertigungstechnologien systematisch.

Mit der Ausgestaltung der Integrationsmethodik lassen sich die Forschungsfragen 1 bis 3 beantworten. Nachdem Forschungsfrage 4 bereits im Ansatz nach Kapitel 4 beantwortet werden konnte, ist die abschließende Beantwortung nach der Validierung möglich, da erst mit der Anwendung realer Fertigungsdaten beurteilt werden kann, ob eine technologisch optimierte Fertigungsprozesskette vorliegt. Forschungsfrage 1

> *Wie lassen sich aus den Eigenschaften der additiv gefertigten Bauteile Anforderungen an die Fertigungsmittel zur Weiterbearbeitung ableiten?*

wird durch die ausgestaltete Situationsanalyse, die eine abstrakte, kennzahlenbasierte Bauteilbeschreibung umfasst, beantwortet. Die Antwort auf Forschungsfrage 2

> *Wie lässt sich die Fertigungsmittelausstattung derart erfassen, dass die Eignung zur Weiterbearbeitung additiv gefertigter Bauteilebestimmt werden kann?*

wird mit Durchführung der Fertigungsmittelaufnahme und Fertigungstechnologiedefinition als immanenter Bestandteil der Prozesskettengenerierung gegeben. Der konsekutive Ablauf von Prozesskettengenerierung, Prozesskettensimulation und Prozesskettenselektion lässt schließlich die Beantwortung von Forschungsfrage 3

> *Wie kann eine technologisch fundierte und quantifizierte Fertigungsverfahrensauswahl für die Weiterbearbeitung additiv gefertigter Bauteile erfolgen?*

zu. Fertigungstechnologien, -verfahren und -mittel gehen hier genauso ein wie die geforderten Bauteile. Da technologie- und bauteilseitig Kennzahlensysteme eingesetzt werden, ist die quantifizierte Auswahl sichergestellt.

6 Validierung und kritische Reflexion der Methodik

Validation and Critical Reflection of the Methodology

Kapitel 6 zeigt die entwickelte Methodik an Beispielen aus der Praxis, deren Anwendungsergebnisse anschließend kritisch diskutiert werden. Damit schließt der Forschungsprozess nach ULRICH ab, der als sechste und siebte Phase der angewandten Forschung die »Prüfung der Regeln und Modelle im Anwendungszusammenhang« und die »Beratung der Praxis« postuliert [ULRI01a, S. 195]. Zur niederschwelligen Zugänglichkeit und praktikablen Berechnung von Kennzahlen wurde die entwickelte Methodik zudem prototypisch in eine Software umgesetzt, deren Funktionsumfang vor Einstieg in die Validierung umrissen wird.

6.1 Prototypische Softwareumsetzung

Prototype Software Implementation

Die prototypische Software wurde seitens der Datenakquise in der Low-Code-Entwicklungsumgebung »mendix« von Mendix Technology B.V. umgesetzt. Seitens der Simulation wurde das Multimethoden-Simulationswerkzeug AnyLogic (vgl. Abschnitt 5.4) eingesetzt. Somit konnte die Software flexibel gestaltet werden und auf ein etabliertes Werkzeug zur Fabriksimulation zurückgegriffen werden [YUFE20, S. 973]. Abbildung 6-1 zeigt die Startseite des webbasierten Softwaretools zur Datenakquise. Von dieser aus können die unterschiedlichen Daten zur Prozesskettengestaltung eingepflegt werden. Dies betrifft Bauteilinformationen, Informationen zu Pulverwerkstoffen, die Definition der Fertigungstechnologien, die Beschreibung der betrachteten Fertigungsmittel einer Fertigungsumgebung sowie grundlegende Daten zu der technologischen Leistungsfähigkeit des Maschinenparks und den zugrunde liegenden fertigungsstrategischen und kinematischen Randbedingungen.

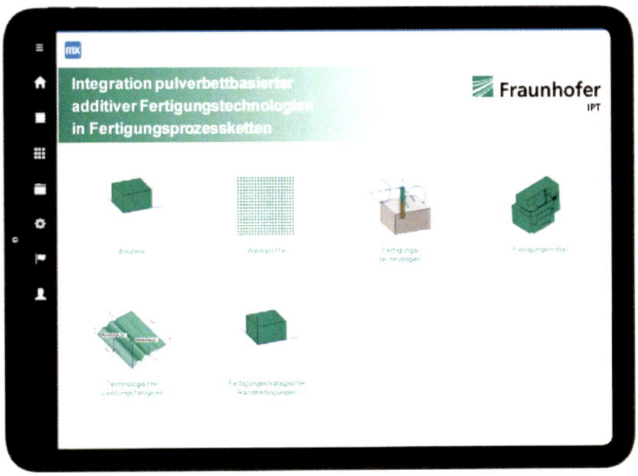

Abbildung 6-1: Dashboard der Datenakquise zur Prozesskettengestaltung [PLAM19]

Eine Auswahl der vom Dashboard aus erreichbaren Teilfunktionen bzw. der entsprechenden Eingabemasken zeigt Abbildung 6-2. Individuelle Angaben werden über Textfelder erfasst, voreingestellte Attribute einer Fertigungsumgebung stehen als Auswahloptionen zur Verfügung. Bauteilen, Bauteiloberflächen, Form- und Stützelementen sowie Aufspannoptionen können Abbildungen zugeordnet werden, welche die intuitive Bedienbarkeit verbessern. Darüber hinaus sind administrative Funktionen zur Verwaltung und Ausgabe der eingegebenen Daten implementiert.

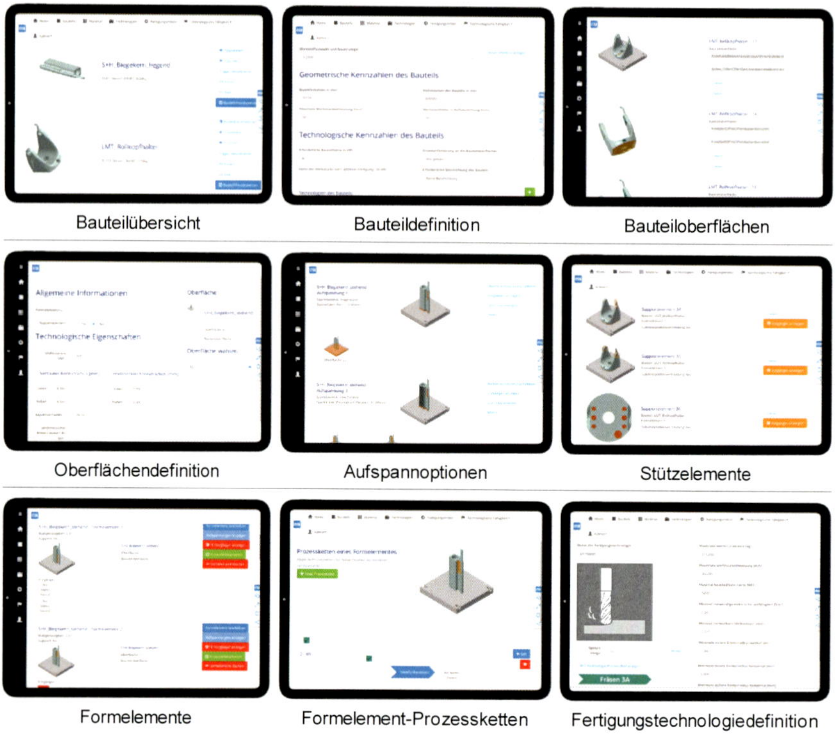

Abbildung 6-2: Übersicht ausgewählter Software-Funktionen

Der gezeigte Softwareprototyp wird für die Fallbeispiele herangezogen und praxisnah eingesetzt. So wird auch der Softwareprototyp einer Validierung unterzogen.

6.2 Vorgehensweise zur Validierung der Methodik

Procedure of Validating the Methodology

Im normativen Kontext wird die Validierung als »Bereitstellung eines objektiven Nachweises« definiert, um die beabsichtigte Anwendbarkeit nachzuweisen [DIN15, S. 50]. Der Nachweis der praktischen Relevanz und Anwendbarkeit der entwickelten Methodik wird im industriellen Umfeld validiert. Dazu werden die Phasen der Methodik in drei Unternehmen als Fallbeispiele angewendet. Die Unternehmen sind unterschiedlichen Branchen zuzuordnen. Als ebendiese Branchen sind die Komponentenfertigung für Luftfahrzeuge, der Werkzeugbau für Folgeverbund- und Stanzumformwerkzeuge sowie die Fertigung von Bearbeitungswerkzeugen und Maschinenbauteilen vertreten. Somit ist sichergestellt, dass der Anspruch universeller Anwendbarkeit innerhalb unterschiedlicher Facetten der industriellen Unikat- und Kleinserienfertigung erfüllt wird. Um die nachzuweisende Breite der Anwendbarkeit der Methodik wiederzugeben, fokussieren die Fallbeispiele jeweils Ausschnitte der Gesamtmethodik. Aus diesem Grund wird nicht in jedem Fallbeispiel der vollständige Durchlauf der Methodik beschrieben. Die Gesamtheit der Fallbeispiele zeigt jedoch, dass sämtliche Phasen der Methodik durchlaufen werden und praktisch aufeinander aufbauen. Die Anwendung im industriellen Umfeld stellt zudem sicher, dass real existierende Fertigungsumgebungen mit Bauteilen, Fertigungsmitteln und Fertigungslayouts zur Verfügung stehen und praxisrelevante Fragestellungen beantwortet werden.

Zu jedem der Fallbeispiele findet eine kurze Einführung des betrachteten Unternehmens statt, gefolgt von der Definition des individuellen Betrachtungsbereichs. Daran schließt sich die exemplarische Anwendung der Methodik an; die Ergebnisse werden vorgestellt und eingeordnet.

6.3 Fallbeispiel 1: Aeronamic B.V.

Case Study 1: Aeronamic B.V.

Am Fallbeispiel 1 werden die Prozessaufnahme und -optimierung, sowie die Definition des Soll-Prozesses gezeigt. Dabei wird auch die unternehmensspezifische Technologiematrix verwendet. Somit wird am Beispiel der Aeronamic B.V. die Analysephase der Methodik zur Integration pulverbettbasierter additiver Fertigungstechnologien in Fertigungsprozessketten validiert.

Aeronamic B.V. produziert mit 225 Mitarbeiter·innen [AERO21] (Umsatz ca. 50 Mio. Euro [WORL21]) an Standorten in den Niederlanden und Rumänien Flugzeugkomponenten für Kunden in der Luftfahrtindustrie wie Honeywell, Lockheed Martin, Pratt & Whitney und Safran. Das Unternehmen verbindet technische Fertigungslösungen mit zertifizierten Prozessen und beliefert weltweit alle relevanten Märkte. Aeronamic konzentriert sich produktseitig auf rotierende Hochgeschwindigkeitskomponenten und Präzisionsteile im Luftfahrtbereich, die im Unternehmen entwickelt, gefertigt, montiert, geprüft und gewartet werden.

6.3.1 Ausgangssituation und Anwendung der Analysephase

Initial Situation and Application of Analysis Phase

Aeronamic beteiligt sich aktiv an der Entwicklung und Anwendung neuer Technologien, um zukünftigen Herausforderungen bei Fertigung und Qualität anspruchsvoller Bauteile zu begegnen. Dazu zählt die additive Fertigung, die Aeronamic im Rahmen des Forschungsprojekts »3D2SKY« in Kooperation mit dem Fraunhofer Project Center an der Universität Twente qualifiziert. Beteiligt war auch das Fraunhofer IPT, welches das Projekt auf Ebene der Prozesskettenintegration begleitet hat. [UTWE21]

Die Ausgangssituation der betrachteten Fertigungsumgebung bei Aeronamic stellt sich derart dar, dass tiefgreifende Kompetenz in der mechanischen Fertigung von hochbeanspruchten Luftfahrtkomponenten vorhanden ist. Diese spiegelt sich vorrangig in der Technologie Fräsen, im Speziellen beim Fräsen aus dem Vollen und der Weiterbearbeitung von Gussbauteilen, wider. Die vorhandenen Fertigungsmittel wurden in der Technologiematrix erfasst (Abbildung 6-3). Zugeordnet sind typische Ausgangszustände von Halbzeugen, die in etablierten Prozessketten vorliegen. Weiterhin wurden in einem gemeinsamen Workshop mit Fertigungs- und Konstruktionsverantwortlichen zentrale Bearbeitungselemente identifiziert und dokumentiert. Die Technologiematrix enthält, um zukünftige Erweiterungen des Fertigungsmittelportfolios abzudecken, Fertigungstechnologien, die aktuell nicht im Unternehmen eingesetzt werden, jedoch am Markt verfügbar sind oder sich in einem fortgeschrittenen Entwicklungsstadium befinden.

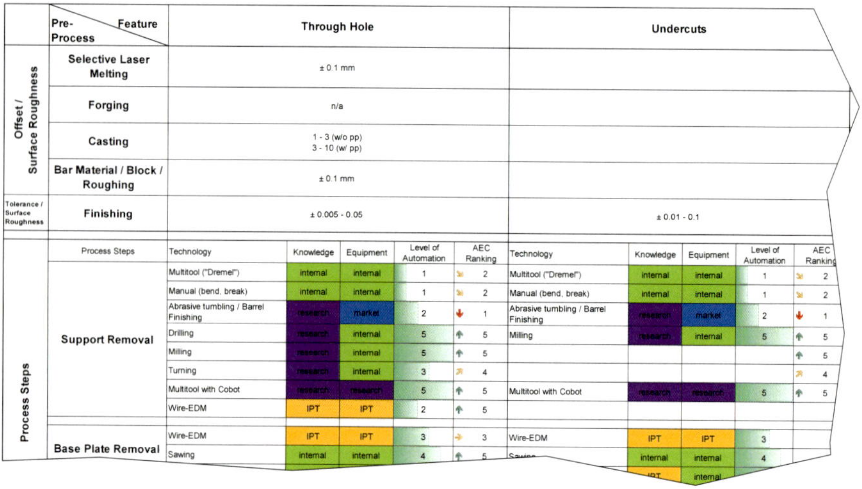

Abbildung 6-3: Fallbeispiel 1 – Technologiematrix (Auszug)

Mit den Informationen aus der Technologiematrix sind die ersten beiden Bestandteile der Situationsanalyse (II.1-2), die zudem die Fertigungsumgebung abbilden, erfasst und aufbereitet worden. Zum Abschluss der in diesem Fallbeispiel betrachteten Situationsanalyse folgt der Schritt Prozesskette (II.3). Zur Erzeugung des Prozesskettenabbildes fand zunächst eine Begehung der Fertigungsbereiche statt. Somit konnte ein gemeinsames Grundverständnis der Prozess- und Arbeitsabläufe geschaffen werden. In einem mit Fertigungsmitarbeiter·innen und Führungspersonal aus den produktionsrelevanten Bereichen Konstruktion, Arbeitsplanung, CAM-Programmierung und Maschinenbedienung, ergänzt um AM-Verantwortliche, besetzten Workshop-Team wurde in einer iterativen Vorgehensweise der Prozessplan erarbeitet. In einem ersten Schritt erfolgte die Definition der einzubeziehenden Funktionsbereiche. Im Fall von Aeronamic sind dies das Kundenunternehmen, die Fertigungstechnik-Abteilung, das Qualitätsmanagement (strategischer Fokus), der Fertigungsbereich sowie die Qualitätsprüfung (operativer Fokus). Zusätzlich, und damit ergänzend zu der Methodik wie in Abschnitt 5.2.3 beschrieben, wurde ein Daten-Pfad eingeführt, der den Zustand der Fertigungsdaten mit Fokus auf dem CAD-Modell des zu fertigenden Bauteils wiedergibt. Dies wurde als notwendig erachtet, da zum Zeitpunkt der Prozessaufnahme keine durchgängige Softwarelösung implementiert war, die proprietäre CAD-Dateien bzw. CAD-Dateien in verbreiteten offenen Austauschformaten und das für die additive Fertigung zumeist notwendige STL-Format verarbeiten kann. Insbesondere für die LB-PBF-spezifische Prozessvorbereitung ist dies erforderlich und wurde durch zusätzliche Programme abgedeckt. Da die STL-Datei regelmäßig Informationen zu Stützstrukturen enthält, ist ein erheblicher Einfluss auf die Weiterbearbeitung eines Werkstücks möglich (vgl. Abschnitt 2.6.2). Im zweiten Schritt der Prozessaufnahme folgte das Definieren der Prozessschritte auf einem Niveau gleicher Abstraktion. Die Prozessschritte wurden in einer weiteren Iteration hinsichtlich ihres wertschöpfenden Beitrags und der vorherrschenden Standardisierung konsensual bewertet. Schließlich folgten die Prozessverknüpfungen sowie das Zusammentragen und Formulieren von Defiziten entlang der etablierten Prozesskette, jedoch mit kritischer Betrachtungsweise hinsichtlich erwarteter Defizite bei/nach Einführung der additiven Fertigung in der Fertigungsumgebung. Nach ergänzenden, kontrollierenden und optimierenden Iterationen konnte die Prozessaufnahme abgeschlossen werden (Abbildung 6-4).

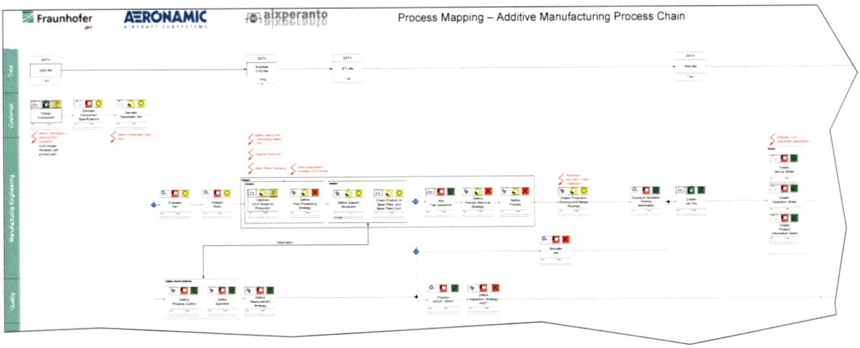

Abbildung 6-4: Fallbeispiel 1 – Prozesskette (Auszug)

Auf Basis der Prozessvisualisierung und der Bewertung einzelner Prozessschritte zu Wertschöpfung und Standardisierung wurde ein Benchmarking mit Prozessketten zur additiv-subtraktiven Fertigung maschinenbaulicher Werkstücke aus anderen Unternehmen durchgeführt. Abbildung 6-5 zeigt dazu eine Übersicht wertschöpfender und standardisierter Prozesselementanteile in den übergeordneten generischen Prozesskettenabschnitten *vorgelagerte Tätigkeiten*, *Arbeitsvorbereitung* und *Fertigung*.

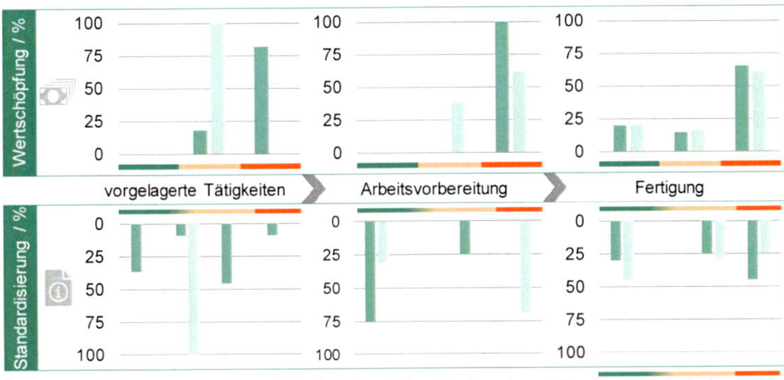

Abbildung 6-5: Benchmarking der Prozesskette auf Basis generischer Prozesskettenabschnitte

Es wird deutlich, dass in allen Fällen Prozesselemente mit eher geringer Wertschöpfung und eher geringer Standardisierung überwiegen. Daraus lässt sich ableiten, dass in den Vergleichsunternehmen weitere Potenziale zur Optimierung der additiv-subtraktiven Prozesskette bestehen und sich kein Best Practice abgrenzen lässt. Gleichzeitig wird dies als Ausgangspunkt genutzt, um die Soll-Prozesskette bei Aeronamic derart weiterzuentwickeln, dass bereits in der frühen Phase der LB-PBF-Einführung Standards geschaffen und nicht wertschöpfende Prozessschritte eliminiert werden. Dazu wurden für das Unternehmen Steckbriefe mit ausdetaillierten anonymisierten Stärken-Schwächen-Profilen der Vergleichsgruppe, die Unternehmen mit einem ähnlichen Umsetzungsstatus der Integration von AM enthält, erarbeitet. Als Handlungsempfehlung leitet sich z. B. das Einsetzen eines Applikationsingenieurs ab, der die vollständige Prozesskette überblickt.

6.3.2 Fazit der Methodikanwendung bei der Aeronamic B.V.

Conclusion of Application of Methodology at Aeronamic B.V.

Die Anwendung der Methodik im Fallbeispiel 1 und dem Fokus auf der Analysephase hat wichtige Erkenntnisse zur Anwendung der nachfolgenden Methodikschritte ergeben und somit dazu beigetragen, die Erfassung der Fertigungsoptimierung insbesondere auch in der prototypischen Software zielgerichtet umzusetzen.

Dem Unternehmen Aeronamic konnten elementare Handlungsempfehlungen bei der Einführung des LB-PBF gegeben werden, die nur durch eine systematische Betrachtung von Fertigungsmitteln, Bauteilen und etablierter Prozesskette offenbar geworden sind. In Bezug auf Fertigungsmittel wurden Investitionsentscheidungen für zusätzliche Bearbeitungsmaschinen getroffen. Dies führte neben der technologieverändernden Einwirkung durch die Einführung von LB-PBF zu weiteren Technologieneueinführungen, welche die Weiterbearbeitung ebendieser additiv gefertigten Werkstücke betreffen.

Der Benchmarkingansatz im Rahmen der Prozesskettenbetrachtung hat es ermöglicht, vor der Technologieeinführung einen handlungsleitenden idealen Soll-Prozess zur Verfügung zu haben. In regelmäßigen Revisionen des erarbeiteten Prozessablaufs zur additiven Fertigung und subtraktiven Weiterbearbeitung wurde ein Abgleich zwischen realen Erfahrungen und idealem Zielbild erreicht, wodurch die Hürden bei der Fertigungstechnologieeinführung geebnet werden konnten.

6.4 Fallbeispiel 2: Scheuermann + Heilig GmbH

Case Study 2: Scheuermann + Heilig GmbH

Das Fallbeispiel, dem die Randbedingungen des Unternehmens Scheuermann + Heilig zugrunde liegen, fokussiert die Prozesskettengenerierung, -simulation und -selektion. Es deckt damit die Gestaltungs- und Umsetzungsphase der Methodik ab. Die notwendige vorgeschaltete Analysephase wird nicht im Detail beschrieben, jedoch werden die darin erfassten Daten und Randbedingungen herangezogen.

Die Scheuermann + Heilig GmbH bietet Umformlösungen für Metall- und Kunststoffprodukte. Dabei bildet die Fertigung von Stanz- und Stanz-Biegeteilen, technischen Federn und hybriden Baugruppen aus Metall und Kunststoff das zentrale Know-how ab. Scheuermann + Heilig betreibt Werke in Deutschland und Brasilien und erwirtschaftet mit ca. 600 Beschäftigten einen Umsatz von etwa 80 Mio. Euro (2020) [BISN21]. Die Entwicklung und Serienfertigung von Baugruppen stehen im Fokus der Aktivitäten des Unternehmens. Zu den wichtigsten Kundenbranchen zählen der Mobilitäts- bzw. Verkehrssektor, Medizintechnik und Umwelt- sowie Gebäudetechnik. Innovationen in der Fertigungstechnik, z. B. das prozessintegrierte Fügen von Hybridbauteilen, spielen eine entscheidende Rolle für das Unternehmen. Scheuermann + Heilig verfügt über einen internen Werkzeugbaubetrieb, der diese Entwicklungen mit vorantreibt und als interner Dienstleister für die Herstellung komplexer Werkzeuge und deren Komponenten zur Verfügung steht.

6.4.1 Ausgangssituation und Anwendung der Analysephase

Initial Situation and Application of Analysis Phase

Die strategische Einbindung der Fertigungstechnologie LB-PBF ist die Grundlage für die weitere Betrachtung. Im Fokus der individuellen Fertigung steht der interne Werkzeugbau und stellt damit die Fertigungsumgebung dar. Bereits in mehreren Optimierungsprojekten hat sich das Unternehmen mit der fertigungsstrategischen Ausrichtung des Werkzeugbaus befasst. Für den spezifischen Fall der Integration der additiven Fertigung fällt die Bewertung der fertigungsstrategischen Zielgrößen wie in Abbildung 6-6 aufgeführt aus. Daraus geht hervor, dass die Prozesscharakteristika Präzision und Prozessstabilität von hoher Bedeutung, Hauptzeit und Flexibilität von geringer Bedeutung sind. Dies wird bei der Prozesskettenauswahl berücksichtigt.

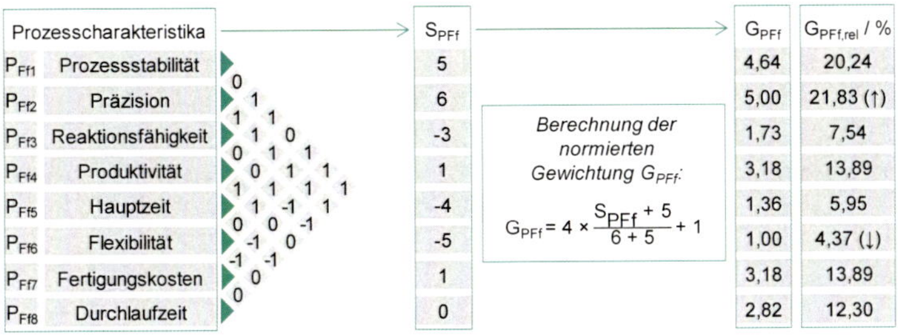

Abbildung 6-6: Präferenzmatrix Scheuermann + Heilig

Die Fertigungsumgebung umfasst Fertigungsmittel mit folgenden Fertigungsverfahrensausprägungen: 3-Achs-Fräsen, 5-Achs-Fräsen, Drehen, Senkfunkenerosion, Drahtfunkenerosion, Flach-, Profil- und Rundschleifen. Außerdem sind das Sägen, Strahlspanen und manuelle Polieren verfügbar. Die Fertigungsmittel sind mit diversen Spannmitteln ausgestattet und entsprechend der Technologiematrix (vgl. Abschnitt 5.2.1) in der Analysephase systematisch erfasst worden. Zur Bewertung der Fertigungsmittel wurde auf das AWFM-Modell[23] zurückgegriffen. Somit liegen für alle Fertigungsmittel Leistungsfähigkeitskennzahlen vor und allen Fertigungsmitteln sind die Charakteristika P_{Ff1} bis P_{Ff8} zugeordnet. Auch das Fertigungslayout der Fertigungsumgebung ist als weiterer Bestandteil der Fertigungsstruktur erfasst und in der Simulationsumgebung digitalisiert (Abbildung 6-7).

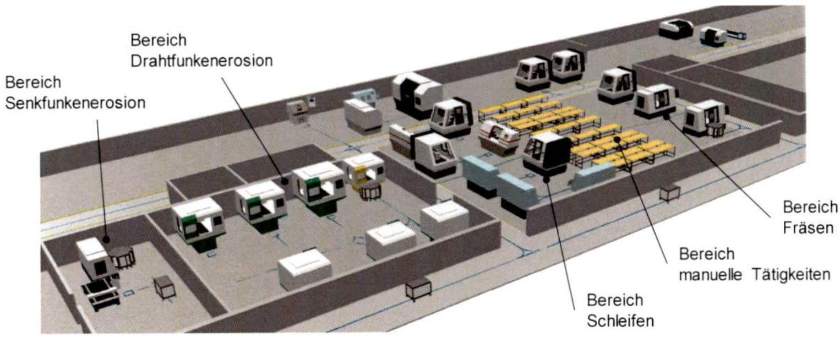

Abbildung 6-7: Layout der Fertigungsumgebung mit relevanten Fertigungsmitteln

[23] Das AWFM-Modell (Aachener Werkzeug- und Formenbau Management) gliedert sich zunächst in die Bereiche Ergebnisse und befähigende Faktoren. Ergebnisse ist untergliedert in die Kategorien finanzielle Ergebnisse, kundenbezogene Ergebnisse, mitarbeiterbezogene Ergebnisse und produktbezogene Ergebnisse, um das Leistungsspektrum und die unterschiedlichen Anspruchsgruppen eines Werkzeugbaubetriebs zu berücksichtigen. Der Bereich der Befähiger bildet sich aus Prozessen, Ressourcen, Organisation und Führung und fasst die Faktoren zusammen, die zur Erzielung von Ergebnissen notwendig sind [FRIC06, S. 50–52]. Fertigungsmittel sind schließlich den Ressourcen zugeordnet. BILSING entwickelte u. a. für diesen Teilbereich ein Kennzahlenmodell [BILS07, S. 31–33].

Das vom Unternehmen vorgegebene Bauteil (Abbildung 6-8) wird bisher maßgeblich durch funkenerosives Schneiden aus einem prismatischen Halbzeug hergestellt, ergänzt um funkenerosives Senken und Schleifen. Um auch das zukünftige Potenzial harter additiv gefertigter Werkstoffe abzuschätzen, wurde dieses Bauteil ausgewählt. Als Pulverwerkstoff wird dazu »Cryodur 2842 AM« von DEW vorgesehen. Dieser Kaltarbeitsstahl kann entsprechend den Angaben des Werkstoffherstellers eine Härte bis 65 HRC nach Wärmebehandlung erreichen, direkt nach dem LB-PBF-Prozess können 62 HRC erreicht werden [KRUL20, S. 18].

Eigenschaft	Wert
Werkstoff	1.2842 / 90MnCrV8 (Cryodur 2842 AM)
Abmaße	(22,0 × 10,0 × 62,0) mm
Bauteilvolumen	5.587 mm³
Maßtoleranz (geringste)	10 µm
Innenradius (kleinster)	0,5 mm
Bauteiltechnologien (global)	LB-PBF, Wärmebehandlung

Abbildung 6-8: Bauteilsteckbrief Biegestempel

Zur Simulation des LB-PBF-Prozesses, die der Vorhersage der erwarteten Bauzeit des gewählten Bauteils dient, werden in der Software »Netfabb Premium 2021.0« des Anbieters Autodesk Inc. folgende zentrale Parameter angenommen [KRUL20, S. 18]:

- Scangeschwindigkeit v_S: 1.050 mm/s
- Bahnabstand h_d: 80 µm
- Schichtstärke h_S: 25 µm

Daraus ergibt sich eine Bauzeit von ca. 8,1 h auf der mit einem einzelnen Laser betriebenen Maschine »SLM500HL« der SLM Solutions AG. In jedem Fall ist die Bauzeit von maschineninhärenten Attributen wie Beschichtungsgeschwindigkeit und Beschleunigungszeiten des Laser-Scannersystems abhängig. Somit ist die Angabe der Bauzeit als Orientierungsgröße einzuordnen. Die Informationen zur Fertigungsumgebung und zum Bauteil fließen in die folgende Anwendung der Gestaltungs- und Anwendungsphase ein.

6.4.2 Anwendung der Gestaltungs- und Umsetzungsphase

Application of Generating and Implementation Phase

Um die Auswirkungen unterschiedlicher Ausrichtungen des Bauteils in der Prozesskammer zu untersuchen, wird das Bauteil in der Gestaltungsphase in den Varianten vertikal und horizontal orientiert betrachtet (Abbildung 6-9). Dies führt zu unterschiedlichen Aufspannoptionen, Stützstrukturen und blockierten Oberflächen.

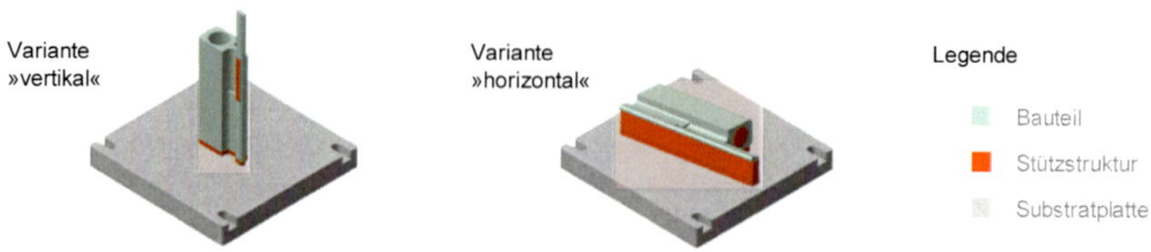

Abbildung 6-9: Orientierungsvarianten Biegestempel (nicht maßstabsgetreu)

Die akquirierten Daten und Informationen werden in die prototypische Software eingegeben (vgl. Abschnitt 6.1). Die dazu notwendigen Schritte entsprechen dem in dieser Arbeit beschriebenen methodischen Ablauf und sollen an dieser Stelle nicht erneut beschrieben werden.

Nach erfolgreichem Durchlauf der Methodik ergeben sich 370 Technologieketten, von denen 58 vollständig unterschiedlich zusammengesetzt sind. Diese enthalten gültige Aufspannoptionen, hinreichend leistungsfähige Fertigungstechnologien und lösbare Zwangsbedingungen zwischen Prozessschritten. Die Auswertungen von Prozesskettenperformance und Prozesskettenähnlichkeit als zentrale zusammenfassende Kennzahlen ergeben bei dem gewählten Bauteil die höchste Prozesskettenperformance bei geringer Prozesskettenähnlichkeit (Abbildung 6-10).

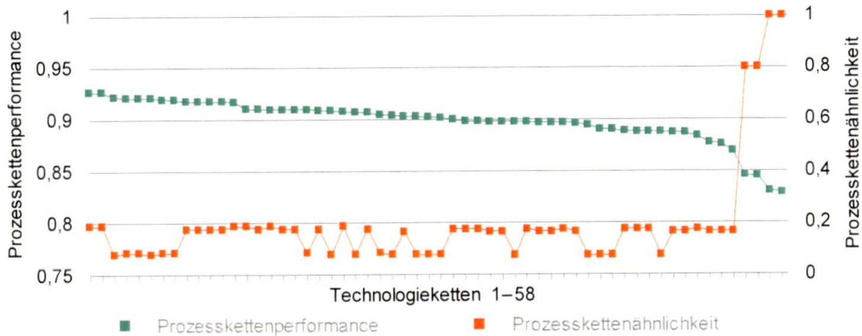

Abbildung 6-10: Fallbeispiel 2 – Prozesskettenperformance und Prozesskettenähnlichkeit

Die Prozesskettenperformance bildenden Kennzahlen Zeit (z_t), Kosten (z_c) und Fertigungsstrategie (z_S) wurden in diesem Fall gleichmäßig zu je einem Drittel gewichtet. Es wird deutlich, dass die additive Fertigung erheblichen Einfluss auf die Weiterbearbeitungsprozesskette nimmt. Daraus lässt sich der Bedarf an struktureller Umgestaltung der Fertigungsprozesskette ableiten. Wird der Biegestempel ausgehend von einem additiv gefertigten Halbzeug hergestellt, sollte die Prozesskette zur Weiterbearbeitung folglich nicht der etablierten Fertigung des Bauteils entsprechen. Dies ist bei der Ausgestaltung einer Fertigungsstrategie zu berücksichtigen.

Als Auswahlunterstützung dient die Prozessketten-Ähnlichkeits-Performance-Matrix, die eine zusätzliche Schwerpunktsetzung auf fertigungsstrategischer oder wirtschaftlicher Ebene erlaubt (Abbildung 6-11, vgl. Abbildung 5-40). So können Prozessketten ohne fertigungstechnologische Änderungen identifiziert werden (Prozesskettenähnlichkeit hoch) oder Prozessketten, die einen relativ höheren wirtschaftlichen Nutzen erzielen (Prozesskettenperformance hoch). Im vorliegenden Fall ist eine ausgeprägte Segregation zwischen Prozesskettenähnlichkeit und Prozesskettenperformance erkennbar, sodass nicht unmittelbar eine »Ideallösung« identifiziert werden kann. Da in der Fertigungsumgebung jedoch alle notwendigen Fertigungsmittel auch für eine Prozesskette mit geringer Prozesskettenähnlichkeit vorhanden sind, wird die Auswahl der Prozesskette mit der höchsten Prozesskettenperformance empfohlen. Diese befindet sich zudem im Bereich der Standardabweichung der Prozesskettenähnlichkeit. Weiterhin lässt sich die Aussage treffen, dass die vertikale Orientierung des Bauteils bessere Ergebnisse bei der Bewertung der Prozesskettenperformance erzielt: Unter den am höchsten bewerteten Prozessketten (beste 10%, rangiert nach Prozesskettenperformance) ist die Mehrzahl der vertikalen Orientierungsvariante des Biegestempels zugeordnet. Die sieben am besten bewerteten Prozessketten ergeben sich ausschließlich aus der vertikalen Variante. Der Einfluss der Orientierung während des LB-PBF-

Prozesses auf die Weiterbearbeitungsprozesskette wird somit offenbar. Der LB-PBF-Prozess kann somit zielgerichtet, insbesondere bezogen auf die Weiterbearbeitung des Bauteils, ausgelegt werden.

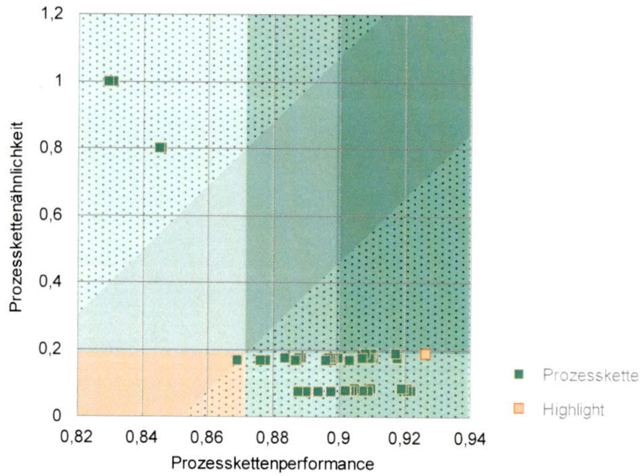

Abbildung 6-11: Fallbeispiel 2 – Prozessketten-Ähnlichkeits-Performance-Matrix

Als detaillierte Ausprägung der bestbewerteten Prozesskette ist in Abbildung 6-12 die zugehörige Fertigungsfolge dargestellt. Die Rüst- und Grundzeiten erlauben einen Überblick über die Verteilung der Bearbeitungs- und Verweilzeiten an den einzelnen Maschinenarbeitsplätzen. Wartezeiten sind zur besseren Übersichtlichkeit nicht grafisch abgebildet.

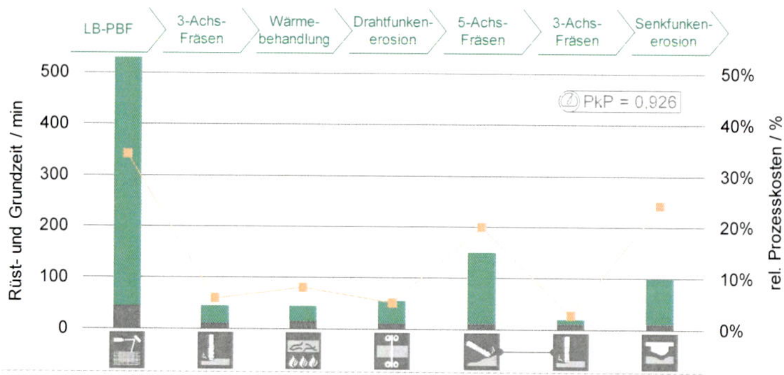

Fertigungs-mittel	*Dienst-leister*	Hermle 5-Achs-Fräsm.	*Dienst-leister*	GF Draht-erosionsm.	Hermle 5-Achs-Fräsmaschine		Hansen Senk-erosionsm.
Auf-spannung	A6-α0°	A1-α0°	A0	A3-α90°	A1-β90° A1-α270°	A1-α0°	A1-α90° A3-α90°
Form-element	global	3/4	global	6/15	1/5/8/9/10/ 11/12/13	14	2/7

Rüstzeit   Grundzeit   rel. Prozesskosten (Bezogen auf Gesamtkosten)

Abbildung 6-12: Fallbeispiel 2 – Prozesskette mit höchster Prozesskettenperformance

Die Angabe der relativen Prozesskosten bezieht sich auf die errechneten Gesamtkosten des

Bauteils. Auf Ebene der Fertigungsfolge sind die zugeteilten Fertigungsmittel der Fertigungsumgebung und die benötigten Aufspannungen zur Fertigung der Bearbeitungselemente des Bauteils aufgeführt. Der Arbeitsplanung wird damit ein aussagekräftiges Dokument zur Erstellung eines Arbeitsplans zur Verfügung gestellt.

6.4.3 Fazit der Methodikanwendung bei der Scheuermann + Heilig GmbH

Conclusion of Application of Methodology at Scheuermann + Heilig GmbH

Zum einen hat das Fallbeispiel 2 als Anwendungsfall bei der Scheuermann + Heilig GmbH gezeigt, dass die entwickelte Methodik mit ihren konsekutiven Schritten innerhalb der Analyse-, Gestaltungs- und Umsetzungsphase in der Praxis funktionsfähig ist. Zum anderen konnte durch das Beispiel dargelegt werden, dass eine deutliche Abhängigkeit zwischen Prozessgestaltung für das LB-PBF und der Weiterbearbeitung besteht und diese durch Kennzahlen ausdrückbar ist. Der generische Ansatz der Kennzahlengestaltung hat sich in diesem Anwendungsfall bewährt: Der vielseitige Maschinenpark im Werkzeugbau des Unternehmens konnte vollständig abgebildet werden. Unterstützt durch vorliegende Leistungsfähigkeitskennzahlen zu den Fertigungsmitteln konnten fundierte Aussagen zur fertigungsstrategischen Ausrichtung des Betriebs getroffen werden. Gleichzeitig konnte durch die Einbindung der bestehenden Kennzahlen nachgewiesen werden, dass die Verknüpfung der entwickelten Methodik zur Integration additiver Fertigungstechnologien in Fertigungsprozessketten mit Kennzahlensystemen zur Fertigungsmittelbeschreibung funktional ist.

Für das Unternehmen ergibt sich die konkrete Aussage, dass additiv gefertigte Halbzeuge mit einer ganzheitlich ausgelegten Weiterbearbeitungsprozesskette finalisiert werden sollten. Für das gewählte Bauteil eines Schneidwerkzeugs, das nicht a priori für die additive Fertigung konstruiert ist, ergibt sich nach Durchlauf der Methodik eine deutlich abweichende Fertigungsfolge im Vergleich zur etabliert vollzogenen Bauteilfertigung. Im Vorfeld eigener Investitionen in AM-Maschinen eignet sich die methodische Betrachtung, um die Abstimmung der Weiterbearbeitung von Beginn des Technologieeinsatzes an sicherzustellen.

6.5 Fallbeispiel 3: LMT Fette Werkzeugtechnik GmbH & Co. KG

Case Study 3: LMT Fette Werkzeugtechnik GmbH & Co. KG

Im Fallbeispiel zu LMT Fette liegt die Gestaltungs- und Selektionsphase im Betrachtungsfokus, wobei ein empfohlenes Fertigungsmittelspektrum ermittelt werden soll. Dieses Fertigungsmittelspektrum wird generisch definiert.

Die LMT Fette Werkzeugtechnik GmbH & Co. KG ist Teil der LMT Gruppe. Die Gruppe beschäftigt weltweit etwa 2.200 Mitarbeiter·innen und hat im Jahr 2019 421 Mio. Euro umgesetzt [LMTG21]. LMT Fette Werkzeugtechnik hat sich auf die Fertigung von Werkzeugen für das Herstellen von Gewinden mit dem Verfahren Gewinderollen spezialisiert. Seit einigen Jahren entwickelt das Unternehmen systematisch seine Kompetenzen im Einsatz von AM. Die Entwicklungsabteilung arbeitet dazu mit AM-Dienstleistern und dem ACAM Aachen Center for Additive Manufacturing zusammen [ARNT19, S. 88–89].

6.5.1 Ausgangssituation und Anwendung der Analysephase

Initial Situation and Application of Analysis Phase

Das bei LMT Fette betrachtete Bauteil (Abbildung 6-13) ist für die pulverbettbasierte additive Fertigung konstruiert worden. So wurden Hinterschneidungen weitgehend vermieden, was zu einer Reduzierung notwendiger Stützstrukturen führt. Weiterhin wurden im Flanschbereich Hohlräume vorgesehen, welche die Masse und das Volumen des Bauteils im Vergleich zu dem konventionell gefertigten Produkt verringern. Dies ergibt einerseits Vorteile im Einsatz des Produkts, da geringere Beschleunigungskräfte bei Revolverbewegungen auftreten. Andererseits verringert das optimierte Volumen die Aufbauzeit im LB-PBF. Bei der Fertigung des Tangential-Rollkopfes »EVOline« kommt die additive Fertigung zum Einsatz, um die bisher bestehenden Grenzen der Fertigungstechnologien, z. B. bei der Erzeugung von Kühlkanälen, zu erweitern und individuelle Kundenbedürfnisse, z. B. in Bezug auf mechanische Schnittstellen, besser adressieren zu können. Produkte, die mit Tangential-Rollköpfen bearbeitet werden, sind beispielsweise Achsschenkel für die Automobilindustrie oder Zugstangen für die Bauindustrie.

Die Betrachtung der Weiterbearbeitungsprozesskette ist erforderlich, da das Bauteil über mehrere Passbohrungen (Toleranzklasse H7), Innengewinde (M4) und Passflächen (Rz 4) verfügt, die ob ihrer geforderten Eigenschaften nicht allein additiv hergestellt werden können. Für das prototypische Bauteil wird der hochlegierte Warmarbeitsstahl mit der Nummer 1.2709 (X3NiCoMoTi18-9-5) angenommen und als Basis für die Bauzeitberechnung verwendet. Der Werkstoff findet als Pulver breite Anwendung in der additiven Fertigung. Zentrale LB-PBF-Parameter zur Berechnung der Bauzeit sind entsprechend anwendungstypischer Literaturwerte [RAMI20] [WOLL20, S. 111]:

- Scangeschwindigkeit v_S: 1.100 mm/s
- Bahnabstand h_d: 100 µm
- Schichtstärke h_S: 45 µm

Daraus ergibt sich eine mit Autodesk Inc. »Netfabb Premium 2021.0« berechnete Bauzeit auf der mit einem Laser betriebenen Maschine »SLM500HL« des Anbieters SLM Solutions von ca. 7,1 h. Wie bereits zum Fallbeispiel 2 angemerkt, ist die Bauzeit als Richtzeit einzuordnen.

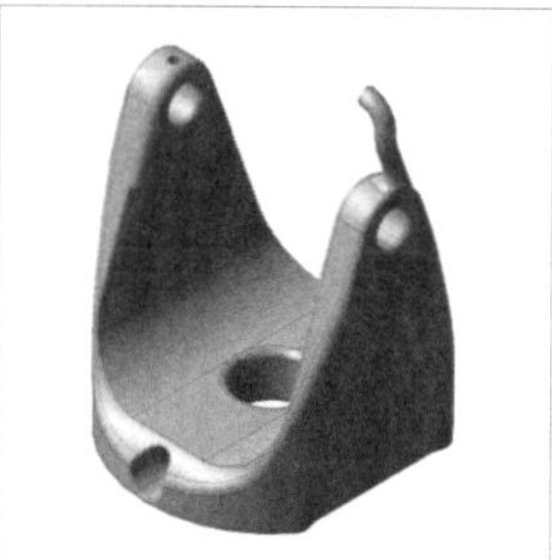

Eigenschaft	Wert
Werkstoff	1.2709 | X3NiCoMoTi18-9-5
Abmaße	(81,0 × 76,0 × 104,9) mm
Bauteilvolumen	72.118 mm³
Maßtoleranz (geringste)	15 µm
Innenradius (kleinster)	2,0 mm
Bauteiltechnologien (global)	LB-PBF, Strahlspanen

Abbildung 6-13: Bauteilsteckbrief Rollkopfhalter

LMT Fette hat die Prozesscharakteristika, die zur späteren Auswahl geeigneter Prozessketten erforderlich sind, paarweise verglichen. Die daraus abgeleitete Präferenzmatrix mit der Gewichtung der acht Prozesscharakteristika geht aus Abbildung 6-14 hervor. Hier lässt sich eine besonders große Bedeutung der Fertigungskosten feststellen, gleichzeitig ergibt sich für die Durchlaufzeit eine geringe Bedeutung.

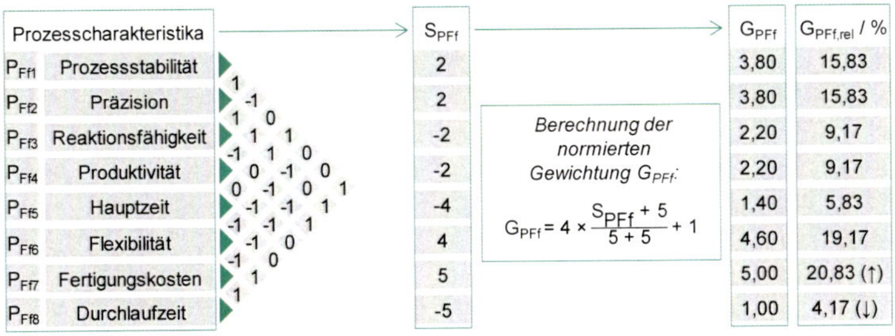

Abbildung 6-14: Präferenzmatrix für LMT Fette

Die Methodik soll im Fallbeispiel 3 dabei unterstützen, geeignete Fertigungsprozessketten für die additiv-subtraktive Fertigung zu identifizieren. Dabei wird keine vorhandene Fertigungsumgebung herangezogen, sodass keine Einschränkung hinsichtlich geeigneter Fertigungsverfahren gegeben ist. Da die Prozesskettensimulation und -bewertung jedoch auf konkreten Kennzahlen basiert, wird eine generische Fertigungsumgebung angenommen, die zur vergleichenden Beurteilung von Prozessketten hinreichende Informationen beinhaltet. Als Fertigungstechnologien sind Fräsen, Drahtfunkenerosion, Senkfunkenerosion, Sägen und Strahlspanen verfügbar.

6.5.2 Anwendung der Gestaltungs- und Umsetzungsphase

Application of Generating and Implementation Phase

Zunächst werden die Bauteilinformationen und die generischen Daten zur Fertigungsumgebung in die prototypische Software eingegeben. Für das Bauteil werden vier Aufspannoptionen vorgesehen. Zwei Spannoptionen nutzen die Substratplatte, zwei weitere nutzen Spannflächen direkt am Werkstück. Darüber hinaus gibt Aufspannung A0 die nicht eingespannte Handhabung z. B. während eines Strahlspanprozesses wieder. Trotz der AM-gerechten Konstruktion verbleiben Stützstrukturen, die die Bearbeitbarkeit einzelner Oberflächen beeinflussen und im Bereich der Anbindung des Bauteils an die Substratplatte obligatorisch sind. Aufspannoptionen und Stützstrukturen sind in Abbildung 6-15 gezeigt.

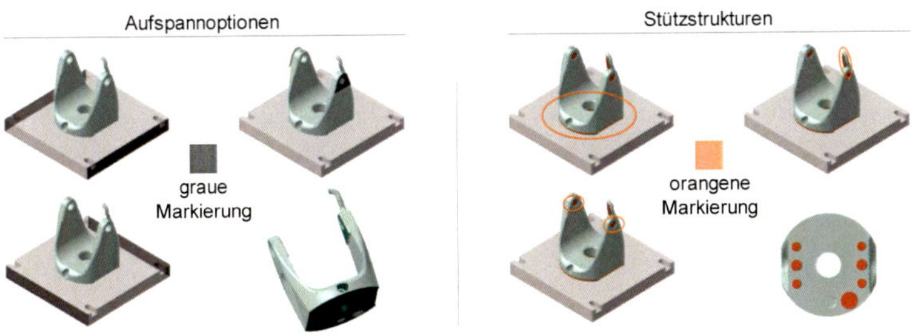

Abbildung 6-15: Übersicht Aufspannoptionen und Stützstrukturen

Nach Durchlauf der konsekutiven Schritte der Methodik können 22 einzigartige funktionsfähige Technologieketten ausgegeben werden. D. h. bei diesen liegen gültige Aufspannoptionen in Kombination mit möglichen Fertigungsverfahrensausprägungen vor, die geeignet sind, alle definierten Bearbeitungselemente zu fertigen. Darüber hinaus wurden 80 weitere Technologieketten generiert, die jedoch entweder als Dopplung auftreten (16 Stück), und damit keine eigene Fertigungsfolge bilden, oder nicht vollständig erzeugt werden können und damit ungültig sind. Die Prozesskettenperformance und die Prozesskettenähnlichkeit über den erfolgreich erzeugten Technologieketten zeigen im Vergleich zu der gleichen Auswertung im Fallbeispiel 2 (vgl. Abbildung 6-10) eine geringere diametrale Ausprägung von Prozesskettenperformance und Prozesskettenähnlichkeit. Auch wird deutlich, dass wenige Technologieketten eine besonders hohe Performance aufweisen und eine Vielzahl im mittleren Performancebereich verortet sind.

Aufgetragen in der Prozessketten-Ähnlichkeits-Matrix zeigt sich ein heterogen verteiltes Bild der generierten Prozessketten (Abbildung 6-16). Neben einem Schwerpunkt im Bereich mittlerer Prozesskettenperformance und mittlerer bis geringer Prozesskettenähnlichkeit finden sich einige Ergebnisse in einem ausgeglichenen Feld zwischen Ähnlichkeit und Performance. Zur weiteren Interpretation werden die Fertigungsfolge mit der höchsten Prozesskettenperformance und die Fertigungsfolge mit hoher Ähnlichkeit und mittlerer Performance detailliert betrachtet. Diese sind in Abbildung 6-16 orange eingerahmt.

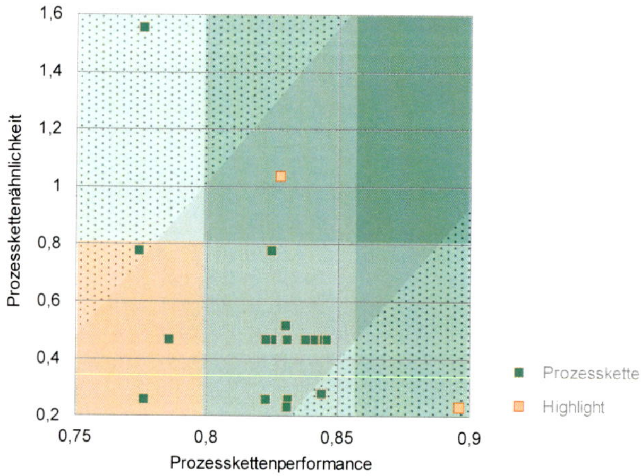

Abbildung 6-16: Fallbeispiel 3 – Prozessketten-Ähnlichkeits-Performance-Matrix

Die Fertigungsfolge mit der höchsten Prozesskettenperformance zeigt zunächst Abbildung 6-17. Sie besteht mit dem LB-PBF, der Drahtfunkenerosion, dem Strahlspanen, dem 5- und 3-Achs-Fräsen aus fünf Prozessschritten. Nach dem additiven Aufbau des Werkstücks dominiert die 3-Achs-Bearbeitung die Prozesskette zeitlich und aus Perspektive der Prozesskosten. Da für die Bearbeitung eines Formelements eine 5-Achs-Maschine erforderlich ist, werden die beiden letzten Prozessschritte auf dieser Maschine ausgeführt, wenngleich für die meisten Formelemente eine 3-Achs-Kinematik ausreicht. Gegenüber der etablierten Prozesskette wird die Drahtfunkenerosion ergänzt, die hier als Trenntechnologie (Substratplatte – Werkstück) zum Einsatz kommt.

Alle weiteren Prozessschritte zur Erzeugung der Produktgeometrie erfolgen somit im getrennten Zustand. Die gezeigte am besten bewertete Prozesskette erreicht eine um 5,03 Prozentpunkte höhere Prozesskettenperformance als die beste Prozesskette, die Sägen als Trenntechnologie enthält. Daraus ergibt sich ein deutlicher Unterschied gegenüber der etablierten Prozesskette, in der keine Drahtfunkenerosion zum Einsatz kommt. Die Drahtfunkenerosion bietet hier den Vorteil, dass neben der Werkstücktrennung erste Pass- bzw. Spannflächen erzeugt werden können (vgl. Abschnitt 2.7).

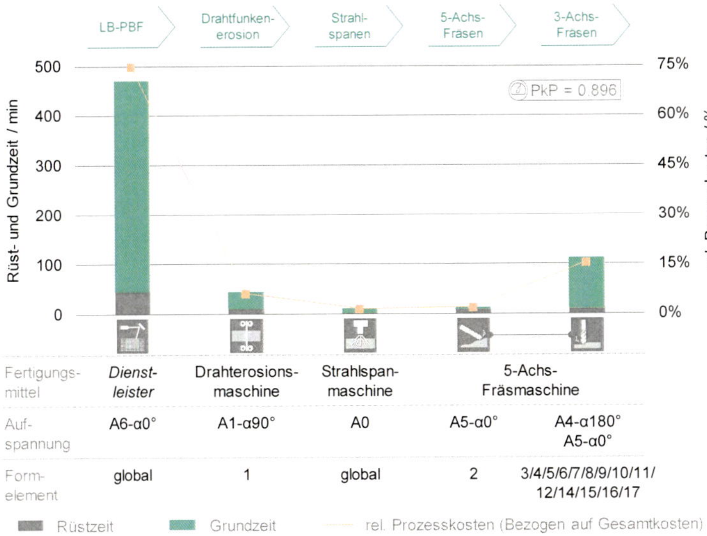

Abbildung 6-17: Fallbeispiel 3 – Prozesskette mit höchster Prozesskettenperformance

Bei der Untersuchung der Prozesskette mit ausgeglichenem Ergebnis für PkP und PkS zeigt sich eine sechsschrittige Prozesskette (Abbildung 6-18).

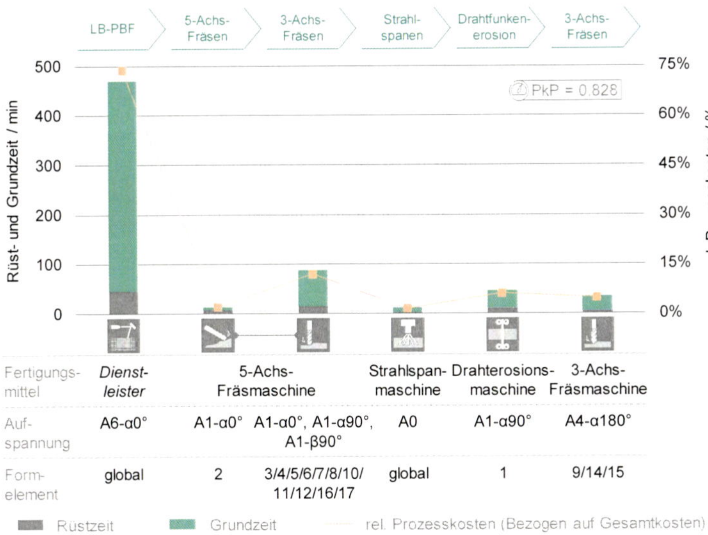

Abbildung 6-18: Fallbeispiel 3 – Prozesskette mit ausgeglichener Bewertung

Nach der additiven Fertigung sind die Kosten und Zeiten, die erneut weitgehend korrelieren, etwas homogener auf die Prozessschritte verteilt. Dennoch überwiegt hier erneut die 3-

Achs-Fräsbearbeitung. Als grundsätzlicher Unterschied zur vorherigen Prozesskette wird offenbar, dass ein Großteil der Bearbeitung stattfindet, während das Werkstück auf der Substratplatte verbleibt. Darin liegt auch der weitere Prozessschritt begründet. Die Drahtfunkenerosion kommt lediglich als Trenntechnologie zum Einsatz und wird nicht zur Erzeugung weiterer Oberflächen genutzt.

6.5.3 Fazit der Methodikanwendung bei der LMT Fette Werkzeugtechnik GmbH & Co. KG

Conclusion of Application of Methodology at LMT Fette Werkzeugtechnik GmbH & Co. KG

Erneut hat auch das Fallbeispiel 3 als Anwendungsfall bei LMT Fette gezeigt, dass die Methodik in der Praxis anwendbar ist – und dies unter der Bedingung, dass die Fertigungsumgebung nicht vollständig ausdefiniert ist, jedoch ein AM-gerecht konstruiertes Bauteil vorliegt. Dabei ergab die Kostenbetrachtung ein ähnliches Ergebnis wie sie bei vergangenen Betrachtungen seitens des Unternehmens stattgefunden haben. Insofern kann die Tragfähigkeit der erzielten Aussagen nach Anwendung des methodischen Vorgehens bestätigt werden.

Da im Unternehmen bereits erste Versuche zur additiven Fertigung des Rollkopfhalters stattgefunden haben und die Machbarkeit evaluiert wurde, kommt der Betrachtung der Weiterbearbeitungsprozesskette eine entscheidende Bedeutung zu. Als Erkenntnis aus der Betrachtung des Fallbeispiels 3 ergibt sich vor allem, dass die »klassische« Werkstücktrennung, d. h. bei der Einführung von AM übliche Trennung eines Werkstücks durch Sägen, auf Basis der ermittelten Kennzahlen weniger attraktiv ist als die Drahtfunken-erosion. Weitere Vorteile bei der Anwendung von Drahtfunkenerosion sind zu erwarten, wenn mehrere Werkstücke gleichzeitig von einer Substratplatte getrennt werden und positive Skaleneffekte wirken. Dies hat erhebliche Auswirkungen auf die Fertigungsstrategie. Zum einen müssen zusätzliche Fertigungsmittel beschafft werden, zum anderen müssen erweiterte Fachkompetenzen für die Nutzung der Funkenerosion erworben werden. Umso wichtiger ist die frühe Befassung mit der Weiterbearbeitungsprozesskette, sodass zur Einführung eines AM-basierten Produkts mögliche Hindernisse im Fertigungsumfeld erkannt und eliminiert sind. Bevor eine der ausdetaillierten Prozessketten eingeführt werden kann, sollte die Methodik erneut – unter Einbeziehung der vorherrschenden Fertigungsumgebung und mit (potenziell) zur Verfügung stehenden Fertigungsmitteln – durchgeführt werden. Nur durch die iterative Vorgehensweise ist eine finale Aussage möglich.

6.6 Kritische Reflexion

Critical Reflection

Mit den drei Fallbeispielen in drei sehr unterschiedlichen Branchen und Anwendungsfeldern bei den Unternehmen Aeronamic B.V., Scheuermann + Heilig GmbH sowie LMT Fette Werkzeugtechnik GmbH & Co. KG konnte nachgewiesen werden, dass die entwickelte Methodik im Praxiseinsatz besteht. Die Methodik zur Integration pulverbettbasierter additiver Fertigungstechnologien in Fertigungsprozessketten wird aus wissenschaftlicher Perspektive an den Anforderungsblöcken, die in Abschnitt 3.2 eingeführt wurden, gemessen und im Folgenden kritisch reflektiert.

Die Bauteilanforderungsbeschreibung bildet die Basis für das kontextuelle Verständnis des betrachteten Bauteils und die systematische Wiedergabe und methodische Interpretierbarkeit der Bauteilinformationen. Durch die kinematische Beschreibung von Bauteilen ist es gelungen, diese hinreichend zu abstrahieren. Einerseits kann der Anwendende diese Abstraktion vornehmen, andererseits können die ausgewählten Oberflächenkonturen und Begrenzungsbedingungen leicht automatisiert verarbeitet werden. Insbesondere im Umfeld der Unikat- und Kleinserienfertigung ist diese Vorgehensweise umsetzbar. Anhand der Fallbeispiele konnte validiert werden, dass geometrisch sehr heterogene Bauteile mithilfe der Bauteilanforderungsbeschreibung erfasst werden können. Zudem konnte durch die Generierung von Prozessketten gezeigt werden, dass Zugänglichkeiten für Fertigungsverfahren so definiert sind, dass diese einzelnen Bearbeitungselementen zugeordnet werden können. Das besondere Augenmerk auf die additive Fertigung konnte durch die Aufgliederung von Bauteilen in Bearbeitungselemente und weiter in Form- und Stützelemente erreicht werden.

Als Kernelement einer Fertigungsumgebung, die Fertigungsmittel beinhaltet, ist die Fertigungsmittelaufnahme und -leistungsfähigkeitsbeurteilung von zentraler Bedeutung. Neben der grundlegenden Erfassung von Fertigungsverfahren, die in einer Fertigungsumgebung etabliert sind, ist ein übergreifendes Kennzahlensystem entwickelt worden, das Fertigungsmittel charakterisiert und einen Abgleich mit den Bauteilanforderungen erlaubt. Diese technologischen Kennzahlen wurden um unternehmensindividuelle Randbedingungen ergänzt und finden sich in den gewichteten Prozesscharakteristika wieder. Überall dort, wo bereits Kennzahlen zur Beschreibung der technologischen Leistungsfähigkeit von Fertigungsmitteln bestehen, ist deren Integration in den methodischen Ablauf möglich. Im Fallbeispiel 2 bei Scheuermann + Heilig konnte dies auch in der Praxis nachgewiesen werden. Darüber hinaus hat sich gezeigt, dass die Anwendung der Fertigungsmittelaufnahme und -leistungsfähigkeitsbeurteilung auch generisch vorgenommen werden kann. Mit Blick auf zukünftige Anpassungen des Fertigungstechnologieportfolios bei LMT Fette konnten generische Fertigungsmittel in das Fallbeispiel einbezogen werden – wenngleich damit die Notwendigkeit der wiederholten Anwendung bei Konkretisierung der Maschinenausstattung einhergeht.

Der dritte Anforderungsblock ergibt sich aus der Prozesskettengenerierung und -planung. Hierzu ist erneut die Eignung für die Unikat- und Kleinserienfertigung sicherzustellen, die Einbeziehung der vorhandenen Fertigungsumgebung, die sich vorrangig aus den beiden zuvor genannten Anforderungsblöcken speist, sowie die Berücksichtigung unterschiedlicher Fertigungsverfahren inklusive des LB-PBF. Der holistische methodische Ansatz erlaubt, dass die vorhandene Fertigungsumgebung einbezogen wird, etablierte Prozessketten als wichtiger Erfahrungsschatz aufgenommen werden und schließlich unter Einbeziehung aller weiteren Randbedingungen praktikable Fertigungsprozessketten generiert werden. Das Fallbeispiel 1 bei Aeronamic konnte zeigen, dass vor allem die Initiierung und Situationsanalyse von großer Bedeutung sind und in der Anwendung funktionieren. In den beiden weiteren Fallbeispielen der Validierung konnte zudem die erfolgreiche Generierung von Prozessketten auf Ebene von Fertigungsfolgen gezeigt werden. Auf Basis von Fertigungsumgebungen mit einem zugehörigen Layout, Fertigungsmitteln und ihren jeweiligen technologischen Leistungsfähigkeiten sowie den fertigungsstrategischen Randbedingungen wurden bauteilspezifische Fertigungsfolgen erzeugt, bewertet und ausgewählt. Die Wechselwirkungen zwischen LB-PBF und Weiterbearbeitung konnten objektiv anhand von Kennzahlen aufgezeigt werden. Die kennzahlenbasierte Auswertung erlaubt die Ableitung von Handlungsempfehlungen. Für die Anwendung können Empfehlungen zur Prozesskettenauslegung, Maschinenauswahl und Fertigungsstrategie abgeleitet werden.

Die Beantwortung der in Abschnitt 3.7 gestellten Forschungsfragen ergibt sich zunächst aus der richtungsweisenden Konzeption der Methodik, wie sie in Kapitel 4 beschrieben ist und in Kapitel 5 ausgestaltet wird. Sie schließt mit dem praktischen Nachweis der Anwendbarkeit in Kapitel 6.

Die erste Forschungsfrage wird über die Einführung und Ausarbeitung eines Systems zur Bauteilbeschreibung beantwortet. Dieses berücksichtigt die spezifischen Eigenschaften additiv gefertigter Bauteile, die sich vorrangig durch konturnah gefertigte Halbzeuge, vorhandene Stützstrukturen und unzureichende Oberflächenqualität äußert. Oberflächenkonturen und Begrenzungsbedingungen erlauben in Kombination mit Prozesscharakteristika und technologischen Leistungsfähigkeiten die Beschreibung von Anforderungen an Fertigungsmittel. Inhaltlich folgt der Übergang zu der zweiten Forschungsfrage, welche die Fertigungsmittelausstattung erfasst, denen technologische Leistungsfähigkeiten und kinematische Eigenschaften zugeordnet werden. Hinzu kommt die grundlegende Erfassung der Fertigungsumgebung. Nach Beantwortung der beiden ersten Forschungsfragen ergibt sich die dritte Forschungsfrage. Diese wird durch die entwickelte Vorgehensweise zur Prozesskettengenerierung beantwortet. Durch Anwendung von Abgleichsalgorithmen zwischen Bauteil und Technologien, Verfahren und schließlich Fertigungsmitteln wird iterativ eine Fertigungsmittelauswahl getroffen. In der zusammenfassenden vierten Forschungsfrage werden Bauteile, Fertigungsmittel, fertigungsstrategische Randbedingungen und Prozessketten zusammengeführt. Die Beantwortung erfolgt durch den konsekutiven Ablauf der einzelnen Schritte der Methodik und die abschließende Prozesskettenbewertung. Die Selektionsphase gibt schließlich die am besten geeignete Weiterbearbeitungsprozesskette aus, die somit einen optimierten Zustand widerspiegelt, der von anderen Prozessketten nicht erreicht wird. Auswirkungen der additiven Fertigung können iterativ nach Durchlaufen unterschiedlicher LB-PBF-Parameter gezeigt werden.

Insbesondere durch die drei heterogenen Fallbeispiele hinsichtlich der Bauteile und der Fertigungsstruktur wurde die geforderte breite Anwendbarkeit der Methodik nachgewiesen. Der Integration von additiver Fertigung und subtraktiver Weiterbearbeitung steht somit ein neuer Ansatz zur Verfügung. Dieses Hilfsmittel kann die weitere Industrialisierung des LB-PBF unterstützen und die Fertigungstechnologie in Richtung der Ebene stärker etablierter Fertigungsverfahren bewegen.

Schließlich bleibt festzuhalten, dass die prototypische Softwareumsetzung die Anwendung der Methodik erheblich unterstützt. Gleichzeitig offenbart der Prototypenstatus Anwendungshürden, die durch eine weiter zu optimierende Nutzer·innenerfahrung abzustellen sind. Hierzu zählen auch die lückenlose Verknüpfung von vor- und nachgelagerten Prozess- und Fertigungsinformationen mit der Methodik sowie die weitere Automatisierung des Prozesskettengenerierungsprozesses. Durch die dokumentierte Praxistauglichkeit und die Einbindung in weitere Forschungs- und Entwicklungsprojekte des Fraunhofer IPT und über das ACAM Aachen Center for Additive Manufacturing kann ebendiese notwendige Weiterentwicklung vorangetrieben werden. Eine wiederholte Anwendung der Methodik führt außerdem zu einer wachsenden Datenbasis, die es ermöglicht, generierte und simulierte Prozessketten mit weiter steigender Objektivität und im Benchmark untereinander einzuordnen.

7 Schlussbetrachtung

Conclusion

Die Schlussbetrachtung umfasst eine abschließende Zusammenfassung der vorliegenden Arbeit und gibt einen Ausblick auf empfohlene zukünftige Forschungsansätze, die der weiteren Entwicklung und Industrialisierung von Weiterbearbeitungsprozessketten im Kontext der additiven Fertigung dienen können.

7.1 Zusammenfassung

Summary

Die additive Fertigung avanciert zu einer Gruppe hochrelevanter Fertigungsverfahren. Das zeigen die wachsende Verfahrensvielfalt genauso wie der steigende Absatz an Maschinen [STAT21a] [WOHL21, S. 104]. Neben den etablierten subtraktiv-formgebenden Fertigungsverfahren ergänzen die additiven Verfahren das Maschinenportfolio in vielen produzierenden Unternehmen. Die unmittelbar erscheinende Verknüpfung zwischen 3D-CAD-Modell und Werkstückaufbau hat sich u. a. zu Beginn der COVID-19-Pandemie gezeigt. Zahlreiche Projekte wurden ins Leben gerufen, um z. B. Gesichtsmasken oder Zubehör für Beatmungsgeräte herzustellen [ÄRTZ20]. Bei der kurzfristigen Reaktion auf Bedarfe erweist sich die additive Fertigung als vorteilhaft und wird somit steigenden Forderungen nach resilienten Fertigungsumgebungen gerecht. Gleichzeitig darf die teils aufwendige Weiterbearbeitung anspruchsvoller Werkstücke, insbesondere bei metallischen Werkstoffen, nicht außer Acht gelassen werden. Dazu soll der in dieser Arbeit ausgeführte Ansatz einen Beitrag leisten.

Durch die große Flexibilität der additiven Fertigung, die im Übrigen auch auf etabliertere Fertigungsverfahren wie das Fräsen zutrifft, ist eine breite Anwendbarkeit sicherzustellen – dazu ist im Besonderen die Weiterbearbeitung als ermöglichender Faktor zu berücksichtigen. Nur so kann es gelingen, das LB-PBF auf die gleiche Ebene wie das Fräsen hinsichtlich Industrialisierung, Automatisierung und Prozesskettenintegration zu heben. Dann können mit dieser Technologie attraktive neue Möglichkeiten aus Perspektive der Fertigung angeboten werden – und dies zu wettbewerbsfähigen Konditionen.

Die notwendige neuartige Betrachtungsweise zur Prozesskettengestaltung in der Kombination additiver und subtraktiver Fertigung wurde in dieser Dissertation als Paradigma angenommen. Die besonderen Eigenschaften additiv gefertigter Bauteile in Kombination mit den Eigenschaften subtraktiv wirkender Fertigungsverfahren wurden in der Arbeit berücksichtigt. Damit wird deutlich, dass nicht auf vorhandene Ansätze zur Prozesskettengestaltung zurückgegriffen werden konnte. In jedem Fall nicht vollumfänglich, obgleich einzelne Methodikelemente adaptiert werden konnten. Die entwickelte Methodik zur Integration pulverbettbasierter additiver Fertigungstechnologien in Fertigungsprozessketten umfasst dazu drei übergeordnete Phasen: Analysephase, Gestaltungsphase und Umsetzungsphase. Diese untergliedern sich zunächst in die Initiierung und Situationsanalyse, während derer die betreffenden Personen in einem Unternehmen in die Anwendung der Methodik eingeführt werden und der Status quo hinsichtlich der vorhandenen Fertigungsumgebung mit relevanten Bauteilen und Fertigungsmitteln erfasst werden. In den Schritten Prozesskettengenerierung und -simulation werden Fertigungsprozessketten erzeugt, welche die vorhanden Fertigungsmittel berücksichtigen und mit den additiv erzeugten Werkstücken abgleichen. Schließlich finden während der Prozesskettenselektion eine unternehmensindividuelle Bewertung und Auswahl der individuell am besten geeigneten Fertigungsfolge zur Herstellung eines spezifischen Bauteils statt. Alle Phasen sind kennzahlengestützt, sodass eine objektive

Vorgehensweise sichergestellt wird und mathematisch-analytische Auswertungen erzeugt werden können. Zusätzlich unterstützt eine prototypische Software bei der Datenakquise, -verarbeitung und -auswertung. Kennzahlen und Auswertungen unterstützen Unternehmen schließlich dabei, fertigungsstrategische Entscheidungen zu treffen. Dies konnte schließlich durch die Validierung anhand von drei Fallbeispielen nachgewiesen werden. Durch eine heterogene Auswahl von Unternehmen und Bauteilen für die Fallbeispiele wurde sichergestellt, dass die Anforderung einer generischen Einsetzbarkeit der Methodik im Umfeld der Unikat- und Kleinserienfertigung von maschinenbaulichen Bauteilen, basierend auf additiv gefertigten Halbzeugen, erreicht wurde.

7.2 Ausblick und Verwertung

Outlook and Utilization

Die in dieser Arbeit entwickelte Methodik zur Integration von pulverbettbasierten additiven Fertigungstechnologien in Fertigungsprozessketten stellt eine holistische Basis für die Betrachtung zu optimierender additiv-subtraktiver Prozessketten dar. Einerseits ergibt sich daraus ein erhöhter Nutzen für die Industrie, andererseits wird das wissenschaftliche Themenfeld um einen neuen Ansatz ergänzt. Dieser eröffnet wiederum die Möglichkeit, Ansätze anzuschließen, die zu einer weiteren Verbesserung der Integration von AM in Fertigungsprozessketten führen. Einige Anknüpfungspunkte, die sich aus der vorliegenden Betrachtung ergeben, seien hier aufgeführt.

Die weitere Automatisierung zur Umsetzung des Ansatzes dieser Methodik nimmt im Hinblick auf zukünftige Optimierungen eine zentrale Rolle ein. Dazu ist es erforderlich, das kinematische Kennzahlensystem zur Bauteilbeschreibung so zu erweitern, dass die exakte Lage einer Oberfläche in Bezug zum Basiskoordinatensystem einer Substratplatte mathematisch beschrieben wird. So kann die Oberflächengüte in Abhängigkeit der Orientierung automatisch bestimmt werden. Einhergehend mit dem Bedarf zur Unikatfertigung hoch komplexer und unterschiedlichster Bauteilgeometrien ist die Fertigungsplanung auf Geometrieebene unerlässlich. Die automatisierte Erkennung und Klassifizierung von Bearbeitungselementen, z. B. auf Basis von Voxel-Modellen, bieten das Potenzial, manuelle Aufwände zu eliminieren. Auch eine Batch-Verarbeitung mehrerer Bauteile erscheint mit dieser Vorgehensweise erreichbar. Zur Ermittlung der Prozesszeiten ist die Erweiterung um einen Ansatz zielführend, der direkt auf einer analytischen Zeitermittlung beruht. Dazu ist die Verknüpfung mit anderen Softwarelösungen, wie CAM-Software oder NC-Code-Simulatoren, wie dem NC-Profiler des Fraunhofer IPT, sinnvoll. Gelingt dies, schließt sich der Bedarf nach der Entwicklung einer physisch automatisierten additiv-subtraktiven Prozesskette an, die mit einer entsprechenden Auslegungs- und Bewertungsmethodik gestützt werden sollte.

Denkbar ist zudem, den spezifisch additiv-subtraktiven Ansatz zu erweitern. Wird folglich nicht ausschließlich von endkonturnah gefertigten Halbzeugen ausgegangen, ist die Übertragbarkeit der Methodik auf vollständig generische Bauteilanforderungen und Fertigungsumgebungen erzielbar.

Neben den beschriebenen zukünftigen Erweiterungsmöglichkeiten ist auch eine weitere Optimierung des Kernansatzes anzustreben. Es hat sich gezeigt, dass die Gestaltung von Prozessketten beliebig detailliert und damit beliebig komplex ausgeführt werden kann. In diesem Kontext ist die Anzahl der berücksichtigten Bauteil- und Fertigungsmittelmerkmale zu nennen. In summa führt dies zu analytisch kaum lösbaren multikriteriellen Problemen. Um eine verbesserte Lösbarkeit und damit noch weiter detaillierte Aussagekraft hinsichtlich Prozesskettenperformance, Prozesskettenähnlichkeit und vor allem eine größere Grundgesamtheit betrachteter Prozessketten zu erreichen, bieten Algorithmen, die sich der Künstlichen Intelligenz (KI) und Maschinellem Lernen (ML) bedienen, großes Potenzial. Gerade vor dem Hintergrund der Anwendung im Fertigungsumfeld mit komplexen Bauteilen, diversen Fertigungs- und Spannmitteln, endlosen Kombinationsmöglichkeiten und bis dato nicht vollständigen Entscheidungshilfen bei der Verfahrensauswahl sollten KI- und ML-basierte Lösungen zukünftig vermehrt betrachtet werden.

So gelingt es, den Weg der additiven Fertigung hin zu einer vollständig integrierten, industriellen Fertigungstechnologie weiter zu ebnen. Die Gleichstellung mit vielen anderen Fertigungsverfahren der DIN 8580 wird damit etabliert und die industrielle Verwertung der Inhalte erleichtert.

Literaturverzeichnis

References

[ABEO01] Abe, F.; Osakada, K.; Shiomi, M.; Uematsu, K.; Matsumoto, M.: The manufacturing of hard tools from metallic powders by selective laser melting. In: Journal of Materials Processing Technology. 111. Jg., 2001, 1-3, S. 210–213

[ADDI19] Additive Industries B.V.: Accelerating Industrial Additive Manufacturing, 2019

[AERO21] Aeronamic B.V.: About us. URL: https://aeronamic.com/about-us/ [Stand: 08.04.2021]

[ALMA16] AlMangour, B.; Yang, J.-M.: Improving the surface quality and mechanical properties by shot-peening of 17-4 stainless steel fabricated by additive manufacturing. In: Materials & Design. 110. Jg., 2016, S. 914–924

[ALTM89] Altmann, C.; Krause, F.-L.: Arbeitsplanung alternativer Prozesse für flexible Fertigungssysteme. In: ZWF Zeitschrift für wirtschaftlichen Fabrikbetrieb. 84. Jg., 1989, Nr. 5, S. 228–232

[AMER13] America Makes: America Makes is the National Additive Manufacturing Innovation Institute - America Makes. Youngstown, 08.10.2013

[AMER19] America Makes: Current Members - America Makes. URL: https://www.americamakes.us/membership/current-members/ [Stand: 01.11.2019]

[ANDE12] Anderson, C.: Makers, The new industrial revolution. London: Random House Business Books, 2012

[ANDR15] Andrecht, D.; Wegener, M.: Fertigbearbeitung von generativ gefertigten Bauteilen. In: Schuh, G.; Boos, W. (Hrsg.): WBA Forschungsbericht 2015. Aachen: Apprimus, 2015, S. 63–69

[ANWE16] Anwer, N.; Mathieu, L.: From reverse engineering to shape engineering in mechanical design. In: CIRP Annals. 65. Jg., 2016, Nr. 1, S. 165–168

[ARAU15] Araujo, L.; Ozcan, E.; Atkin, J.; Baumers, M.; Tuck, C.; Hague, R. (Hrsg.): Toward better build volume packing in additive manufacturing: classification of existing problems and benchmarks, 2015

[ARCA17] Arcam AB: Welcome to Manufacturing Unbound, Arcam EBM — Disrupting the status quo in production by providing leading-edge metal additive manufacturing solutions, 2017

[ARCA19] Arcam AB: Arcam History. URL: http://www.arcam.com/company/about-arcam/history/ [Stand: 29.11.2019]

[ARNT13] Arntz, K.: Technologie des Mehrachsfräsens von vergütetem Schnellarbeitsstahl. Zugl.: Aachen, Techn. Hochsch., Diss., 2013. Aachen: Apprimus-Verl., 2013

[ARNT19] Arntz, K.; Prümmer, M.; Wollbrink, M.; Horstkotte, R.: Optimierte Fertigungsprozessketten. Additive Fertigung. In: Werkzeug & Formenbau. 29. Jg., 2019, Nr. 4, S. 88–89

[ÄRTZ20] Redaktion Deutsches Ärzteblatt: Beatmungsgeräte und -masken im 3-D-Druck. URL: https://www.aerzteblatt.de/nachrichten/115162 [Stand: 01.05.2021]

[AUTO19] Autodesk Inc.: 3D printing software from design to manufacture, Automatic packing. URL: https://www.autodesk.com/products/netfabb/features/netfabb [Stand: 11.12.2019]

[AWIS16] Awiszus, B.; Bast, J.; Dürr, H.: Grundlagen der Fertigungstechnik. 6., aktualisierte Auflage. München: Leipzig/Carl Hanser, 2016

[BACC07] Bacchewar, P. B.; Singhal, S. K.; Pandey, P. M.: Statistical modelling and optimization of surface roughness in the selective laser sintering process. In: Proceedings of the Institution of Mechanical Engineers, Part B: Journal of Engineering Manufacture. 221. Jg., 2007, Nr. 1, S. 35–52

[BAKE12] Baker, J.: The Technology–Organization–Environment Framework. In: Dwivedi, Y.; Wade, M. R.; Schneberger, S. L. (Hrsg.): Information systems theory. Explaining and predicting our digital society, Vol. 1. (Reihe: Integrated Series in Information Systems, Bd. 28). New York, NY: Springer Science+Business Media LLC, 2012, S. 231–245

[BANS10] Banse, G.: „Nicht so exakt wie möglich, sondern so genau wie nötig!" - Das Einfachheitsprinzip in den Technikwissenschaften. In: Sommerfeld, E.; Banse, G.; Wilhelm (Hrsg.): Einfachheit als Wirk-, Erkenntnis- und Gestaltungsprinzip. Wissenschaftliche Plenarveranstaltung der Leibniz-Sozietät der Wissenschaften zu Berlin am 8. April 2010. (Reihe: Sitzungsberichte / Leibniz-Sozietät der Wissenschaften, Bd. 108). Berlin: Trafo-Wissenschaftsverl., 2010, S. 93–104

[BAUE16] Bauernhansl, T.; Krüger, J.; Reinhart, G.; Schuh, G.: WGP-Standpunkt Industrie 4.0. Darmstadt, 2016

[BAUM13] Baum, D.: Grundlagen der Warteschlangentheorie. Berlin, Heidelberg: Springer Berlin Heidelberg, 2013

[BECK06] Beckmann, J.: Entwurf der allgemeinen Technologie, 1806

[BECK77] Beckmann, J.: Anleitung zur Technologie, oder zur Kentniß der Handwerke, Fabriken und Manufacturen, vornehmlich derer, die mit der Landwirthschaft, Polizey und Cameralwissenschaft in nächster Verbindung stehn. Göttingen: Wittwe Vandenhoeck, 1777

[BEER63] Beer, S.; Grubrich, I.: Kybernetik und Management. 4. Aufl., 19.- 21. Tsd. Frankfurt/M.: Fischer, 1963

[BELL09] Bellmann, K.; Himpel, F.; Böhm, A.: Messung von Flexibilität in der Produktion. In: Strohhecker, J.; Größler, A. (Hrsg.): Strategisches und operatives Produktionsmanagement. Empirie und Simulation. (Reihe: Gabler Research). 1. Aufl. Wiesbaden: Gabler, 2009, S. 221–240

[BERG16] Bergs, T.; Richter, V.; Ottersbach, M.; Pötschke, J.; Hochmuth, C.; Busch, K.: Tool Technologies for Milling of Hardmetals and Ceramics. In: Procedia CIRP. 46. Jg., 2016, S. 299–302

[BERG20] Bergs, T.; Brecher, C.; Schmitt, R. H.; Schuh, G. (Hrsg.). In: Internet of Production - Turning Data into Value, Statusberichte aus der Produktionstechnik 2020. AWK: Fraunhofer-Gesellschaft, 2020

[BERI18] Bergmann, A.; Ritt, S.: Additive Fertigung - Trends und Anwendungsfälle. Berlin, 21.06.2018

[BERT68] Bertalanffy, L. von: General System Theory, Foundations, Development, Applications. New York: George Braziller, 1968

[BILS07] Bilsing, A.: Kennzahlengestützte Bewertung der technologischen Leistungsfähigkeit der Fertigung im Werkzeug- und Formenbau. Zugl.: Aachen, Techn. Hochsch., Diss., 2006. Aachen: Shaker, 2007

[BIND18] Binder, M.; Anstaett, C.; Horn, M.; Herzer, F.; Schlick, G.; Seidel, C.; Schilp, J.; Reinhart, G.: Potentials and Challenges of Multi-Material Processing by Laser-Based Powder Bed Fusion. In: 29th Annual International Solid Freeform Fabrication Symposium, 2018, S. 376–387

[BIRK13] Birkert, A.; Haage, S.; Straub, M.: Umformtechnische Herstellung komplexer Karosserieteile. Berlin, Heidelberg: Springer Berlin Heidelberg, 2013

[BISN21] Bisnode Firmenprofile: SCHEUERMANN + HEILIG GmbH, 2021

[BÖCK13] Böck, J.: Methode zur Integration nicht-konventioneller Verfahren in flexible Fertigungs- und Montagelinien. Zugl.: Stuttgart, Univ., Diss., 2013. Stuttgart: Fraunhofer Verlag, 2013

[BOOS08] Boos, W.: Methodik zur Gestaltung und Bewertung von modularen Werkzeugen. Zugl.: Aachen, Techn. Hochsch., Diss., 2008. Aachen: Apprimus-Verl., 2008

[BOOS15a] Boos, W.; Huesmann, R.; Kuhlmann, K.: Aixperanto Benutzerhandbuch, Dokumentation. Aachen, 2015

[BOOS17] Boos, W.; Arntz, K.; Johannsen, L.; Dröscher, T.; Wollbrink, M.; Prümmer, M. (Hrsg.). In: Erfolgreich Fertigungstechnologien einsetzen im Werkzeugbau. 1. Auflage. Aachen: RWTH Aachen Werkzeugmaschinenlabor, 2017

[BOOS18a] Boos, W.; Arntz, K.; Johannsen, L.; Prümmer, M.; Horstkotte, R.; Ganser, P.; Venek, T.; Gerretz, V.: Erfolreich Fräsen, Im Werkzeugbau. 1. Auflage. Aachen: RWTH Aachen Werkzeugmaschinenlabor, 2018

[BOOS18c] Boos, W.; Arntz, K.; Gerretz, V.; Horstkotte, R.; Pothen, M.; Prümmer, M.; Wollbrink, M.: Erfolgreich CAx-Prozessketten gestalten im Werkzeugbau. Aachen: RWTH Aachen Werkzeugmaschinenlabor, 2018

[BOOS19] Boos, W.; Arntz, K.; Degen, F.; Wollbrink, M.: Erfolgreich Digitale Fräsprozessketten Umsetzen im Werkzeugbau. Aachen: WBA Aachener Werkzeugbau GmbH, 2019

[BRAN08] Brandes, A.: Positionierung technologischer Schnittstellen, Beitrag zur ganzheitlichen Auslegung fertigungstechnischer Prozessketten. Zugl.: Hannover, Univ., Diss., 2008. Garbsen: PZH Produktionstechn. Zentrum, 2008

[BREC11] Brecher, C.: Integrative Produktionstechnik für Hochlohnländer. Berlin, Heidelberg: Springer Berlin Heidelberg, 2011

[BREM18] Bremer, C.; Kosche, T.: Efficient Post-machining of Additively Manufactured Components. Aachen, 2018

[BROE16] Brøtan, V.; Fahlström, J.; Sørby, K.: Industrialization of Metal Powder Bed Fusion through Machine Shop Networking. In: Procedia CIRP. 54. Jg., 2016, S. 181–185

[BRUN91] Bruns, M.: Systemtechnik, Ingenieurwissenschaftliche Methodik zur interdisziplinären Systementwicklung. Berlin, Heidelberg: Springer Berlin Heidelberg, 1991

[BUCH11] Buchbinder, D.; Schleifenbaum, H.; Heidrich, S.; Meiners, W.; Bültmann, J.: High Power Selective Laser Melting (HP SLM) of Aluminum Parts. In: Physics Procedia. 12. Jg., 2011, S. 271–278

[BULL94] Bullinger, H.-J.; Seidel, U. A.: Einführung in das Technologiemanagement, Modelle, Methoden, Praxisbeispiele. Stuttgart: B. G. Teubner, 1994

[BUND10] Richtlinie Bundesverband der deutschen Gießerei-Industrie (BDG) P690 (2010). Feinguss

[BUND15] Bundesministerium für Bildung und Forschung: Photonik Forschung Deutschland - Förderinitiative „Photonische Prozessketten": Projektsteckbrief GenChain, 2015

[BURG20] Burggräf, P.; Wagner, J.; Dannapfel, M.; Adlon, T.; Saßmannshausen, T.; Fölling, C.; Föhlisch, N.; Ohrndorf, D.; Minderjahn, R.: Adaptive remanufacturing for lifecycle optimization of connected production resources – A literature review. In: Procedia CIRP. 90. Jg., 2020, S. 61–66

[CALI14] Calignano, F.: Design optimization of supports for overhanging structures in aluminum and titanium alloys by selective laser melting. In: Materials & Design. 64. Jg., 2014, S. 203–213

[CAMB18] Camburn, B.; Wood, K.: Principles of maker and DIY fabrication: Enabling design prototypes at low cost. In: Design Studies. 58. Jg., 2018, S. 63–88

[CAMP94] Camp, R. C.: Benchmarking. München, Wien: Hanser, 1994

[CART93] Carter, W. T., Jr.; Jones, M. G.: Direct Laser Sintering of Metals. In: 4th Annual International Solid Freeform Fabrication Symposium, 1993, S. 51–59

[CHER18] Chergui, A.; Hadj-Hamou, K.; Vignat, F.: Production scheduling and nesting in additive manufacturing. In: Computers & Industrial Engineering. 126. Jg., 2018, S. 292–301

[CHIL19] Chilat, O.: CECIMO Economic and Statistical Toolbox, First Quarter 2019. Brüssel, 2019

[CIRP04] Internationale Forschungsgemeinschaft für Mechanische Produktionstechnik: Wörterbuch der Fertigungstechnik Bd. 3, Produktionssysteme. 1. Auflage. Berlin: Springer, 2004

[CLEM04] Clemens, U.: Einsatz der CMB-Technologie zur Herstellung von Hinterschneidungen bei metallischen Bauteilen. Dissertation RWTH Aachen, 2004

[CORT18] Cortina, M.; Arrizubieta, J. I.; Ruiz, J. E.; Ukar, E.; Lamikiz, A.: Latest Developments in Industrial Hybrid Machine Tools that Combine Additive and Subtractive Operations. In: Materials (Basel, Switzerland). 11. Jg., 2018, Nr. 12

[CRAE10] Craeghs, T.; Bechmann, F.; Berumen, S.; Kruth, J.-P.: Feedback control of Layerwise Laser Melting using optical sensors. In: Physics Procedia. 5. Jg., 2010, S. 505–514

[CRAE11] Craeghs, T.; Clijsters, S.; Yasa, E.; Kruth, J.-P.: Online quality control of selective laser melting. In: 22nd Annual International Solid Freeform Fabrication Symposium - An Additive Manufacturing Conference, SFF 2011, 2011

[DAHL90] Dahl, B.: Entwicklung eines Konstruktionssystems zur Unterstützung der montagegerechten Produktgestaltung. Aachen, 1990

[DAMB05] Dambon, O.: Das Polieren von Stahl für den Werkzeug- und Formenbau. Zugl.: Aachen, Techn. Hochsch., Diss., 2005. Aachen: Shaker, 2005

[DAVE15] D'Aveni, R.: The 3-D Printing Revolution. In: Harvard Business Review, 2015, Nr. 5, S. 40–48

[DAWE08] Dawes, J.: Do Data Characteristics Change According to the Number of Scale Points Used?, An Experiment Using 5-Point, 7-Point and 10-Point Scales. In: International Journal of Market Research. 50. Jg., 2008, Nr. 1, S. 61–104

[DEBR54] Debreu, G.: Valuation Equilibrium and Pareto Optimum. In: Proceedings of the National Academy of Sciences of the United States of America, 1954, Nr. 40, S. 588–592

[DENK16] Denkena, B.; Hoffmeister, H.-W. (Hrsg.). In: Jahrbuch Schleifen, Honen, Läppen und Polieren, Verfahren und Maschinen. 67. Ausgabe. Essen: Vulkan, 2016

[DENK18] Denkena, B.; Dittrich, M.-A.; Henning, S.; Lindecke, P.: Investigations on a standardized process chain and support structure related rework procedures of SLM manufactured components. In: Procedia Manufacturing. 18. Jg., 2018, S. 50–57

[DÍAZ20] Díaz, J.: Economic & Statistical Toolbox, First Quarter 2020. Brüssel, 2020

[DIEG19] Diegel, O.; Nordin, A.; Motte, D.: A Practical Guide to Design for Additive Manufacturing, 2019

[DIET17] Dietsche, F.: BKL-Lasertechnik präsentiert neues Verfahren, Schäumverfahren in der Spritzgusstechnik mit Hochglanzflächen. Form mit Kanälen zur konturnahen Kühlung und isolierenden Wabenstrukturen. URL: https://www.zerspanungstechnik.de/2017/01/21/bkl-lasertechnik-praesentiert-neues-verfahren/ [Stand: 12.12.2019]

[DIN03] Norm DIN 8580 (2003). Fertigungsverfahren - Begriffe, Einteilung

[DIN03a] Norm DIN 8589-0 (2003). Fertigungsverfahren Spanen - Teil 0: Allgemeine Einordnung, Unterteilung, Begriffe

[DIN03b] Norm DIN 8589-1 (2003). Fertigungsverfahren Spanen - Teil1: Drehen; Einordnung, Unterteilung, Begriffe

[DIN03c] Norm DIN 8589-2 (2003). Fertigungsverfahren Spanen - Teil 2: Bohren, Senken, Reiben Einordnung, Unterteilung, Begriffe

[DIN03d] Norm DIN 8589-3 (2003). Fertigungsverfahren Spanen - Teil 3: Fräsen Einordnung, Unterteilung, Begriffe

[DIN03e] Norm DIN 8590 (2003). Fertigungsverfahren Abtragen - Einordnung, Unterteilung, Begriffe

[DIN03f] Norm DIN 8589-11 (2003). Fertigungsverfahren Spanen - Teil 11: Schleifen mit rotierendem Werkzeug Einordung, Unterteilung, Begriffe

[DIN06] Norm DIN EN ISO 1101 (2006). Geometrische Produktspezifikation (GPS) – Geometrische Tolerierung – Tolerierung von Form, Richtung, Ort und Lauf

[DIN15] Norm DIN EN ISO 9000 (2015). Qualitätsmanagementsysteme – Grundlagen und Begriffe

[DIN16] Norm DIN EN ISO 17296-2 (2016). Additive Fertigung – Grundlagen

[DIN17] Norm DIN EN ISO/ASTM 52900 (2017). Additive Fertigung – Grundlagen – Terminologie

[DIN17a] Norm DIN EN ISO 52911-1 (2017). Additive Fertigung – Technische Konstruktionsrichtlinie für Pulverbettfusion

[DIN19] Norm DIN EN ISO 286-1 (2019). Geometrische Produktspezifikation (GPS) – ISO-Toleranzsystem für Längenmaße

[DIN20] Norm DIN EN ISO/ASTM 52910 (2020). Additive Fertigung – Konstruktion

[DIN20a] Norm DIN EN ISO/ASTM 52915 (2020). Spezifikation für ein Dateiformat für Additive Fertigung (AMF)

[DIN81] Norm DIN 4766-2 Teil zurückgezogen (1981). Herstellverfahren der Rauheit von Oberflächen (zurückgezogen)

[DIN82] Norm DIN 8200 (1982). Strahlverfahrenstechnik (zurückgezogen)

[DIN83] Norm DIN 66001 (1983). Informationsverarbeitung - Sinnbilder und ihre Anwendung

[DIN94] Norm DIN 19226 (1994). Reglungstechnik und Steuerungstechnik - Allgemeine Grundbegriffe

[DÖHR12] Döhrn, R.; Janßen-Timmen, R.: Die volkswirtschaftliche Bedeutung der Stahlindustrie. Essen: RWI, 2012

[DÖHR20] Döhrn, R.: Die wirtschaftliche Entwicklung im Ausland und im Inland zur Jahresmitte 2020. In: RWI Konjunkturberichte. 71. Jg., 2020, Nr. 3, S. 73–84

[DRAB06] Drabow, G.: Modulare Gestaltung und ganzheitliche Bewertung wandlungsfähiger Fertigungssysteme. Zugl.: Hannover, Univ., Diss., 2006. Garbsen: PZH Produktionstechn. Zentrum, 2006

[DREH05] Dreher, S.: Flexible Integration von Rapid Prototyping Prozessketten in die Produktenstehung: Technische Universität Berlin, 2005

[DU16] Du, W.; Bai, Q.; Zhang, B.: A Novel Method for Additive/Subtractive Hybrid Manufacturing of Metallic Parts. In: Procedia Manufacturing. 5. Jg., 2016, S. 1018–1030

[DUDE19] Dudenredaktion: Methodologie. URL: https://www.duden.de/node/96418/revision/96454 [Stand: 26.11.2019]

[DUDE19a] Dudenredaktion: Methodik. URL: https://www.duden.de/node/96411/revision/96447 [Stand: 26.11.2019]

[DUDE19b] Dudenredaktion: Methode. URL: https://www.duden.de/node/96408/revision/96444 [Stand: 26.11.2019]

[EHRL09] Ehrlenspiel, K.: Integrierte Produktentwicklung, Denkabläufe, Methodeneinsatz, Zusammenarbeit. 4., aktualisierte Aufl., [elektronische Ressource]. München: Hanser, 2009

[EICH03] Eichgrün, K.: Prozesssicherheit in fertigungstechnischen Prozessketten, Systemanalyse, ganzheitliche Gestaltung und Führung Universität Kaiserslautern. Kaiserslautern, 2003

[ELSE18] Elser, A.; Königs, M.; Verl, A.; Servos, M.: On achieving accuracy and efficiency in Additive Manufacturing: Requirements on a hybrid CAM system. In: Procedia CIRP. 72. Jg., 2018, S. 1512–1517

[EOSG19] EOS GmbH: EOS M 300 Serie, Digitale additive Fertigung für die industrielle Produktion von hochwertigen Metallteilen. Krailing, 2019

[ERLA10] Erlach, K.: Wertstromdesign. Berlin, Heidelberg: Springer Berlin Heidelberg, 2010

[EVER05] Eversheim, W.; Schuh, G. (Hrsg.). In: Integrierte Produkt- und Prozessgestaltung. Sonderforschungsbereich 361 (Reihe: VDI). Berlin: Springer, 2005

[EVER98] Eversheim, W.; Klocke, F.: Werkzeugbau mit Zukunft, Strategie und Technologie. Berlin: Springer, 1998

[EXON19] The ExOne Company: What is Binder Jetting? URL: https://www.exone.com/en-US/case-studies/what-is-binder-jetting [Stand: 18.12.2019]

[FALL00] Fallböhmer, M.: Generieren alternativer Technologieketten in frühen Phasen der Produktentwicklung. Zugl.: Aachen, Techn. Hochsch., Diss., 2000. Aachen: Shaker, 2000

[FELD13] Feldhusen, J.; Grote, K.-H.: Pahl/Beitz Konstruktionslehre. Berlin, Heidelberg: Springer Berlin Heidelberg, 2013

[FERR13] Ferraris, E.; Castiglioni, V.; Ceyssens, F.; Annoni, M.; Lauwers, B.; Reynaerts, D.: EDM drilling of ultra-high aspect ratio micro holes with insulated tools. In: CIRP Annals. 62. Jg., 2013, Nr. 1, S. 191–194

[FRAN01] Franzke, S.: Technologieorientierte Kompetenzanalyse produzierender Unternehmen, 2001

[FRAN17] Frank, M. C.; Harrysson, O.; Wysk, R. A.; Chen, N.; Srinivasan, H.; Hou, G.; Keough, C.: Direct Additive Subtractive Hybrid Manufacturing (DASH) – An Out of Envelope Method. In: 28th Annual International Solid Freeform Fabrication Symposium, 2017, 1853-1861

[FRAU17] Fraunhofer-Institut für Werkstoff- und Strahltechnik IWS: Additive Manufacturing, 2017

[FRAU20] Fraunhofer-Institut für Produktionstechnologie IPT: AMB2S – Additive Manufactured BLISK to Sky. URL: https://www.ipt.fraunhofer.de/de/projekte/amb2s.html [Stand: 26.05.2021]

[FREY07] Freyer, C.: Schichtweises drahtbasiertes Laserauftragschweißen und Fräsen zum Aufbau metallischer Bauteile. Zugl.: Aachen, Techn. Hochsch., Diss., 2006. Aachen: Shaker, 2007

[FRIC06] Frick, L.: Erfolgreiche Geschäftsmodelle im Werkzeugbau. Zugl.: Aachen, Techn. Hochsch., Diss., 2005. Aachen: Shaker, 2006

[FRIT18] Fritz, A. H.; Kühn, K.-D.: Fertigungstechnik. 12., neubearbeitete und ergänzte Auflage. Berlin: Springer Vieweg, 2018

[GADA20] Gadatsch, A.: Grundkurs Geschäftsprozess-Management. Wiesbaden: Springer Fachmedien Wiesbaden, 2020

[GAUS14] Gausemeier, J.; Plass, C.: Zukunftsorientierte Unternehmensgestaltung, Strategien, Geschäftsprozesse und IT-Systeme für die Produktion von morgen. 2., überarb. Aufl. München: Carl Hanser Verlag GmbH & Co. KG, 2014

[GEBH16] Gebhardt, A.: Additive Fertigungsverfahren, Additive Manufacturing und 3D-Drucken für Prototyping - Tooling - Produktion. 5., neu bearbeitete und erweiterte Auflage. München: Hanser, 2016

[GEBH19] Gebhardt, A.; Kessler, J.; Thurn, L.: 3D Printing - Understanding Additive Manufacturing // 3D printing, Understanding additive manufacturing. 2nd Edition. Munich, Cincinnati: Carl Hanser Verlag GmbH & Co. KG, 2019

[GERR20] Gerretz, V.: Fräsbearbeitung additiv hergestellter Stützstrukturen, Promotionskolloquium TF100. Aachen, 19.05.2020

[GIBS10] Gibson, I.; Rosen, D. W.; Stucker, B.: Additive Manufacturing Technologies. Boston, MA: Springer US, 2010

[GIBS21] Gibson, I.; Rosen, D.; Stucker, B.: Additive Manufacturing Technologies. 3rd ed. 2021. Cham: Springer, 2021

[GILL20] Gillenkirch, R.: Systemtheorie. URL: https://wirtschaftslexikon.gabler.de/definition/systemtheorie-49100/version-272341 [Stand: 30.07.2020]

[GLÄS19] Gläßner, C.; Yi, L.; Aurich, J. C.: Concept for Development of Additive Process Chains in Manufacturing Companies. In: Advances in Production Research. Proceedings of the 8th Congress of the German Academic Association for Production Technology (WGP), Aachen, November 19-20, 2018. Cham: Springer International Publishing, 2019, S. 343–351

[GLEA16] Gleadall, A.; Vladov, N.; Segal, J.; Ratchev, S.; Plasch, M.; Kimmig, D.; Dickerhof, M.: A decision support methodology for embodiment design and process chain selection for hybrid manufacturing platforms. In: The International Journal of Advanced Manufacturing Technology. 87. Jg., 2016, 1-4, S. 553–569

[GOKU17] Gokuldoss, P. K.; Kolla, S.; Eckert, J.: Additive Manufacturing Processes: Selective Laser Melting, Electron Beam Melting and Binder Jetting-Selection Guidelines. In: Materials (Basel, Switzerland). 10. Jg., 2017, Nr. 6

[GRAE08] Graewe, D.; Fladerer, F.: Glanzdrehen und Glanzfräsen schafft Oberflächen in Spiegel-Qualität. URL: https://www.maschinenmarkt.vogel.de/glanzdrehen-und-glanzfraesen-schafft-oberflaechen-in-spiegel-qualitaet-a-137490/ [Stand: 06.01.2021]

[GRAN18] Grandl, G.; Ziegler, M.; Zeeb, C.; Uellendahl, M.; Knoll, D.; Clobes, J.: Erfolgreich in die Zukunft mit Additiver Fertigung, Eine Navigationshilfe zur Einordnung von Potenzialen, 2018

[GREW09] Grewing, B.: Messen und Skalieren von Sachverhalten. In: Albers, S.; Klapper, D.; Konradt, U.; Wolf, J.; Walter, A. (Hrsg.): Methodik der empirischen Forschung. 3., überarbeitete und erweiterte Auflage. Wiesbaden, s.l.: Gabler Verlag, 2009, S. 65–78

[GRGU19] Grguraš, D.; Pušavec, F.: Influence of rake face texturing on machining performance of carbide tools. In: Procedia CIRP. 81. Jg., 2019, S. 904–907

[GRUN15] Grund, M.: Implementierung von schichtadditiven Fertigungsverfahren. Berlin, Heidelberg: Springer Berlin Heidelberg, 2015

[GRÜN19] Grünebaum, T.; Hermann, L.; Trauth, D.; Bergs, T.: Towards sustainable production: a methodology to assess influences between life cycle phases in tool manufacturing. In: Procedia CIRP. 80. Jg., 2019, S. 376–381

[GUDO12] Gu, D. D.; Meiners, W.; Wissenbach, K.; Poprawe, R.: Laser additive manufacturing of metallic components: materials, processes and mechanisms. In: International Materials Reviews. 57. Jg., 2012, Nr. 3, S. 133–164

[GUDO15] Gu, D.: Laser Additive Manufacturing of High-Performance Materials. Berlin, Heidelberg: Springer Berlin Heidelberg, 2015

[GYLD03] Gyldenfeldt, C. v.: Methode zur Beschreibung und Erkennung von Freiformfertigungsfeatures. Zugl.: Darmstadt, Techn. Univ., Diss., 2003. Aachen: Shaker, 2003

[HABE19] Haberfellner, R.; Weck, O. de; Fricke, E.; Vössner, S.: Systems Engineering. Cham: Springer International Publishing, 2019

[HÄUS19] Häußinger, C.; Zäh, M. F.: Fräsbearbeitung von Additivbauteilen, Automatisierungspotenziale bei der spanenden Nachbearbeitung additiv gefertigter Serienbauteile. In: wt Werkstattstechnik online. 109. Jg., 2019, Nr. 6, S. 421–426

[HEES15] Heeschen, D.: Kennzahlenbasierte Auswahl der Fertigungstechnologien und -ressourcen im industriellen Werkzeugbau. Zugl.: Aachen, Techn. Hochsch., Diss., 2015. 1. Aufl. Aachen: Apprimus-Verl., 2015

[HEIN13] Heinemann, T.; Thiede, S.; Herrmann, C.: Handlungsfeld Bewertung von Energie- und Ressourceneffizienz in industriellen Prozessketten. In: Herrmann, C.; Pries, H.; Gartmann, G. (Hrsg.): Energie- und ressourceneffiziente Produktion von Aluminiumdruckguss. Berlin: Springer Vieweg, 2013, S. 277–318

[HEIS14] Heisel, U.; Klocke, F.; Uhlmann, E.; Spur, G. (Hrsg.). In: Handbuch Spanen (Reihe: Edition Handbuch der Fertigungstechnik). 2., vollständig neu bearbeitete Auflage. München: Hanser, 2014

[HELB03] Helbig, R.: Prozessorientierte Unternehmensführung, Eine Konzeption mit Konsequenzen für Unternehmen und Branchen dargestellt an Beispielen aus Dienstleistung und Handel. Heidelberg: Physica-Verlag HD, 2003

[HEMB16] Hembrug: Hartdrehen - FAQ. URL: https://www.hembrug.de/hartdrehen/faq/ [Stand: 06.01.2021]

[HENN18] Hennig, A.: Artikel. URL: https://wirtschaftslexikon.gabler.de/definition/artikel-29911/version-253507 [Stand: 26.11.2019]

[HESS20] Hesse, S.; Malisa, V.: Grundlagen der Handhabungstechnik. 5., neu bearbeitete Auflage von Viktorio Malisa. München: Carl Hanser Verlag, 2020

[HEYN99] Heyn, M. (Hrsg.). In: Methodik zur schnittstellenorientierten Gestaltung von Entwicklungskooperationen. Zugl.: Aachen, Techn. Hochsch., Diss., 1998 (Reihe: Berichte aus der Produktionstechnik, Bd. 99,6). Als Ms. gedr. Aachen: Shaker, 1999

[HINK13] Hinke, C.: Digital Photonic Production and its emerging Opportunities. In: LIA Today. 21. Jg., 2013, Nr. 4, S. 14–16

[HOFM65] Hofmann, F.: Zur Problematik der Begriffsbestimmung Technologie als Wissenschaft. In: Die Technik. 20. Jg., 1965, Nr. 11, S. 728

[HOPK08] Hopkins, R.; Jenkins, K.: Eating the IT elephant, Moving from greenfield development to brownfield. Upper Saddle River, N.J: IBM Press/Pearson plc, 2008

[HORS21] Horstkotte, R.; Hohenstein, S.: Benchmarking of Post-Processing Methods (Metals & Plastics). In: Schleifenbaum, J. H.; Arntz, K. (Hrsg.): ACAM Research Report 2020. Aachen, 2021, S. 22–29

[HUCK18] Huckstepp, A.: Surface Roughness, Digital Alloys' Guide to Metal Additive Manufacturing – Part 11, 2018

[INOV19] Inovar Communications Ltd.: Solukon & Siemens report successful beta test of SFM-AT800-S depowdering system. URL: https://www.metal-am.com/solukon-siemens-report-successful-beta-test-of-sfm-at800-s-depowdering-system/ [Stand: 23.12.2019]

[JHAB12] Jhabvala, J.; Boillat, E.; André, C.; Glardon, R.: An innovative method to build support structures with a pulsed laser in the selective laser melting process. In: The International Journal of Advanced Manufacturing Technology. 59. Jg., 2012, 1-4, S. 137–142

[JURK04] Jurklies, I.: Generierung und Bewertung von Prozessketten für den Werkzeug- und Formenbau. Zugl.: Chemnitz, Techn. Univ., Diss., 2004. Aachen: Shaker, 2004

[KAJI18] Kaji, J.; Budman, M.; Edelman, K.; Rao, A.; Hurley, B.; Devan, P.; Khan, A.; Bhat, R.: Deloitte Insights, Technology, Media, and Telecommunications Predictions 2019, 2018

[KARA18] Kara, G.: Go additive and be disruptive, Whitepaper, 2018

[KASC99] Kaschka, U.: Methodik zur Entscheidungsunterstützung bei der Auswahl und Bewertung von konventionellen und Rapid Tooling-Prozeßketten. Zugl.: Chemnitz, Techn. Univ., Diss., 1999. Als Ms. gedr. Aachen: Shaker, 1999

[KASS19] Kass, B.; Maaßen, R.; Schneider, M.: Designfindung und schwingfeste Auslegung einer im SLM-Verfahren gefertigten Fahrradkurbel sowie Abgleich mit dem Bauteilversuch. In: CADFEM GmbH (Hrsg.): 37. CADFEM ANSYS Simulation Conference, 2019

[KAYN19] Kaynak, Y.; Kitay, O.: The effect of post-processing operations on surface characteristics of 316L stainless steel produced by selective laser melting. In: Additive Manufacturing. 26. Jg., 2019, S. 84–93

[KLIP19] Klippstein, H.; Duchting, A.; Reiher, T.; Hengsbach, F.; Menge, D.; Schmid, H.-J.: Development, Production and Post-processing of a Topology Optimized Aircraft Bracket. In: 30th Annual International Solid Freeform Fabrication Symposium: University of Texas, 2019, 1932-1045

[KLOC00] Klocke, F.; Bilsing, A.; Knodt, S.: Drei- und Fünf-Achsen-Fräsen. Aachen, 13.03.2000

[KLOC05] Klocke, F.; Schuh, G.: Zukunftsstudie Werkzeug- und Formenbau. Aachen, 2005

[KLOC07] Klocke, F.; König, W.: Fertigungsverfahren 3, Abtragen, Generieren und Lasermaterialbearbeitung. Berlin, New York: Springer, 2007

[KLOC10] Klocke, F.; Nau, B.: Skalierbare Methoden der operativen Technologieplanung, Handlungsraum der operativen Planung von Fertigungstechnologien innerhalb des Anlaufmanagements. In: wt Werkstattstechnik online, 2010, Nr. 5, S. 429–433

[KLOC15] Klocke, F.: Fertigungsverfahren 5, Gießen, Pulvermetallurgie, Additive Manufacturing. 4. Auflage. Berlin, Heidelberg: Springer Berlin Heidelberg; Springer Vieweg, 2015

[KLOC17] Klocke, F.; Bergs, T.; Bobek, T.; Huwer, T.; Liu, G.; Pothen, M.; Staasmeier, J.-H.; Winands, K.: Vernetzte adaptive Produktion. In: Brecher, C.; Klocke, F.; Schmitt, R.; Schuh, G. (Hrsg.): Internet of Production für agile Unternehmen. AWK Aachener Werkzeugmaschinen-Kolloquium 2017, 18. bis 19. Mai. 1. Auflage. Aachen: Apprimus Verlag, 2017, S. 263–286

[KLOC18] Klocke, F.: Fertigungsverfahren 1, Zerspanung mit geometrisch bestimmter Schneide. Berlin, Heidelberg: Springer Berlin Heidelberg, 2018

[KLOC18a] Klocke, F.: Fertigungsverfahren 2, Zerspanung mit geometrisch unbestimmter Schneide. Berlin, Heidelberg: Springer Berlin Heidelberg, 2018

[KLOC18b] Klocke, F.: Fertigungsverfahren 5. Berlin, Heidelberg: Springer Berlin Heidelberg, 2018

[KLOC96] Klocke, F.: In Prozeßketten denken und handeln. In: wt Werkstattstechnik online. 86. Jg., 1996, Nr. 6, S. 289

[KLOC99] Klocke, F.; Nöken, S.; Altmüller, S.; Knodt, S.: Featurebasierte Technologieplanung für die Verfahrenskombination HSC-Fräsen - Senkerodieren. In: wt Werkstattstechnik online. 89. Jg., 1999, 7/8, S. 273–276

[KNOC05] Knoche, K.: Generisches Modell zur Beschreibung von Fertigungstechnologien. Zugl.: Aachen, Techn. Hochsch., Diss., 2004. Aachen: Shaker, 2005

[KOMO65] Komorita, S. S.; Graham, W. K.: Number of Scale Points and the Reliability of Scales. In: Educational and Psychological Measurement. 25. Jg., 1965, Nr. 4, S. 987–995

[KOPF18] Kopf, R.: Kostenorientierte Planung von Fertigungsfolgen additiver Technologien. Dissertation. 1. Auflage, 2018

[KORN16] Korn Ferry: Korn Ferry Global Study: Majority of CEOs See More Value in Technology Than Their Workforce. URL: https://www.kornferry.com/about-us/press/korn-ferry-global-study-majority-of-ceos-see-more-value-in-technology-than-their-workforce [Stand: 08.02.2020]

[KORT14] Korthals, K.: Wertstromanalyse in der Produktentwicklung. Zugl.: Aachen, Techn. Hochsch., Diss., 2014. 1. Aufl. Aachen: Apprimus-Verl., 2014

[KOWE19] Kowen, J.: Powder removal: The Achilles heel of powder bed-based metal Additive Manufacturing. In: Metal AM. 5. Jg., 2019, Nr. 2, S. 119–126

[KRAN15] Kranz, J.; Herzog, D.; Emmelmann, C.: Design guidelines for laser additive manufacturing of lightweight structures in TiAl6V4. In: Journal of Laser Applications. 27. Jg., 2015, S1, S14001-1-16

[KRAU19] Krause DiMaTec GmbH: Saugschuh. URL: http://www.krause-dimatec.de/ [Stand: 12.12.2019]

[KRUL20] Krull, H.-G.: Additive Manufacturing of Tool Steels. Kaltarbeitsstahl 1.2842. Aachen, Siegen, 08.12.2020

[KRUT04] Kruth, J. P.; Froyen, L.; van Vaerenbergh, J.; Mercelis, P.; Rombouts, M.; Lauwers, B.: Selective laser melting of iron-based powder. In: Journal of Materials Processing Technology. 149. Jg., 2004, 1-3, S. 616–622

[KRUT05] Kruth, J.-P.; Mercelis, P.; van Vaerenbergh, J.; Froyen, L.; Rombouts, M.: Binding mechanisms in selective laser sintering and selective laser melting. In: Rapid Prototyping Journal. 11. Jg., 2005, Nr. 1, S. 44–59

[KRUT98] Kruth, J.-P.; Leu, M. C.; Nakagawa, T.: Progress in Additive Manufacturing and Rapid Prototyping. In: CIRP Annals. 47. Jg., 1998, Nr. 2, S. 525–540

[KUBI77] Kubicek, H.: Heuristische Bezugsrahmen und heuristisch angelegte Forschungsdesigns als Elemente einer Konstruktionsstrategie empirischer Forschung. In: Köhler, R. (Hrsg.): Empirische und handlungstheoretische Forschungskonzeptionen in der Betriebswirtschaftslehre. Bericht über d. Tagung in Aachen, März 1976. Stuttgart: Poeschel, 1977, S. 3–36

[KUHL11] Kuhlmann, K. K.: Methodik zur Gestaltung von Geschäftsprozessen im industriellen Werkzeugbau. 1. Aufl. Aachen: Apprimus Wissenschaftsverlag, 2011

[KUHL16] Kuhlmann, T. B.: Corporate Tooling, Modularer Werkzeugbau als Befähiger internationaler Produktionsnetzwerke. Dissertation. 1. Auflage, 2016

[KUMA16] Kumar, A.; Mandal, S.; Barui, S.; Vasireddi, R.; Gbureck, U.; Gelinsky, M.; Basu, B.: Low temperature additive manufacturing of three dimensional scaffolds for bone-tissue engineering applications: Processing related challenges and property assessment. In: Materials Science and Engineering: R: Reports. 103. Jg., 2016, S. 1–39

[KUMK18] Kumke, M.: Methodisches Konstruieren von additiv gefertigten Bauteilen. Wiesbaden: Springer Fachmedien Wiesbaden, 2018

[KUO13] Kuo, C.-C.: Development of Green Rapid Prototyping Tooling Technologies. In: Indian Journal of Engineering & Material Sciences, 2013, Nr. 20, S. 245–251

[KUSH09] Kushnarenko, O. M.: Entscheidungsmethodik zur Anwendung generativer Verfahren für die Herstellung metallischer Endprodukte. Zugl.: Magdeburg, Univ., Fak. für Maschinenbau, Diss., 2009. Aachen: Shaker, 2009

[LAUF96] Laufenberg, L.: Methodik zur integrierten Projektgestaltung für die situative Umsetzung des simultaneous engineering, 1996

[LAUW14] Lauwers, B.; Klocke, F.; Klink, A.; Tekkaya, A. E.; Neugebauer, R.; Mcintosh, D.: Hybrid processes in manufacturing. In: CIRP Annals. 63. Jg., 2014, Nr. 2, S. 561–583

[LEIS09] Leischnig, S.: Entwicklung standardisierter Abläufe zur Verbesserung der Prozesszuverlässigkeit von Fertigungsanlagen. Zugl.: Chemnitz, Techn. Univ., Diss., 2008. Chemnitz: IBF, 2009

[LEUT19] Leutenecker-Twelsiek, B.: Additive Fertigung in der industriellen Serienproduktion: Bauteilidentifikation und Gestaltung ETH Zurich, 2019

[LIEN15] Lieneke, T.; Adam, G.; Leuders, S.; Knoop, F.; Josupeit, S.; Delfs, P.; Funke, N.; Zimmer, D.: Systematical Determination of Tolerances for Additive Manufacturing by Measuring Linear Dimensions. In: 26th Annual International Solid Freeform Fabrication Symposium, 2015, S. 371–384

[LIEN19] Lieneke, T.; Künneke, T.; Schlenker, F.; Denzer, V.; Zimmer, D.: Manufacturing Accuracy In Additive Manufacturing: A Method To Determine Geometrical Tolerances. In: Advancing Precision in Additive Manufacturing. Conference Proceedings. Bedford: Euspen, 2019, S. 145–150

[LIKE32] Likert, R.: A technique for the measurement of attitudes. In: Archives of Psychology. 22. Jg., 1932, Nr. 140, S. 5–55

[LIOU07] Liou, F.; Slattery, K.; Kinsella, M.; Newkirk, J.; Chou, H.-N.; Landers, R.: Applications of a hybrid manufacturing process for fabrication of metallic structures. In: Rapid Prototyping Journal. 13. Jg., 2007, Nr. 4, S. 236–244

[LIVE17] Liverani, E.; Toschi, S.; Ceschini, L.; Fortunato, A.: Effect of selective laser melting (SLM) process parameters on microstructure and mechanical properties of 316L austenitic stainless steel. In: Journal of Materials Processing Technology. 249. Jg., 2017, S. 255–263

[LMTG21] LMT Group: Zahlen & Fakten. URL: https://www.lmt-group.com/de/unternehmen/zahlen-fakten [Stand: 08.04.2021]

[MALE20] Maleki, E.; Bagherifard, S.; Bandini, M.; Guagliano, M.: Surface post-treatments for metal additive manufacturing: progress, challenges, and opportunities. In: Additive Manufacturing, 2020, 101619-1-32

[MARA13] Maradia, U.; Scuderi, M.; Knaak, R.; Boccadoro, M.; Beltrami, I.; Stirnimann, J.; Wegener, K.: Super-finished Surfaces using Meso-micro EDM. In: Procedia CIRP. 6. Jg., 2013, S. 157–162

[MARK17] Markl, M.; Körner, C.; Lodes, M.; Franke, M.: Additive Fertigung durch selektives Elektronenstrahlschmelzen. In: Schweissen und Schneiden/Welding and Cutting. 69. Jg., 2017, S. 30–39

[MART11] Martha, A.; Köhler, P.: Ansätze zur Verbesserung von Qualität und Wirtschaftlichkeit bei generativen Verfahren durch Optimierung des Pre-Processes. In: RTejournal - Forum für Rapid Technologie. 8. Jg., 2011, Nr. 1

[MART15] Martha, A.: Optimierung des Produktentwicklungsprozesses durch CAD-CAM-Integration im Kontext der additiven Fertigung, 2015

[MASC06] Maschinenmarkt: Hartdrehen statt Schleifen. URL: https://www.maschinenmarkt.vogel.de/hartdrehen-statt-schleifen-a-4513/ [Stand: 30.12.2019]

[MASL18] Maslo, S.; Arntz, K.; Wollbrink, M.; Zimmer, D.; Fraunhofer-Gesellschaft zur Förderung der angewandten Forschung e.V. (Hrsg.): Verfahren zur additiven Fertigung sowie Substrateinheit-System. International WO2019/016155A1. (24.01.2019)

[MASL19] Maslo, S.; Wollbrink, M.; Arntz, K.; Degen, F.; Zimmer, D.: Development of a substrate unit for LPBF to increase automatization in manufacturing process chains. In: Advancing Precision in Additive Manufacturing. Conference Proceedings. Bedford: Euspen, 2019, 75-78

[MATE19] Materialise NV: Suction Gripper in 3D-Printed Aluminum: The Power of (Re)Design. URL: https://www.materialise.com/en/cases/suction-gripper-3d-printed-aluminum-power-of-redesign [Stand: 12.12.2019]

[MAUR08] Mauren, F.: Veränderliche Merkmalswerte von Rohteilen in der spanenden Fertigung - Konzept zur systematischen Ermittlung und Berücksichtigung. Zugl.: Kaiserslautern, Techn. Univ., Diss., 2008. Als Ms. gedr. Kaiserslautern: Techn. Univ, 2008

[MEIS01] Meise, V.: Ordnungsrahmen zur prozessorientierten Organisationsgestaltung. Modelle für das Management komplexer Reorganisationsprojekte. Münster, Univ., Diss., 2000. Hamburg: Verlag Dr. Kovac GmbH, 2001

[MELL14] Mellor, S.; Hao, L.; Zhang, D.: Additive manufacturing: A framework for implementation. In: International Journal of Production Economics. 149. Jg., 2014, S. 194–201

[MENG07] Menges, G.; Michaeli, W.; Mohren, P.: Spritzgießwerkzeuge, Auslegung, Bau, Anwendung. 6. Auflage. München: Hanser, 2007

[MENZ01] Menzel, T.: Wissensbasierte Methoden für die rechnergestützte Charakterisierung und Bewertung innovativer Fertigungsprozesse. Zugl.: Erlangen, Nürnberg, Univ., Diss., 2000. Bamberg: Meisenbach, 2001

[MERC06] Mercelis, P.; Kruth, J.-P.: Residual stresses in selective laser sintering and selective laser melting. In: Rapid Prototyping Journal. 12. Jg., 2006, Nr. 5, S. 254–265

[MERC07] Mercelis, P.; Kruth, J.-P.; Vaerenbergh, J.: Feedback control of Selective Laser Melting. In: Proc. of the 15th Int. Symp. on Electromachining, 2007, S. 421–426

[MERK15] Merkt, S.: Qualifizierung von generativ gefertigten Gitterstrukturen für maßgeschneiderte Bauteilfunktionen. Dissertation RWTH Aachen. Aachen, 2015

[METH17] Methods Machine Tools: Methods Automation Cell to Dramatically Speed 3D-Printed Part Throughput at RAPID + tct Show - Methods Machine Tools, Innovative cell integrates 3D-printed parts with post-process machining operations, generating extraordinary savings and throughput gains. Sudbury, 12.04.2017

[MICH92] Michaels, S.; Sachs, E. M.; Cima, M. J.: Metal Parts Generation by Three Dimensional Printing. In: 3rd Annual International Solid Freeform Fabrication Symposium, 1992, S. 244–250

[MÖHR18] Möhrle, M.: Gestaltung von Fabrikstrukturen für die additive Fertigung. Berlin, Heidelberg: Springer Berlin Heidelberg, 2018

[MÖHR18a] Möhrle, M. G.: Produkt. URL: https://wirtschaftslexikon.gabler.de/definition/produkt-42902/version-266242 [Stand: 26.11.2019]

[MOOR08] Moors, G.: Exploring the effect of a middle response category on response style in attitude measurement. In: Quality & quantity. 42. Jg., 2008, Nr. 6, S. 779–794

[MORY04] Moryson, R.-D.: Die systematische, rechnerunterstützte Prozessauswahl und -kettenerstellung in der Grobplanungsphase der Produktionsplanung, ETH Zentrum für Produkte-Entwicklung. Zugl.: Zürich, Diss., Technische Wissenschaften, Eidgenössische Technische Hochschule ETH Zürich, Nr. 15587, 2004. Düsseldorf: VDI Verlag, 2004

[MUNS19] Munsch, M.; Schmidt-Lehr, M.; Wycisk, E.: Additive Manufacturing Business Strategy, Be successful with Additive Manufacturing. Hamburg, 2019

[MUNS21] Munsch, M.; Schmidt-Lehr, M.; Wycisk, E.; Führer, T.: AMPower Report 2021, Management Summary. Additive Manufacturing. Hamburg, 2021

[MYIN94] Myint, S.; Tabucanon, M. T.: A multiple-criteria approach to machine selection for flexible manufacturing systems. In: International Journal of Production Economics. 33. Jg., 1994, 1-3, S. 121–131

[NADI19] Nadimpalli, V. K.; Dahmen, T.; Valente, E. H.; Mohnaty, S.; Pedersen, D. B.: Multi-material additive manufacturing of steels using laser powder bed fusion. In: Advancing Precision in Additive Manufacturing. Conference Proceedings. Bedford: Euspen, 2019, S. 1–4

[NAU12] Nau, B.: Anlauforientierte Technologieplanung zur Auswahl von Fertigungstechnologien. Zugl.: Aachen, Techn. Hochsch., Diss., 2012. 1. Aufl. Aachen: Apprimus-Verl., 2012

[NEUG12] Neugebauer, R.: Werkzeugmaschinen. Berlin, Heidelberg: Springer Berlin Heidelberg, 2012

[NEVE19] Neves, N.: NextGenAM – Pilotprojekt für automatisierten metallischen 3D-Druck ein voller Erfolg. Augsburg/Varel, Krailling, Stuttgart, 30.04.2019

[OBJE13] Object Management Group: Business Process Model and Notation (BPMN), Version 2.0, 2013

[OTTE18] Ottersbach, M.: Belastungsspezifische Werkzeug- und Prozessauslegung für die Schlichtfräsbearbeitung von Hartmetall. Zugl.: Aachen, Techn. Hochsch., Diss., 2013. 1. Auflage. Aachen: Apprimus, 2018

[OWOD02] Owodunni, O.; Mladenov, D.; Hinduja, S.: Extendible Classification of Design and Manufacturing Features. In: CIRP Annals. 51. Jg., 2002, Nr. 1, S. 103–106

[PAPK20] Papke, T.; Bartels, D.; Schmidt, M.; Merklein, M.; Gerhard, D.; Baumann, J.; Pitz, I.: Additive Fertigung für industrielle Anwendungen - Entwicklung einer Auswahlsystematik für Bauteile zur Generierung funktionalen Mehrwerts mittels additiver Fertigung. In: Industrie 4.0 Management. 2020. Jg., 2020, Nr. 4, S. 50–54

[PENC19] Penchev, P.; Bhaduri, D.; Carter, L.; Mehmeti, A.; Essa, K.; Dimov, S.; Adkins, N. J.; Maillol, N.; Bajolet, J.; Maurath, J.; Jurdeczka, U.: System-level integration tools for laser-based powder bed fusion enabled process chains. In: Journal of Manufacturing Systems. 50. Jg., 2019, S. 87–102

[PERE19] Pereira, T.; Kennedy, J. V.; Potgieter, J.: A comparison of traditional manufacturing vs additive manufacturing, the best method for the job. In: Procedia Manufacturing. 30. Jg., 2019, S. 11–18

[PETE20] Peter Lehmann AG: Nullpunktspannsystem für 3D-Metalldruck. Bärau, 2020

[PITS14] Pitsch, M.: Kompetenzfeldbasierte Vernetzung von Werkzeugbaustandorten, 2014

[PLAM19] Plamenov, Z.: Tablet designed by zlatko_plamenov / Freepik. URL: https://www.freepik.com/free-psd/tablet-mock-up-isolated_4075544.htm [Stand: 20.03.2021]

[PONT18] Pontes, A. J. (Hrsg.). In: International Conference on Polymers and Moulds Innovations, Conference Proceedings (Bd. 8). Minho: Institute of Polymers and Composites, University of Minho, 2018

[PORT98] Porter, M. E.: Competitive strategy, Techniques for Analyzing Industries and Competitors. New York, NY: Free Press, 1998

[POSC07] Posch, A.: Management von Innovationsprozessen. In: Strebel, H. (Hrsg.): Innovations- und Technologiemanagement. (Reihe: UTB für Wissenschaft Wirtschaftswissenschaften, Betriebswirtschaftslehre, Bd. 2455). 2. Aufl. Wien: Facultas.wuv, 2007, S. 213–266

[PRAS18] Prasad, K.; Chakraborty, S.: A decision guidance framework for non-traditional machining processes selection. In: Ain Shams Engineering Journal. 9. Jg., 2018, Nr. 2, S. 203–214

[PROT19] Protiq GmbH: Rapid Tooling auf dem PROTIQ Marketplace. URL: https://www.protiq.com/3d-druck/service/rapid-tooling/ [Stand: 12.12.2019]

[PRÜM17] Prümmer, M.; Wollbrink, M.; Henrichs, O.: Effiziente Gestaltung der CAx-Prozesskette im Werkzeugbau. In: Schuh, G.; Boos, W. (Hrsg.): Forschungsbericht 2017. Aachen: Eigendruck, 2017, S. 51–58

[PWCS18] PwC Strategy& Germany: Strategy&-Analyse 3D-Druck: Marktvolumen für gedruckte Produkte steigt bis 2030 auf 22,6 Milliarden Euro. URL: https://www.strategyand.pwc.com/de/pressemitteilungen/3d-druck [Stand: 19.11.2018]

[RAJA08] Raja, V.; Fernandes, K. J.: Reverse Engineering, An Industrial Perspective. London: Springer-Verlag, 2008

[RAMB20] Ramb, B.-T.; Suchanek, A.; Lin-Hi, N.; Thommen, J.-P.: Methodologie. URL: https://wirtschaftslexikon.gabler.de/definition/methodologie-37562/version-260996 [Stand: 04.04.2020]

[RAMI20] Ramirez-Cedillo, E.; Uddin, M. J.; Sandoval-Robles, J. A.; Mirshams, R. A.; Ruiz-Huerta, L.; Rodriguez, C. A.; Siller, H. R.: Process planning of L-PBF of AISI 316L for improving surface quality and relating part integrity with microstructural characteristics. In: Surface and Coatings Technology. 396. Jg., 2020, S. 125956

[REIN00] Reinhart, G. (Hrsg.). In: ... nur der Wandel bleibt, Wege jenseits der Flexibilität; Münchener Kolloquium, München, 16./17. März 2000. München: Utz, 2000

[RENI18] Renishaw PLC: RenAM 500Q multi-laser AM system, 2018

[REY20] Rey, J.: Methodik zur hochiterativen Gestaltung von Fertigungsprozessfolgen. Aachen: Apprimus Wissenschaftsverlag, 2020

[RICH95] Rich, B. R.: Clarence Leonard (Kelly) Johnson, A Biographical Memoir. Washington D. C., 1995

[ROHL21] Rohleder, B.: Industrie 4.0 – so digital sind Deutschlands Fabriken. Berlin, 2021

[ROMA11] Roman, E.: Voice-of-the-customer marketing, A revolutionary five-step process to create customers who care, spend, and stay. New York, NY: McGraw-Hill, 2011

[ROMB06] Rombouts, M.; Kruth, J. P.; Froyen, L.; Mercelis, P.: Fundamentals of Selective Laser Melting of alloyed steel powders. In: CIRP Annals. 55. Jg., 2006, Nr. 1, S. 187–192

[ROOS11] Roos, E.; Maile, K.: Werkstoffkunde für Ingenieure. 4. Aufl. Berlin, Heidelberg: Springer Berlin Heidelberg, 2011

[ROPO09] Ropohl, G.: Allgemeine Technologie: Eine Systemtheorie der Technik. s.l.: KIT Scientific Publishing, 2009

[SACH90] Sachs, E.; Cima, M.; Cornie, J.; Bredt, J.; Curodeau, A.; Estennan, M.; Fan, T.; Lee, K.; Pruitt, B.; Williams, P.: Dimensional Printing: Rapid Tooling and Prototypes Directly from CAD Representation. In: Solid Freeform Fabrication Proceedings, 1990, S. 27–47

[SAVO20] Savolainen, J.; Collan, M.: How Additive Manufacturing Technology Changes Business Models? – Review of Literature. In: Additive Manufacturing. 32. Jg., 2020, 1-13

[SCHÄ03] Schäfer, L.: Analyse und Gestaltung fertigungstechnischer Prozessketten - Konzept zur datenbasierten Ermittlung qualitätswirksamer Einfluss-Ursache-Wirkzusammenhänge und zur Ableitung von Maßnahmen zur Prozesssicherung. Dissertation Universität Kaiserslautern. Kaiserslautern, 2003

[SCHE97] Schell, H.: Bewertung alternativer Handhabungs- und Fertigungsfolgen. Zugl.: Aachen, Techn. Hochsch., Diss., 1996. Als Ms. gedr. Aachen: Shaker, 1997

[SCHI14] Schirrmeister, E.: Wettbewerbsanalyse für ausgewählte Technologie- und Geschäftsfelder von Fraunhofer - WETTA, Teilbericht: Generative Fertigung, 2014

[SCHI15] Schindler, S.: Strategische Planung von Technologieketten für die Produktion. Zugl.: München, Techn. Univ., Diss., 2014. München: Utz, 2015

[SCHM03] Schmidtner, S.: Produktgestaltung und Prozesskettenplanung für Nockenwellen. Zugl.: Chemnitz, Techn. Univ., Diss., 2003. Zwickau: Verl. Wiss. Scripten, 2003

[SCHM96] Schmitz, W. J.: Methodik zur strategischen Planung von Fertigungstechnologien, Ein Beitrag zur Identifizierung und Nutzung von Innovationspotentialen. Zugl.: Aachen, Techn. Hochsch., Diss., 1995. Als Ms. gedr. Aachen: Shaker, 1996

[SCHN18] Schniedenharn, M.; Wiedemann, F.; Schleifenbaum, J. H.: Visualization of the shielding gas flow in SLM machines by space-resolved thermal anemometry. In: Rapid Prototyping Journal. 24. Jg., 2018, Nr. 8, S. 1296–1304

[SCHR19] Schröer, T.; Münker, S.: Projektbericht – AM 4 Industry - Qualitätsoptimierung und Kostenanalysen zur Vorbereitung der Implementation additiver Fertigungsverfahren: Zenodo, 2019

[SCHU11] Schuh, G.; Klappert, S.: Technologiemanagement. Berlin, Heidelberg: Springer Berlin Heidelberg, 2011

[SEHR10] Sehrt, J. T.: Möglichkeiten und Grenzen bei der generativen Herstellung metallischer Bauteile durch das Strahlschmelzverfahren. Zugl.: Duisburg-Essen, Univ., Diss., 2010. Aachen: Shaker, 2010

[SEND19] Sendino, S.; Martinez, S.; Lartategui, F.; Diaz, J.; Lamikiz, A.; Ukar, E.: Surface roughness dependant factors in metal powder bed fusion processes. In: Advancing Precision in Additive Manufacturing. Conference Proceedings. Bedford: Euspen, 2019, S. 88–91

[SENV19] Senvol LLC: Senvol Database: Machine Results, Powder Bed Fusion, Metals. URL: http://s.fhg.de/senvol-lbpbf-size [Stand: 19.12.2019]

[SHIO04] Shiomi, M.; Osakada, K.; Nakamura, K.; Yamashita, T.; Abe, F.: Residual Stress within Metallic Model Made by Selective Laser Melting Process. In: CIRP Annals. 53. Jg., 2004, Nr. 1, S. 195–198

[SIEM17] Siemens Product Lifecycle Management Software Inc.: NX 11.0.2 Fixed Plane Additive Manufacturing Help, 2017

[SIMP20] Simpson, T.: Catalysing AM with Training & Education. Online, 14.10.2020

[SLMS19] SLM Solutions Group AG: Large Format Selective Laser Melting, Fully Automated Series Production with a Scalable Multi-Machine Setup. Lübeck, 2019

[SNOE86] Snoeys, R.; Staelens, F.; Dekeyser, W.: Current Trends in Non-Conventional Material Removal Processes. In: CIRP Annals. 35. Jg., 1986, Nr. 2, S. 467–480

[SNOW19] Snow, Z.; Martukanitz, R.; Joshi, S.: On the development of powder spreadability metrics and feedstock requirements for powder bed fusion additive manufacturing. In: Additive Manufacturing. 28. Jg., 2019, S. 78–86

[SOLU19] Solukon Maschinenbau GmbH: Intelligent Powder Removal, 2019

[SPUR09] Spur, G.: Von der Mechanischen Technologie zur Wissenschaft vom Fabrikbetrieb unter Georg Schlesinger. In: Ferrum: Nachrichten aus der Eisenbibliothek, 2009, Nr. 81

[SPUR11] Spur, G.; Uhlmann, E.: Spanende Werkzeugmaschinen. In: Grote, K.-H.; Feldhusen, J. (Hrsg.): Dubbel. Taschenbuch für den Maschinenbau. 23., neu bearbeitete und erweiterte Auflage. Berlin Heidelberg: Springer Berlin Heidelberg, 2011, T66-T94

[SPUR97] Spur, G.; Krause, F.-L.: Das virtuelle Produkt, Management der CAD-Technik. München: Hanser, 1997

[SPUR98] Spur, G.: Technologie und Management, Zum Selbstverständnis der Technikwissenschaften. München: Hanser, 1998

[STAC73] Stachowiak, H.: Allgemeine Modelltheorie. Softcover reprint of the hardcover 1. ed. 1973. Wien: Springer, 1973

[STAT21a] Statistisches Bundesamt: Industrie 4.0: Roboter und 3D-Drucker immer weiter verbreitet. Wiesbaden, 12.03.2021

[STAT21b] Statistisches Bundesamt: Arbeitskosten in Deutschland 2020 im oberen EU-Drittel. URL: https://www.destatis.de/DE/Presse/Pressemitteilungen/2021/05/PD21_203_624.html [Stand: 03.05.2021]

[STEI08] Steinbichler, G.: Methoden und Verfahren zur Optimierung der Bauteilentwicklung für die Spritzgießfertigung. Erlangen, 2008

[STIT20] Stittgen, T.; Schleifenbaum, J. H.: Towards Operating Curves of Additive Manufacturing Equipment: Production Logistics and its Contribution to Increased Productivity and Reduced Throughput Time. In: Procedia CIRP. 93. Jg., 2020, S. 14–19

[STRA13] Strano, G.; Hao, L.; Everson, R. M.; Evans, K. E.: Surface roughness analysis, modelling and prediction in selective laser melting. In: Journal of Materials Processing Technology. 213. Jg., 2013, Nr. 4, S. 589–597

[STRA13a] Strano, G.; Hao, L.; Everson, R. M.; Evans, K. E.: A new approach to the design and optimisation of support structures in additive manufacturing. In: The International Journal of Advanced Manufacturing Technology. 66. Jg., 2013, 9-12, S. 1247–1254

[STRO17] Strong, D.; Sirichakwal, I.; Manogharan, G. P.; Wakefield, T.: Current state and potential of additive – hybrid manufacturing for metal parts. In: Rapid Prototyping Journal. 23. Jg., 2017, Nr. 3, S. 577–588

[SURE19] Suresh Kumar, B.; Baskar, N.; Rajaguru, K.: Drilling operation: A review. In: Materials Today: Proceedings, 2019

[TAKA82] TAKAWASHI, T.; KOBAYASHI, K.; ITO, H.; SAKAKIBARA, T.; SAITO, N.: Study on the Mirror Surface Machining by EDM. In: Journal of The Japan Society of Electrical Machining Engineers. 16. Jg., 1982, Nr. 31, S. 35–45

[THOM16] Thompson, M. K.; Stolfi, A.; Mischkot, M.: Process chain modeling and selection in an additive manufacturing context. In: CIRP Journal of Manufacturing Science and Technology. 12. Jg., 2016, S. 25–34

[TOLO04] Tolochko, N. K.; Mozzharov, S. E.; Yadroitsev, I. A.; Laoui, T.; Froyen, L.; Titov, V. I.; Ignatiev, M. B.: Balling processes during selective laser treatment of powders. In: Rapid Prototyping Journal. 10. Jg., 2004, Nr. 2, S. 78–87

[TÖNI14] Tönissen, S.: Economic Efficiency of Manufacturing Technology Integration. Zugl.: Aachen, Techn. Hochsch., Diss, 2014,. Aachen: Apprimus, 2014

[TORN90] Tornatzky, L. G.; Fleischer, M.: The processes of technological innovation. Lexington, Mass.: Lexington Books, 1990

[TRIA15] Triantaphyllou, A.; Giusca, C. L.; Macaulay, G. D.; Roerig, F.; Hoebel, M.; Leach, R. K.; Tomita, B.; Milne, K. A.: Surface texture measurement for additive manufacturing. In: Surface Topography: Metrology and Properties. 3. Jg., 2015, Nr. 2, S. 1–8

[TROM01] Trommer, G.: Methodik zur konstruktionsbegleitenden Generierung und Bewertung alternativer Fertigungsfolgen. Zugl.: Aachen, Techn. Hochsch., Diss, 2001. Aachen: Shaker, 2001

[TULL13] Tullis, T.; Albert, B.: Combined and Comparative Metrics. In: Tullis, T.; Albert, W. (Hrsg.): Measuring the user experience. Collecting, analyzing, and presenting usability metrics. Second edition. Amsterdam: Elsevier, 2013, S. 187–208

[UHLM16] Uhlmann, E.; Oberschmidt, D.; Löwenstein, A.; Kuche, Y.: Influence of Cutting Edge Preparation on the Performance of Micro Milling Tools. In: Procedia CIRP. 46. Jg., 2016, S. 214–217

[ULLA20] Ullah, R.; Akmal, J. S.; Laakso, S.; Niemi, E.: Anisotropy of additively manufactured 18Ni-300 maraging steel: Threads and surface characteristics. In: Procedia CIRP. 93. Jg., 2020, S. 68–78

[ULLM95] Ullmann, C. C.: Methodik zur Verfahrensplanung von innovativen Fertigungstechnologien im Rahmen der technischen Investitionsplanung. Zugl.: Aachen, Techn. Hochsch., Diss., 1994. Als Ms. gedr. Aachen: Shaker, 1995

[ULRI01a] Ulrich, H.: Systemorientiertes Management, Das Werk von Hans Ulrich. Studienausg. Bern: Haupt, 2001

[ULRI01b] Ulrich, H.: Gesammelte Schriften Anleitung zum ganzheitlichen Denken und Handeln. Bern: Haupt, 2001

[ULRI76] Ulrich, P.; Hill, W.: Wissenschaftstheoretische Grundlagen der Betriebswirtschaftslehre. In: Wissenschaftstheoretische Grundfragen der Wirtschaftswissenschaften, 1976, 7, 8, 304–309, 345-350

[UNIT20] United Nations Department of Economic and Social Affairs: The Sustainable Development Goals Report 2020. New York: UNITED NATIONS, 2020

[UNTI09] Untiedt, D.: Technologie Rating, Modell zur Bewertung der technologischen Leistungsfähigkeit produzierender Unternehmen. Zugl.: Aachen, Techn. Hochsch., Diss., 2009. Aachen: Apprimus-Verl., 2009

[UTWE21] Universiteit Twente: 3D2SKY: Driving quality and cost efficiency for the aerospace industry. URL: https://www.utwente.nl/en/fraunhofer/Projects/Completed-Projects/CaseStudy-Aeronamic/ [Stand: 04.03.2021]

[VAND07] Vandenbroucke, B.; Kruth, J.-P.: Selective laser melting of biocompatible metals for rapid manufacturing of medical parts. In: Rapid Prototyping Journal. 13. Jg., 2007, Nr. 4, S. 196–203

[VDI13] Richtlinie VDI 3405 Blatt 2 (2013). Additive Fertigungsverfahren

[VDI14] Richtlinie VDI 3405 (2014). Additive Fertigungsverfahren

[VDI15] Richtlinie VDI 3405 Blatt 3 (2015). Additive Fertigungsverfahren

[VDI93] Richtlinie VDI 2221 (1993). Methodik zum Entwickeln und Konstruieren technischer Systeme und Produkte

[VDI94] Richtlinie VDI 3321 (1994). Schnittwertoptimierung - Grundlagen und Anwendung

[VDMA11] Einheitsblatt VDMA 24379 (2011). Strahltechnik

[VERB08] Richtlinie Verband Deutscher Druckgießereien (VDD) (2008). Druckguss aus NE-Metallen

[VOIT20] Voit, P.; Sill, U.; Seidel, C.: Technologieradar für die additive Fertigung. In: ZWF Zeitschrift für wirtschaftlichen Fabrikbetrieb. 115. Jg., 2020, Nr. 11, S. 805–809

[VOSS11] Voss-Dahm, D.; Mühge, G.; Schmierl, K.; Struck, O.: Qualifizierte Facharbeit im Spannungsfeld von Flexibilität und Stabilität. 1. Aufl. Wiesbaden: VS Verl. für Sozialwiss, 2011

[WALD20] Waldschmidt, J.; Lindecke, P.; Wichmann, M.; Denkena, B.; Emmelmann, C.: Improved Machining of Additive Manufactured Workpieces Using a Systematic Clamping Concept and Automated Process Planning. In: Müller, B. (Hrsg.): Fraunhofer Direct Digital Manufacturing Conference DDMC 2020. Conference Proceedings. München: Fraunhofer Verlag, 2020

[WANG00] Wang, T.-Y.; Shaw, C.-F.; Chen, Y.-L.: Machine selection in flexible manufacturing cell: A fuzzy multiple attribute decision-making approach. In: International Journal of Production Research. 38. Jg., 2000, Nr. 9, S. 2079–2097

[WEBE18] Weber, J.: Fertigungskosten. URL: https://wirtschaftslexikon.gabler.de/definition/fertigungskosten-33784/version-257303 [Stand: 02.10.2020]

[WEBS21] Webster, S.; Lin, H.; Carter III, F. M.; Ehmann, K.; Cao, J.: Physical mechanisms in hybrid additive manufacturing: A process design framework. In: Journal of Materials Processing Technology. 291. Jg., 2021, 117048-1–117048-64

[WEGE16] Wegener, M.: Ressourceneffiziente Gestaltung von Prozessketten mit additiven Fertigungsverfahren. Dissertation. 1. Auflage, 2016

[WERK14] Werkzeug & Formenbau: Prozesssichere Langstreckenläufer. Vollhartmetall-Fräser von Hitachi Tool. URL: https://www.werkzeug-formenbau.de/spritzen-giessen/prozesssichere-langstreckenlaeufer-127.html

[WEST16] Westermeier, M.: Qualitätsorientierte Analyse komplexer Prozessketten am Beispiel der Herstellung von Batteriezellen. Dissertation, 2016

[WIEN19] Wiendahl, H.-P.; Wiendahl, H.-H.: Betriebsorganisation für Ingenieure. 9., vollständig überarbeitete Auflage. München: Hanser, 2019

[WILL08] Willms, H.: Methodisches System zur Auslegung von kostenoptimalen und prozessstabilen Fertigungsverkettungen, 2008

[WINZ16] Winzer, P.: Generic Systems Engineering. Berlin, Heidelberg: Springer Berlin Heidelberg, 2016

[WITT13] Wittel, H.; Muhs, D.; Jannasch, D.; Voßiek, J.: Roloff/Matek Maschinenelemente, Normung, Berechnung, Gestaltung. 21. Aufl. Wiesbaden: Springer Fachmedien, 2013

[WOHL17] Wohlers, T.: Wohlers Report 2017, 3D Printing and Additive Manufacturing State of the Industry Annual Worldwide Progress Report. Fort Collins, Colorado: Wohlers Associates, Inc., 2017

[WOHL18] Wohlers, T.: Wohlers Report 2018, 3D Printing and Additive Manufacturing State of the Industry. Annual Worldwide Progress Report. Fort Collins, Colorado: Wohlers Associates, Inc., 2018

[WOHL19] Wohlers, T.: Wohlers Report 2019, 3D Printing and Additive Manufacturing State of the Industry. Fort Collins, Colorado: Wohlers Associates, Inc., 2019

[WOHL19a] Wohlers, T.; Gornet, T.: History of Additive Manufacturing. Fort Collins, Colorado, 2019

[WOHL20] Wohlers, T.: Wohlers Report 2020, 3D Printing and Additive Manufacturing Global State of the Industry. Fort Collins, Colorado: Wohlers Associates, Inc., 2020

[WOHL21] Wohlers, T.: Wohlers Report 2021, 3D Printing and Additive Manufacturing Global State of the Industry. Fort Collins, Colorado: Wohlers Associates, Inc., 2021

[WOLF91] Wolfrum, B.: Strategisches Technologiemanagement. Wiesbaden: Gabler Verlag, 1991

[WOLL19] Wollbrink, M.; Horstkotte, R.: Highlight-Projekt Christian Karl Siebenwurst GmbH & Co. KG. In: Boos, W.; Hensen, T. (Hrsg.): Forschungsbericht 2019. Aachen: Eigendruck, 2019, S. 78

[WOLL20] Wollbrink, M.; Maslo, S.; Zimmer, D.; Abbas, K.; Arntz, K.; Bergs, T.: Clamping and substrate plate system for continuous additive build-up and post-processing of metal parts. In: Procedia CIRP. 93. Jg., 2020, S. 108–113

[WOLL21] Wollbrink, M.; Dannen, T.; Arntz, K.; Prümmer, M.; Bergs, T.: Methodology for integrated additive-subtractive process chain generation. In: Procedia CIRP. 100. Jg., 2021, S. 199–204

[WONG98] Wong, Y.; Lim, L.; Rahuman, I.; Tee, W.: Near-mirror-finish phenomenon in EDM using powder-mixed dielectric. In: Journal of Materials Processing Technology. 79. Jg., 1998, Nr. 1, S. 30–40

[WORL21] Worldbase: AERONAMIC HOLDING B.V., 2021

[YANG12] Yang, Y.; Lu, J.; Luo, Z.-Y.; Di Wang: Accuracy and density optimization in directly fabricating customized orthodontic production by selective laser melting. In: Rapid Prototyping Journal. 18. Jg., 2012, Nr. 6, S. 482–489

[YILI19] Yi, L.; Gläßner, C.; Aurich, J. C.: How to integrate additive manufacturing technologies into manufacturing systems successfully: A perspective from the commercial vehicle industry. In: Journal of Manufacturing Systems. 53. Jg., 2019, S. 195–211

[YOUR19] 3YOURMIND: Software zur AM Workflow-Optimierung. München, 2019

[YUFE20] Yu, F.; Nielsen, C. P.: A data-driven approach for Decision-Making support of factory simulation solutions. In: Procedia CIRP. 93. Jg., 2020, S. 971–976

[ZÄHM13] Zäh, M. F.: Wirtschaftliche Fertigung mit Rapid-Technologien, Anwender-Leitfaden zur Auswahl geeigneter Verfahren. unveränderter Nachdruck der 1. Aufl. 2006. München: Hanser, 2013

[ZEHN97] Zehnder, T.: Kompetenzbasierte Technologieplanung, Analyse und Bewertung technologischer Fähigkeiten im Unternehmen. Wiesbaden, s.l.: Deutscher Universitätsverlag, 1997

[ZHAN14] Zhang, Y.; Bernard, A.; Gupta, R. K.; Harik, R.: Evaluating the Design for Additive Manufacturing: A Process Planning Perspective. In: Procedia CIRP. 21. Jg., 2014, S. 144–150

[ZHAN19] Zhang, X.; Cui, W.; Li, W.; Liou, F.: A Hybrid Process Integrating Reverse Engineering, Pre-Repair Processing, Additive Manufacturing, and Material Testing for Component Remanufacturing. In: Materials (Basel, Switzerland). 12. Jg., 2019, Nr. 12

[ZIEB18] Ziebura, D.; Bremen, S.; Schleifenbaum, J. H.; Gebhardt, A.: Machbarkeitsstudie zur Verarbeitung von nicht rostendem Stahl 1.4404 unter Verwendung einer Diodenlaser-basierten LPBF-Maschine mit kartesischem Achssystem. In: RTejournal - Forum für Rapid Technologie. 2018. Jg., 2018, Nr. 15

[ZOLL09] ZOLLERN GmbH & Co. KG: Feinguss. Giessereitechnik. Sigmaringen, 2009

Anhang

Appendix

A.1 Pulverbettbasierte additive Fertigung mit EB-PBF und BJ

Powder bed-based Additive Manufacturing with EB-PBF and BJ

Elektronenstrahlschmelzen (EB-PBF)

Das Prinzip des EB-PBF wurde an der Chalmers University of Technology in Göteborg erfunden und ausschließlich durch das schwedische Unternehmen Arcam AB zur industriellen Reife weiterentwickelt [ARCA19] [ZÄHM13, S. 69]. Die zum Aufschmelzen des Metallpulvers erforderliche Energie wird im Gegensatz zum LB-PBF durch einen Elektronenstrahl zur Verfügung gestellt. Dem Aufschmelzen einer Pulverschicht folgt das Auftragen einer neuen Schicht. So wird das Werkstück schichtweise erzeugt. Die Schichtstärken variieren dabei von 0,05 bis 0,2 mm. Der Maschinenaufbau ist in Abbildung A-1 schematisch dargestellt. [KLOC15, S. 156] [GEBH16, S. 221–227]

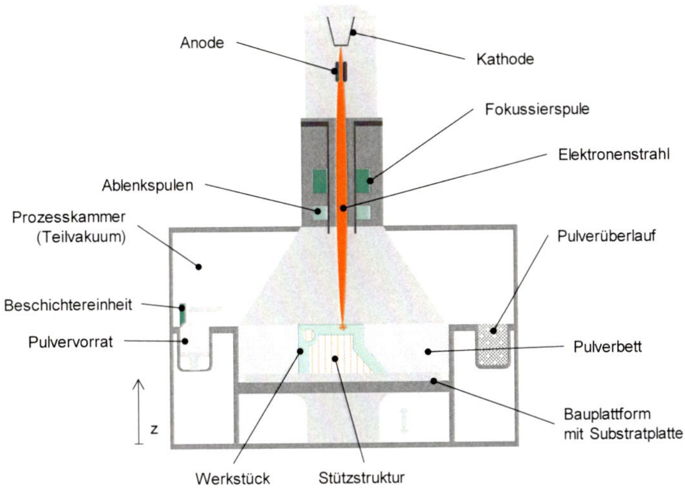

Abbildung A-1: Anlagenprinzip Elektronenstrahlschmelzen

Zur Erzeugung des Elektronenstrahls wird eine Wolframkathode durch Widerstandserwärmung auf ca. 2.500 °C erhitzt. Durch das Anlegen einer Beschleunigungsspannung zwischen Anode und Kathode werden die Elektronen bis auf die Hälfte der Lichtgeschwindigkeit beschleunigt. Treffen die Elektronen auf das in der Prozesskammer befindliche Metallpulver, wandelt sich die kinetische Energie in thermische Energie um und das Metallpulver wird aufgeschmolzen. Zur präzisen Steuerung des Strahls wird dieser durch ein Magnetfeld fokussiert. Trifft ein Elektronenstrahl auf Luftmoleküle, weitet er sich auf. Um dies zu verhindern, muss in der gesamten Maschine (Strahlerzeugerraum und Arbeitsraum) ein Hochvakuum mit einem Druck von 5×10^{-5} mbar erzeugt werden. Ein zweites Magnetfeld unterhalb der Fokussierspule wird dazu genutzt, den Elektronenstrahl zu lenken. Die magnetische Auslenkung des Strahls erlaubt eine extrem schnelle und präzise Positionierung. Dadurch ist eine Strahlauffächerung zur simultanen Erzeugung mehrerer Eingriffspunkte in dem Pulverbett möglich (sog. Schmelzbäder). Die hohe Temperatur und der gleichzeitige Eingriff an mehreren Punkten führen zu einer Verminderung des durch Temperaturgradienten in das Werkstück eingebrachten Verzugs und zu einer Produktivitätssteigerung. [ARCA17, S. 5] [KLOC15, S. 156] [GEBH16, S. 223–224]

Die Größe der Prozesskammer der Maschine beträgt bis zu Ø 350 mm×380 mm [ARCA17, S. 13]. Diese ist mit einer Bauplattform ausgestattet und der Aufbauprozess erfolgt analog zum LB-PBF (Abbildung 2-7). Da die Oberflächenqualität der erzeugten Werkstücke sandgussähnlich ausfällt und Genauigkeiten von ±0,13 bis ±0,20 mm erreicht werden können, ist oftmals eine Weiterbearbeitung der Oberfläche notwendig [KLOC15, S. 156]. Als Pulverwerkstoffe, die mit der EB-PBF-Technologie verarbeitet werden können und für die die Prozesseinstellungen bereits erforscht und kommerziell verfügbar sind, gelten Titan und die Titanlegierung Ti6Al4V, die Kobalt-Chrom-Legierung ASTM F75 und die Nickellegierung 718 [ARCA17, S. 16]. Angewandt wird das Verfahren zur Fertigung von Einsätzen für Formwerkzeuge, bei Funktionsprototypen und in der Kleinserienfertigung [FRAU17, S. 24] [MARK17, S. 30].

Bindemittelauftrag (BJ)

Das additive Verfahren mit Bindemittelauftrag, zumeist englisch Binder Jetting genannt, wurde am Massachusetts Institute of Technology in Cambridge entwickelt [SACH90, S. 27]. Ausgangspunkt ist hierbei erneut eine Plattform, auf der das gewünschte Bauteil aufgebaut wird. Auf der Plattform wird eine Pulverschicht aufgetragen, welche selektiv gemäß der gewünschten Geometrie mit einem Binderwerkstoff verbunden wird. Ein Energieeintrag zum Verbinden der Pulverpartikel findet nicht statt. Der Binderauftrag erfolgt tröpfchenweise, vergleichbar mit der Funktion des Tintenauftrags bei einem Tintenstrahldrucker. Nach jeder Schicht des Pulver- und anschließend Bindemittelauftrags wird die Plattform entsprechend der Schichtstärke abgesenkt, neues Pulver aufgetragen und der Ablauf beginnt von Neuem [SACH90, S. 29]. Nach Erreichen der vollständigen Werkstückhöhe befindet sich im entstandenen Pulverbett ein Grünling. Dieser ist, vergleichbar mit einem Grünling in einer konventionellen Sinterprozesskette, porös und in seiner Festigkeit durch den Binderwerkstoff begrenzt. Um funktionale Bauteile zu erzeugen, muss der Binderwerkstoff entfernt werden. Dies geschieht für metallische Bauteile typischerweise thermisch. Die vollständige Festigkeit des Bauteils wird nach einem Sinterprozess erreicht [MICH92, S. 248]. Aufgrund des notwendigen Sinterprozesses, der auf den Additivprozess folgt, wird das Verfahren als mehrstufig eingeordnet [DIN17, S. 24–25].

Da Binder Jetting kein auf thermischem Energieeitrag basierendes Verfahren ist, entfallen Eigenschaften wie Stützstrukturen oder thermisch optimierte Bauteilausrichtung. Vielmehr können Werkstücke bauvolumenoptimiert in allen drei Raumrichtungen auch übereinander in der Prozesskammer der Maschine angeordnet werden [MICH92, S. 244] [KUMA16, S. 4] [EXON19].

A.2 Werkstück-Substratplattenverbindung

Workpiece and Substrate Plate Connection

1. Verhindern einer Kugelbildung des Pulvers

   Die Belichtung eines Pulverbetts führt durch die Oberflächenspannung des Schmelzbads zu Tropfenbildung [ABEO01, S. 201] [TOLO04, S. 85–86]. Daher muss das Pulver immer auf vorhandenen Werkstoff aufgeschweißt werden, sodass das Schmelzbad zu einer Benetzung verfestigten Werkstoffs führt. Die erste Pulverschicht muss somit auf einer Substratoberfläche aufgeschweißt werden. [ROMB06, S. 5] [MERC07, S. 5]

2. Ableiten von Prozesswärme und Ermöglichen von Überhangstrukturen

   Bei der Belichtung eines Überhangs im Pulverbett kann die Wärme durch das Pulver nicht ausreichend abgeleitet werden (Wärmeleitung im Festkörper ca. 100-fach höher als im Pulvervolumen). Das so anwachsende Schmelzbad entwickelt sich auch in die Tiefe und führt zu verminderter Oberflächenqualität im Downskin-Bereich. Um eine definierte Herstellung von Überhängen zu ermöglichen, müssen diese mit Stützstrukturen unterbaut werden, welche die Prozesswärme ableiten. [CRAE10, S. 506] [YANG12, S. 483] [VAND07, S. 152]

3. Aufnehmen von thermisch induzierten mechanischen Spannungen

   Durch die Werkstoffschrumpfung in Übergangsbereichen von flüssiger zu fester Phase werden Eigenspannungen hervorgerufen [SHIO04, S. 3] [MERC06, S. 254–255]. Damit durch diese Eigenspannungen kein Verzug des Werkstücks entsteht, müssen sie durch eine Anbindung an einer steifen Substratplatte aufgenommen werden [JHAB12, S. 137] [GUDO12, S. 137–138].

4. Fixieren des Werkstücks

   Durch die Beschichtereinheit, welche das Pulverbett überfährt, wirkt eine periodische Querkraft auf die bereits aufgebauten Werkstückteile, welche durch ein Herausstehen des Werkstücks aufgrund thermisch bedingter Verformung zusätzlich verstärkt wird [CRAE11, S. 216]. Damit das im Pulverbett eingeschlossene Werkstück nicht verschoben wird, muss es an der Substratplatte fixiert werden.

A.3 Best-Practice-Umfrage unter AM-Dienstleistungsunternehmen

Best Practice Survey with AM Service Providers

In einigen Unternehmen ist die additive Fertigung bereits alleinstehend etabliert. Dazu zählen insbesondere Fertigungsdienstleister mit Fokussierung auf die additive Fertigung. Um deren Status als Best-Practice-Unternehmen (vgl. [CAMP94, S. 16]) festzustellen, sei die Methode »Voice of the Customer« (VoC, dt.: Stimme des Kunden) gewählt. Dabei werden durch Kundenbefragungen Bedürfnisse festgestellt. Die Methode wurde eingesetzt, um Weiterbearbeitungsprozesse, insbesondere zum Trennen von Substratplatte und Werkstücken, primär zu ermitteln.

Bei der Erhebung wurde nach ROMAN in den Schritten Befragungsziel identifizieren, Zielgruppe identifizieren, Anzahl der Befragten definieren, Fragenkatalog erstellen und Befragen vorgegangen [ROMA11, S. 21–26]. Als Zielgruppe für die Befragung wurden Dienstleister für die additive Fertigung festgelegt. Diese Unternehmen sind für die Befragung besonders geeignet, da Erfahrung in der additiven Fertigung vorliegt und mit dieser Technologie der Hauptumsatz generiert wird. Zudem beliefern diese Dienstleister Kunden aus diversen Branchen. Die Befragung erfolgte auf der Branchenmesse »Formnext«. Nach ROMAN werden durch mehr als acht Befragungen keine signifikanten Mehrinformationen ermittelt [ROMA11, S. 24]. Es wurden sieben etablierte europäische Dienstleistungsunternehmen für die additive Fertigung zzgl. eines Maschinenherstellers ausgewählt. Die als Interview gestaltete Befragung wurde protokolliert und jeweils im Anschluss dokumentiert. Ausgewählte Ergebnisse sind zusammenfassend in Abbildung A-2, Abbildung A-4 und Abbildung A-3 aufgeführt.

Welche Prozessschritte werden ausgeführt, um die Substratplatte zu entfernen? Was sind Ihre Erfahrungswerte? Wie wird dieser Schritt heute ausgeführt? Was ist positiv/negativ zu bewerten? Was würden Sie sich wünschen?		
	Substratplatte mit Werkstücken rüsten	manuelles Einlegen
	Substratplatte mit Werkstücken referenzieren	Substratplatte mit Maschinentisch verschrauben
	Substratplatte spannen	Substratplatte mit Maschinentisch verschrauben
	Werkstücke spannen	Teile werden von Hand gehalten
	Trennen	Sägen oder Drahtfunkenerosion
	Substratplatte handhaben	manuell

Abbildung A-2: Anforderungen an die Werkstück-Substratplattentrennung

Welche Prozessschritte werden ausgeführt, um Stützstrukturen zu entfernen? Was sind Ihre Erfahrungswerte? Wie wird dieser Schritt heute ausgeführt? Was ist positiv/negativ? Was würden Sie sich wünschen?		
	Werkstücke spannen	Werkstücke werden in der Regel nicht gespannt, da manueller Prozess; teilweise unterstützender Schraubstock
	Stützstrukturen entfernen	Brechen (manuell), Sandstrahlen, Fräsen (Multifunktions-Handwerkzeug), Zerteilen (Seitenschneider), Fräsen bei Lage in Zone für mechanische Weiterbearbeitung
	Werkstücke weiterbearbeiten	Schleifen (manuell), Sandstrahlen
	Handhaben	manuell

Abbildung A-3: Anforderungen an die Stützstrukturentfernung

Frage	Schritt	Erfahrungswerte
Welche Weiterbearbeitungsschritte werden bei Ihnen ausgeführt? Was sind Ihre Erfahrungswerte? Wie wird dieser Schritt heute ausgeführt? Welche Verfahren werden genutzt? Welche Werkstücke werden so weiterbearbeitet? Was ist positiv/negativ zu bewerten? Was würden Sie sich wünschen?	Substratplatte entfernen	Erodieren oder Bandsägen, je nach Qualitätsanforderungen und zusätzlicher Weiterbearbeitung bzw. Teileorientierung (z. B. ebene Werkstückseite zur Substratplatte gerichtet), Werkstücke werden beim Bandsägen von Hand gehalten
	Stützstrukturen entfernen	Brechen (manuell), Sandstrahlen, Fräsen (Multifunktions-Handwerkzeug), Zerteilen (Seitenschneider), Fräsen bei Lage in Zone für mechanische Weiterbearbeitung
	Wärmebehandeln	diverse Vorgehensweisen: teilweise etabliert, teilweise nicht angewendet
	Weiterbearbeiten	mechanische Bearbeitung: Drehen, Fräsen, Polieren; intern oder extern; teilweise Werkstückverbleib auf Substratplatte; Einsatz von Formspannelementen oder speziell angefertigten Spannsystemen
	Oberflächenbehandeln	Sandstrahlen, Polieren
	Substratplatte aufbereiten	Flachschleifen, intern oder extern

Abbildung A-4: Anforderungen an die Weiterbearbeitungsprozesskette

A.4 Studie »Weiterbearbeitung von additiv gefertigten Bauteilen«

Survey »Further Processing of Additively Manufactured Parts«

Um die Aussagen in dieser Arbeit zu stützen und deren Praxisrelevanz sicherzustellen, wurde eine Studie durchgeführt. In einer Online-Umfrage wurden Unternehmen, die additive Fertigungsverfahren anwenden, zu ihrer Ausrichtung am Markt sowie zu ihrer Organisation und Ausstattung hinsichtlich der Weiterbearbeitung von additiv gefertigten Bauteilen befragt. Die Auswahl der Unternehmen erfolgte auf Basis ihrer Mitgliedschaft in AM-Communities wie dem ACAM Aachen Center for Additive Manufacturing GmbH, davon unabhängige Teilnahmen waren möglich. Durch die Mitgliedschaft in einschlägigen Netzwerken konnte eine bestehende Wissensbasis erwartet werden, die die Qualität der Rückmeldungen erhöht. Der Online-Fragebogen stand im zweiten Halbjahr 2019 zur Beantwortung offen. Die Grundgesamtheit beläuft sich auf 32 Unternehmen, davon wurde der Fragebogen in 17 Fällen für ein Gesamtunternehmen, in 15 Fällen für einen Unternehmensteil (z. B. eine oder mehrere betreffende Abteilungen) beantwortet. Abbildung A-5 zeigt die Aufteilung der Unternehmensgröße.

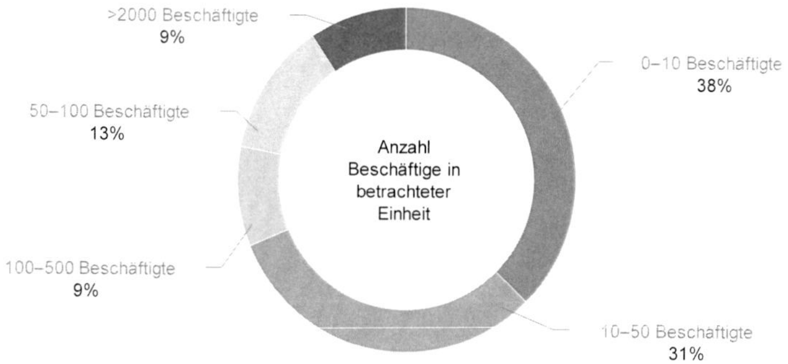

Abbildung A-5: Beschäftigtenanzahl Teilnehmerunternehmen

Die Diversität der Branchen, in denen die beteiligten Unternehmen aktiv sind, ist Abbildung A-6 zu entnehmen.

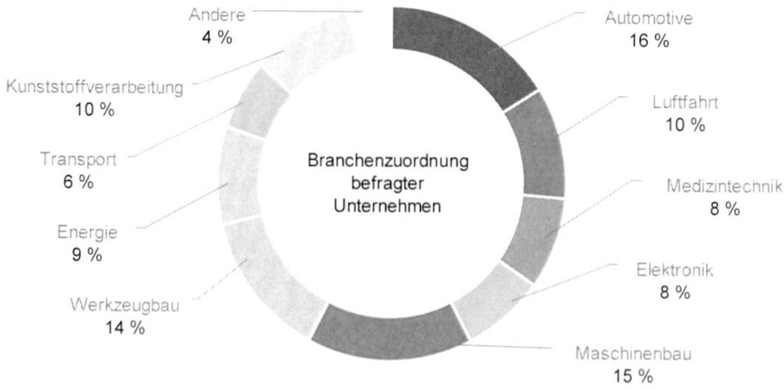

Abbildung A-6: Zielbranchen Teilnehmerunternehmen (Mehrfachnennungen möglich)

Die zusammenfassende Auswertung für diese Arbeit relevanter Ergebnisse folgt in diesem Abschnitt anhand von Diagrammen, die der jeweiligen Fragestellung zugeordnet sind.

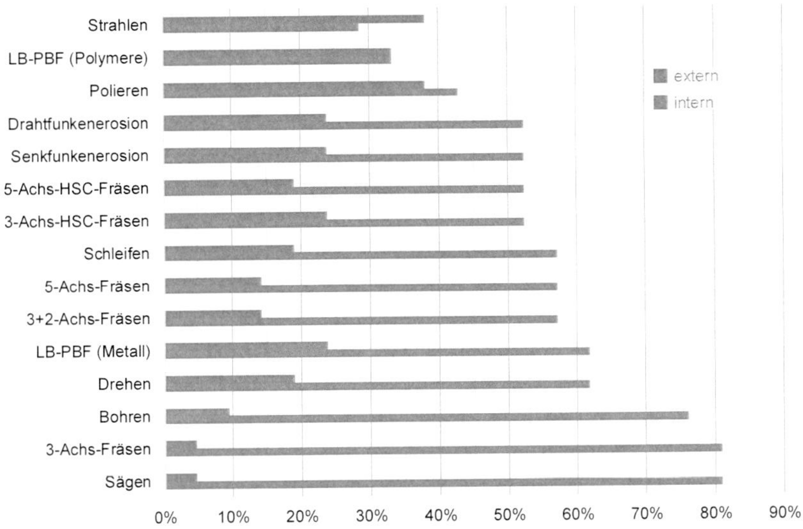

Abbildung A-7: Technologieverfügbarkeit AM-Anwenderunternehmen (Mehrfachnennungen möglich)

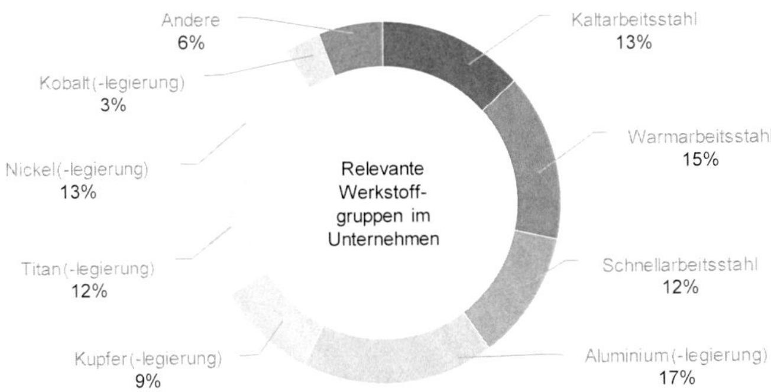

Abbildung A-8: Werkstoffgruppen Teilnehmerunternehmen

A.5 Ergänzende bestehende Ansätze

Further Existing Approaches

Zu: 3.3.1 Ansätze zur Bauteilanforderungsbeschreibung

Die Bauteilidentifikation und -auswahl im Kontext der industriellen additiven Fertigung beschreibt die Arbeit von LEUTENECKER-TWELSIEK [LEUT19]. Als Ziel des Ansatzes wird die Verfahrensintegration in die Serienproduktion, jedoch nicht für die Unikatfertigung angeführt. Die Verfahrensintegration soll ausschließlich auf Basis einer Bauteilidentifikation und des Aufbaus von AM-Expertise erfolgen [LEUT19, S. 2–3]. Der eigentliche Fertigungsprozess, weder additiv noch subtraktiv, zur Weiterbearbeitung wird nicht betrachtet. Der Autor fasst unterschiedliche existierende Ansätze zur AM-bezogenen Bauteilauswahl und Konstruktionsempfehlungen zusammen. Zum Schließen von Wissenslücken auf Anwendendenseite wird das »Erfahrungsbasierte Transfermodell« eingeführt, das theoretische Wissensvermittlung und Praxiserfahrung kombiniert [LEUT19, S. 73–75]. Zur Bauteilauswahl wird ein Formular zur Anforderungsabfrage eingeführt, welches in eine Beurteilungsmatrix überführt wird. Anhand eines Kriterienkatalogs findet eine Wertung durch Fachexpert·innen statt, die Einschätzung der Fertigungskosten erfolgt rudimentär. [LEUT19, S. 97–102] Abschließend folgt ein Gestaltungsleitfaden, basierend auf recherchierten Literatur- und Praxisquellen.

TÖNISSEN befasst sich in der Arbeit »Economic Efficiency of Manufacturing Technology Integration« mit der integrierten Bearbeitung unterschiedlicher Geometrieelemente eines Bauteils [TÖNI14]. Im Vordergrund steht dabei der Vergleich der integrierten Bearbeitung, d. h. ein Fertigungsmittel führt unterschiedliche Bearbeitungsoperationen durch, und der segregierten Bearbeitung, bei der eine serielle Abfolge von Fertigungsmitteln verschiedene Geometrieelemente bearbeitet. Diese Geometrieelemente werden in der Arbeit als Features bezeichnet. Die Features werden jedoch nicht weiter definiert, eine Abgrenzung zwischen einzelnen Features und deren Eigenschaften findet nicht statt. Lediglich die Anzahl von Features pro Bauteil geht in die Betrachtungen der Arbeit ein. Es wird die Annahme getroffen, dass mit zunehmender Featureanzahl proportional die Bearbeitungszeit eines Bauteils ansteigt. [TÖNI14, S. 43] Die Methodik ist fertigungstechnologieunabhängig, damit auf die additive Fertigung übertragbar, ohne diese explizit zu erwähnen. Das übergeordnete Ziel einer Produktivitätssteigerung wird vorrangig für die Serienfertigung betrachtet.

Zu: 3.3.2 Ansätze zur Fertigungsmittelaufnahme und Technologieleistungsfähigkeitsbeurteilung

Der Ansatz von DRABOW fokussiert auf die Bewertung der Wandlungsfähigkeit von Fertigungssystemen [DRAB06]. Grundlage dafür sind die sogenannten Wandlungsbefähiger Modularität, Mobilität, Universalität, Kompatibilität und Skalierbarkeit. DRABOW berücksichtigt bestehende Fertigungsumgebungen mit ihren Fertigungsmitteln; dies geschieht anhand von Technologie- und Eignungsstufen, die nur bedingt quantifiziert sind [DRAB06, S. 105–106]. Eine praktikable Anwendung für Fertigungstechnologien, wie sie in der vorliegenden Arbeit angenommen werden, ist nicht möglich. Es werden keine spezifischen Fertigungsverfahren methodisch berücksichtigt.

In der Arbeit von KNOCHE wird die handlungsleitende Aussage, eine »rein technologische Bewertung der Fertigungstechnologien« anzustreben, formuliert [KNOC05, S. 8]. »Das zu entwickelnde Modell [soll] Vergleiche, Beschreibungen, Kettenbildungen und Substitutionen von Technologien unterstützen« [KNOC05, S. 9]. Knoche stellt verschiedene Technologiedatenbanken als Basis ihrer Betrachtungen vor, außerdem Bauteilbeschreibungsmodelle. Diese sind jedoch auf Bauteilrepräsentationen (z. B. 3D-Geometriemodelle) und periphere Featurebeschreibungen begrenzt. Auch werden Ansätze zur Technologiekettenbildung und -optimierung zusammengetragen. Diese werden zu großen Teilen in dieser Arbeit ebenfalls, in Abschnitt 3.3.3, betrachtet. Der Ansatz schließt die Bewertung und damit eine Auswahlgrundlage von Technologien aus [KNOC05, S. 51]; Technologievergleiche werden jedoch abgebildet. Insgesamt basiert der Ansatz auf generischen Anwendungsfällen, wodurch die konkrete technologische Beschreibung von Fertigungstechnologien, z. B. mit Maschinenparametern, nicht ermöglicht wird. Zur Spezifizierung von Technologien, Verfahren und Features bedient KNOCHE sich schließlich Baumdarstellungen, die in der Modellierungssprache »Express G« abgebildet werden [KNOC05, S. 94].

In der Arbeit von UNTIEDT wird ein Technologie-Rating-Modell entwickelt, das die Bewertung von Produktions- und Produkttechnologie ermöglichen soll [UNTI09, S. 4]. Der Autor verfolgt das Ziel, ein technologisch ergänztes Unternehmensrating – neben existierenden, vorrangig ökonomisch beurteilenden Rankings – zu etablieren. Dabei wird das zukünftige technologische Leistungspotenzial approximiert, nicht der Status quo in den Fokus gerückt. Das entwickelte Modell gliedert sich grob in die drei Teilmodelle Technologiemodell (Produkt- und Produktionstechnologien), Zielmodell (inhaltliche und formale Ziele) und Kontextmodell (Systemgrenzen und Einflussfaktoren), welche im Technologe-Rating-Modell verknüpft werden [UNTI09, S. 50]. Die Hauptmodellierungsobjekte, wozu auch die Technologie und untergeordnet die Fertigungstechnologie gezählt wird, werden in Unified Modeling Language (UML) modelliert. Die Bewertung der technologischen Leistungsfähigkeit stützt sich in diesem Ansatz auf den Technologiepool, Forschungs- und Entwicklungsprozesse, komplementäre sowie organisatorische Aspekte und externe Größen [UNTI09, S. 53-55, 80]. Daraus ergibt sich eine sehr begrenzte Einbeziehung konkreter Leistungsfähigkeiten von Fertigungsverfahren. Die Ressourcenstärke, die die Fertigungstechnologie beinhaltet, wird allein anhand einer fünfstufigen Ordinalskala (»gering ausgeprägt« bis »stark ausgeprägt«) bewertet und einer Präferenzmatrix zugeführt [UNTI09, S. 92–93]. Das finale Technologie-Rating-Modell umfasst abgegrenzte Bewertungsklassen und fasst stark aggregiert das Rating-Ergebnis auf einem Dashboard zusammen.

ZEHNDER betrachtet in seinem Ansatz zur »Analyse und Bewertung technologischer Fähigkeiten im Unternehmen« eine strategisch-organisatorische Ebene [ZEHN97]. Auf die Ebene konkreter technologischer Eigenschaften von (in einem Unternehmen vorhandenen) Fertigungsverfahren gelangt er dabei nicht. Vielmehr ist die Einordnung von generischen technologischen Fähigkeiten in die Grundsätze des Technologiemanagements, und spezifischer der Technologieplanung, Ergebnis der Arbeit. Dem Bewertungsmodell technologischer Fähigkeiten liegen das Rekombinationspotenzial, Entwicklungspotenzial und die Substituierbarkeit von Technologien zugrunde. Die Bewertung ist schließlich in ihrem eigentlichen Sinne als monetäre Wertbestimmung ausgeführt. Auch die Methodenanwendung zur Validierung zeigt, dass strategische Handlungsfelder zur zukünftigen Unternehmensausrichtung erarbeitet werden.

Zu: 3.3.3 Ansätze zur Prozesskettengenerierung und -planung

EICHGRÜN befasst sich in seinem Ansatz maßgeblich mit der Prozesssicherheit in bestehenden Prozessketten und schließt damit Aspekte des Qualitätsmanagements mit ein. Der Ansatz wird anhand eines keramischen Sinterbauteils entwickelt. Ein Referenzmodell fertigungstechnischer Prozessketten verbindet detailliertere Partialmodelle zu den Elementen Prozesskette, Werkstück, Prozess und Prozesssicherheit [EICH03, S. 34–39]. Das Werkstückmodell umfasst die vier Beschreibungsdimensionen Geometrie, Oberfläche, Randzone und Werkstückkern. Bei der Werkstückbeschreibung werden umfassende Details zur späteren Bauteilfunktion einbezogen, was gerade für die Unikatfertigung hohen Vorbereitungsaufwand erwarten lässt [EICH03, S. 139–141]. Gleichzeitig wird nicht gezeigt, wie weitere Bauteile als das geometrisch simple Referenzbauteil gehandhabt werden können [EICH03, S. 49]. Die weiteren Schritte der Systemanalyse beziehen sich vorrangig auf qualitätsbezogene bzw. qualitätsrelevante Bauteil- und Prozesseigenschaften. Somit ist die empirische Prozessbeobachtung zentraler Teil des Ansatzes. Die Schnittstellenbetrachtung entlang der Prozesskette offenbart prozessinterne, prozessübergreifende und prozessexterne Ansätze zur Prozessabstimmung. Auch hierbei steht die Optimierung im Sinne der Bauteilqualität im Vordergrund [EICH03, S. 91].

Der Ansatz von HÄUßINGER & ZÄH beschreibt das Zusammenwirken von pulverbettbasierter additiver Fertigung und dem Fräsen. Explizit werden die beiden Fertigungsverfahren in einem Wertschöpfungsnetzwerk kombiniert und stehen nicht in demselben Unternehmen zur Verfügung. [HÄUS19, S. 421] Es wird eine indisponible Prozesskette auf Basis existierender Ansätze in der Literatur festgelegt. Zentral wird die messtechnische Erfassung des verzugbehafteten Werkstücks nach der additiven Fertigung in der Werkzeugmaschine beschrieben, die ein verbessertes Einpassen erlauben soll [HÄUS19, S. 423]. Die praktische Umsetzung zeigt einen Vorteil bei messtechnischer Erfassung gegenüber der direkten Fräsbearbeitung mit generischem Aufmaß.

SCHÄFERS Prozesskettengestaltungskonzept ist qualitätsgeleitet. So soll eine gesteigerte Prozesssicherheit bei der Bauteilfertigung entlang gesamter Prozessketten erreicht werden, weniger eine Neugestaltung [SCHÄ03, S. 28]. Zunächst wird ein Referenzmodell, bestehend aus Gesamtmodell und vier Teilmodellen, erstellt, das die Interaktion einzelner Objekte des Betrachtungsbereichs (z. B. Prozess, Prozesskette, Fertigteil) vorgibt [SCHÄ03, S. 31]. Die Vorgehensweise innerhalb des Ansatzes ist stark analysierend geprägt; maßgeblich werden vorhandene Prozessketten nach Fehlern bzw. aufgrund mangelnder Prozessfähigkeit untersucht und optimiert. Dazu gliedert sich der Ansatz in die grundlegenden Schritte Prozesskettenanalyse, Analysezieldefinition, Untersuchungskonzeption (empirisch), Datenerfassung, -strukturierung und -analyse, Ergebnisbewertung, Gestaltungsmaßnahmenableitung und eventueller Modellanpassung [SCHÄ03, S. 38]. Die einzelnen Schritte werden detailliert beschrieben und Methoden zur Ausführung werden vorgestellt (z. B. Prozesskettenmodellierung, Einfluss-Wirkungsmatrix, phänomenologisches Tracing, Beobachtungsplanung). In den Vordergrund rückt in diesem Teilbereich des Ansatzes auch die Datenanalyse mittels statistischer Methoden und maschinellen Lernens. Die Ergebnisse der Datenanalyse dienen der Maßnahmenableitung für verbesserte Prozessketten. Im Fokus steht die Reduktion der statistischen Streuung. Der Ansatz sieht dazu vier Maßnahmen vor: Anpassung der Schnittstellentoleranzen, Anpassung der Werkstückkontrollen, adaptive Prozessführung mit Vor- oder Rückwärtskopplung und Anpassung der Prozesskette (Prozessintegration, -separation, -substitution, -erweiterung, -entfernung).

Der Ansatz von SCHMIDTNER bezieht sich auf den konkreten Fall der Fertigung von Nockenwellen für die Ventilsteuerung bei Verbrennungsmotoren. Die praktische Fertigung des Produkts steht im Vordergrund und wird in den Dimensionen Produktivität, Qualität, Wirtschaftlichkeit, Ergonomie und Zeit bewertet [SCHM03, S. 103]. Entlang einer vorhandenen, generischen Prozesskette zur Nockenwellenfertigung werden mögliche Fertigungsverfahren zugeordnet [SCHM03, S. 109–111]. Die Zuordnung findet auf Basis von Fachwissen des Autors statt. Die Bewertungskriterien für Prozessketten inkl. Unterkriterien werden schließlich in einer Präferenzmatrix gegeneinander gewichtet [SCHM03, S. 119]. Verschiedene Designkonzepte werden folgend einer Nutzwertanalyse unterzogen und so ein geeignetes Design herausgearbeitet [SCHM03, S. 136–137]. Eine Ableitung fertigungstechnischer Eigenschaften bzw. Vor- und Nachteile für die alternativen Designs wird nicht deutlich, gleiches gilt für ProzesskettenEigenschaften wie Prozessverknüpfungen oder -wechselwirkungen.

THOMPSON ET AL. schlagen einen Ansatz zur Prozesskettengenerierung und -auswahl im Kontext der additiven Fertigung vor. Dieser basiert auf der Annahme, dass Prozessketten nicht linear ablaufend und damit eindimensional sind, sondern zweidimensional beschrieben werden können. Die Methode soll fertigungsgerechtes Design unterstützen. Jedes sogenannte Artefakt (Werkzeug, Bauteil, etc.), welches für die Fertigung eines Produkts erforderlich ist, besitzt eine eigene Prozesskette. Diese Prozessketten sind über logische Operatoren verknüpft [THOM16, S. 26]. Anhand von sechs Prozessketten, die sich maßgeblich durch das Kernfertigungsverfahren unterscheiden, werden empirisch deren Eigenschaften erforscht. Die Kernverfahren sind Spritzgießen, 3-Achs-Fräsen, Digital Light Processing (DLP)[24], DLP i. V. m. Fräsen und Spritzgießen mit DLP-gefertigtem und gefrästem Werkzeugeinsatz [THOM16, S. 28–29]. Die Auswertung qualitätsrelevanter Eigenschaften der gefertigten Bauteile zeigt unterschiedliche Vor- und Nachteile der unterschiedlichen Prozessketten, ohne dass eine favorisierte Lösung ermittelt wird. Außerdem wird der zweidimensionale Prozesskettenansatz als unterstützend, jedoch nicht Versuche ersetzend eingeschätzt. Aufgrund nicht vorhandener Eigenschaftsbeschreibungen von Technologie oder Bauteil(features) kann dieser Zusammenhang als trivial angesehen werden.

WALDSCHMIDT ET AL. thematisieren in ihrem Ansatz weniger die Prozesskettenperspektive als vielmehr die Handhabung additiv gefertigter Werkstücke bei der Weiterbearbeitung, jedoch auch die zugehörige Prozessplanung additiv-subtraktiv. Vor der Vorbereitung der Bauteildaten für die additive Fertigung wird die Ausrichtung des Werkstücks für die spanende Weiterbearbeitung festgelegt. Diese ergibt sich aus der dominierenden Bearbeitungsrichtung [WALD20, S. 3]. Es werden systematisch Stützstrukturen zur Unterstützung des Spannens und Referenzierens des Werkstücks eingebracht. Die Strukturen sowie je nach Aufspannung zu bearbeitende Bauteilfeatures werden als individuelle

Volumenmodelle gespeichert, es besteht also kein monolithisches CAD-Modell [WALD20, S. 5]. Der Ansatz beschränkt sich ausschließlich auf die 3-Achs-Bearbeitung von Bohrungen.

[24] Digital Light Processing (DLP) ist ein additives Fertigungsverfahren zur Verarbeitung photoaktivierbarer Oligomere oder Monomere, die als Ausgangswerkstoff flüssig vorliegen und chemisch zu Polymeren reagieren. Als Aktivator werden durch Spiegel abgelenkte UV-Strahlen eingesetzt [VDI14, S. 17]

A.6 Projekt »Benchmarking of post-processing methods«

Project »Benchmarking of Post-processing Methods«

Im Rahmen des ACAM Aachen Center for Additive Manufacturing wurde mit 14 Mitgliedunternehmen aus diversen Industriebranchen ein Projekt zur Erfassung des Status quo bei der Weiterbearbeitung von additiv gefertigten Bauteilen durchgeführt. In dem Konsortium wurden die besonderen Anforderungen an die Weiterbearbeitung additiv gefertigter Werkstücke abgefragt. Insbesondere wurde festgestellt, welche Weiterbearbeitungsverfahren aus industrieller Perspektive besonders wichtig für die forschungsseitige Betrachtung sind (Abbildung A-9). Die Auswertung berücksichtigt die Rückmeldung von elf Unternehmen [HORS21, S. 26]. Unter anderem wurden die Fertigungsverfahren Gleitschleifen, Strahlen und Elektropolieren für metallische Werkstoffe detaillierter betrachtet und systematisch anhand von kollaborativ entwickelten Demonstratorbauteilen vergleichend beurteilt [HORS21, S. 26–27]. Die Ergebnisse weisen auf die Effektivität der genannten Fertigungsverfahren hin, da eine Verringerung der Oberflächenrauheit erreicht werden konnte. Somit wird die Relevanz der Verfahren aus Anwendendenperspektive und technologischer Perspektive angenommen.

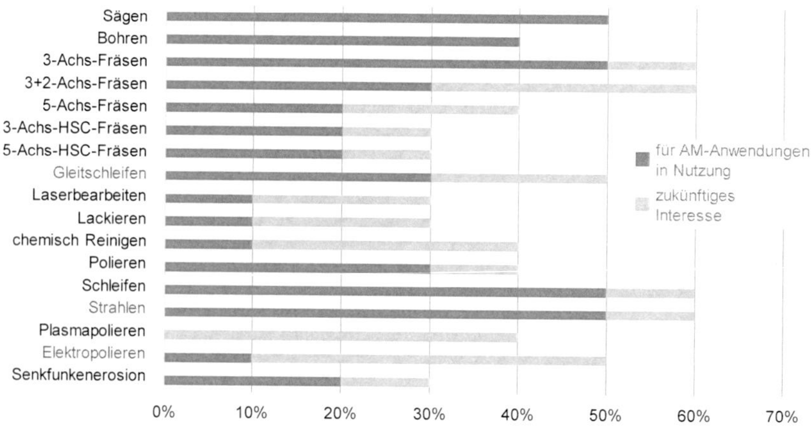

Abbildung A-9: Auswertung zum Einsatz von Weiterbearbeitungstechnologien im Konsortium

A.7 Aufspannoptionen und Spannprinzipe

Clamping Options and Clamping Principles

Für Aufspannungen von Werkstücken stehen vielseitige Spanneinrichtungen zur Verfügung, die wiederum grundlegenden physikalischen Spannprinzipen zuzuordnen sind. HESSE definiert die Spannprinzipe mechanisch, pneumatisch, magnetisch, elektrostatisch und adhäsiv [HESS20, S. 368]. Durch die Möglichkeiten der additiven Fertigung muss diese Auflistung um den Stoffschluss ergänzt werden. Vielen additiven Fertigungstechnologien ist gemein, dass das Werkstück auf einem Substrat aufgebaut und mit diesem verbunden wird. Beim LB-PBF passiert dies rein stoffschlüssig durch eine Schweißverbindung zwischen Pulverwerkstoff und Substratplatte. Die stoffschlüssige Verbindung für LB-PBF-gefertigte Werkstücke ist obligatorisch und in Abgrenzung zu den weiteren Spannprinzipen ist kein gesteuertes Lösen der Aufspannung möglich. Eine zusätzliche Trenntechnologie ist erforderlich. Abbildung A-10 zeigt die sechs möglichen Spannprinzipe.

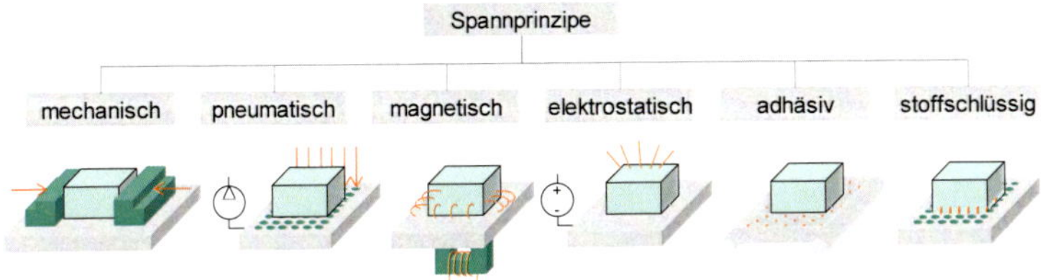

Abbildung A-10: Physikalisch mögliche Spannprinzipe i. A. a. [HESS20, S. 368]

Für die Weiterbearbeitung können alle Spannprinzipe zur Anwendung kommen. Die Auswahl obliegt den jeweiligen Fertigungsexpert·innen. In der Praxis sind bestimmten Maschinen bestimmte Spanneinrichtungen als Betriebsmittel zugeordnet, um Such- und Rüstaufwände zu reduzieren.

In der vorliegenden Methodik können beliebige Spanneinrichtungen – unabhängig von ihrem Spannprinzip – berücksichtigt werden. Jedes Spannprinzip bietet gewisse Freiheitsgrade, sodass bestimmte Werkstückflächen zur Bearbeitung zur Verfügung stehen und andere nicht. Eine Fünf-Seiten-Zugänglichkeit erlaubt grundsätzlich pneumatisch, magnetisch, elektrostatisch, adhäsiv und stoffschlüssig wirkende Spanneinrichtungen. Mechanisch wirkende Spanneinrichtungen hingegen blockieren in der Regel mindestens drei Seiten (z. B. Schraubstock oder analog Dreibackenfutter). Da mechanische Systeme jedoch sehr variantenreich angeboten werden, gilt eine individuelle Betrachtung. In jedem Fall können alle Spanneinrichtungen über die Werkstückflächen, die sie blockieren, beschrieben werden. Dies ist eine hinreichende Informationsbasis, die eine Zuordnung von Fertigungstechnologien und schließlich Prozessschritten ermöglicht.

A.8 Erweitertes Beispiel zur Bauteilbeschreibung

Extended Example for Part Description

Zur exemplarischen Darstellung und besseren Nachvollziehbarkeit wird eine Beispielanwendung der Bauteilbeschreibung betrachtet (Abbildung A-11). Im Rahmen bestehender Ansätze wird häufig das Beispiel einer Welle angeführt, welches in dieser Arbeit ebenfalls betrachtet werden soll. Anhand von vier unterschiedlichen Formelementen dieser Welle kann eine eindeutige Klassifizierung erfolgen. Neben der gewählten Einteilung sind weitere Abstraktionen bzw. Zusammenfassungen möglich (bspw. ein einziges Formelement: »Rund« – »Spline offen«). Es muss jedoch bedacht werden, dass bei einem solchen Zusammenschluss der Flächen gegebenenfalls die Erreichbarkeit für ausgewählte Verfahren nicht mehr gegeben ist. Es kann ebenfalls am Beispiel des Wellenabsatzes (Oberfläche 2) erforderlich sein, diese wegen einer hohen Oberflächengüte zu schleifen. Die Vereinheitlichung der Einzelflächen würde diese Anforderung auf alle Teilflächen beziehen.

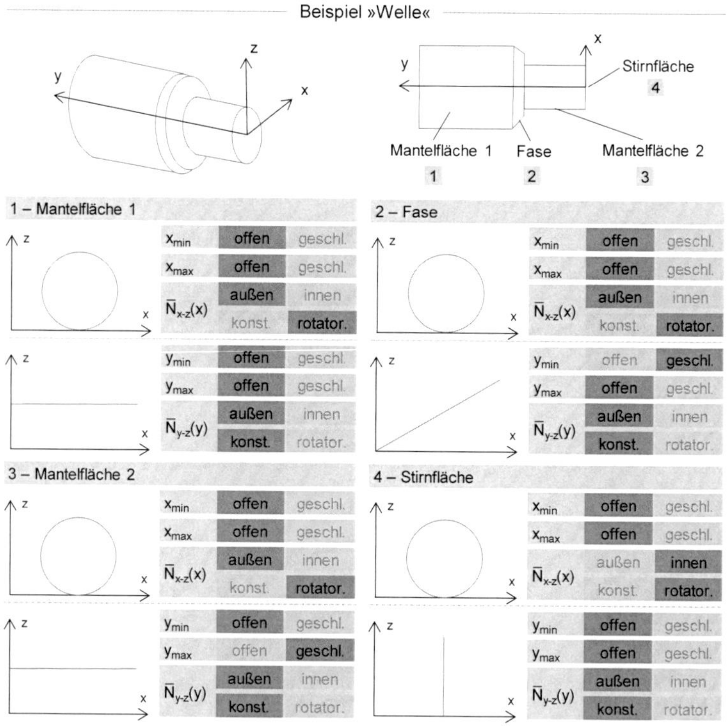

Abbildung A-11: Beispielbauteil, zugeordnete Bearbeitungselemente, deren Konturklassen und Begrenzungsbedingungen

Zur grundsätzlichen Definition der Oberflächengestalt am Beispiel der gewählten vier Formelemente werden drei unterschiedliche Konturtypen benötigt, wohingegen eine Differenzierung der kinematischen Zugänglichkeit maßgeblich mithilfe der Übergangsbedingungen beschrieben werden kann. Ausgehend von der Klassifizierung des Normalvektors $N_{x\text{-}z}(X)$ als rotatorisch, sowie der Schnittmenge der sich ergebenden Zugänglichkeit in Richtung +y und

–x, kann die Welle dem Fertigungsverfahren Drehen eindeutig zugeordnet werden, wenngleich weitere Verfahren wie z. B. das Fräsen ohne Betrachtung der Dimensionen ebenfalls kinematisch diese Anforderungen erfüllen. Es ist daher notwendig, diese Dimensionen sowie weitere technologische Merkmale der Bearbeitungselemente in Kennzahlen auszudrücken und mit den technologischen Leistungsfähigkeiten der Fertigungsmittel abzugleichen.

A.9 Auswahl einer geeigneten Prozessmodellierungssprache

Selection of a Process Modelling Language

Wie bereits in Abschnitt 4.3.3 (Prozesskette) angedeutet, ist die Einbindung von Fachexpert·innen aus den jeweiligen Funktionsbereichen einer Fertigungsumgebung wichtig. Durch ihre Präzision, programmiersprachenhafte Ausgestaltung von und die damit verbundene Notwendigkeit der umfassenden Qualifikation von Anwendenden ist die Nutzung von Skriptsprachen hier ungeeignet. Diagrammsprachen können in diesem Kontext als vorteilhaft bewertet werden, da durch ihre praxisnahe, bildliche Abbildung eine anwendendenfreundliche Modellierung ermöglicht wird. Besondere Vorqualifikationen sind nicht erforderlich und die Einstiegshürde besonders gering.

KUHLMANN hat eine Beurteilung von Prozessmodellierungssprachen vorgenommen; der Ansatz zielt auf die Gestaltung von Geschäftsprozessen, nicht auf Fertigungsprozessketten [KUHL11, S. 115]. Ergänzt wird die dabei zugrunde gelegte Auswahl an Prozessmodellierungssprachen von KORTHALS, der die Wertstromanalyse in der Produktentwicklung betrachtet und ebenso nicht die Fertigungsperspektive einnimmt [KORT14, S. 316–320]. Daraus leitet sich die Notwendigkeit einer Ergänzung der Bewertungskriterien hinsichtlich der Eignung der Prozessmodellierungssprachen für die Aufnahme einer existierenden Fertigungsprozesskette ab. Zudem muss die Möglichkeit zur Erzeugung eines Idealprozesses gegeben sein. Zusammenfassend sind die betrachteten Systeme, jeweils im Grundsatz beruhend auf Business Process Model and Notation (BPMN) [OBJE13, S. 25–45], in Abbildung A-12 dargestellt.

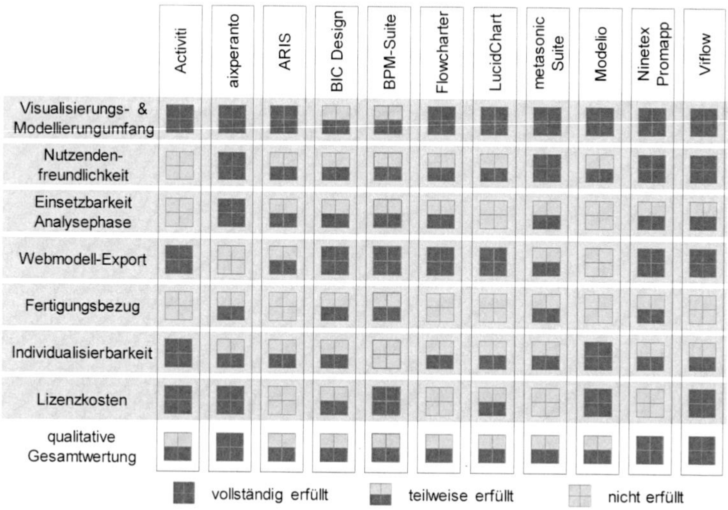

Abbildung A-12: Vergleichende Bewertung von Prozessmodellierungssystemen auf Basis BPMN

Die Bewertungskriterien werden insgesamt von den in die Anwendungen »aixperanto«, »Ninetex Promapp« und »Viflow« umgesetzten Modellierungssprachen vollständig erfüllt, wobei die beiden erstgenannten verstärkt einen Fertigungsbezug herstellen. Ergänzend zu der objektivierten Bewertung demonstriert die praktische Erfahrung aus zahlreichen bi- und multilateralen Projekten des Fraunhofer IPT, die eine Aufnahme und Optimierung von Fertigungsprozessketten umfassen, die besondere Eignung von aixperanto (z. B. [WOLL19, S. 78] [PRÜM17, S. 52]). Für die Aufnahme von bestehenden Prozessketten wird aixperanto ausgewählt.

A.10 Aspektverhältnisse unterschiedlicher Bearbeitungselemente

Aspect Ratios of Different Machining Elements

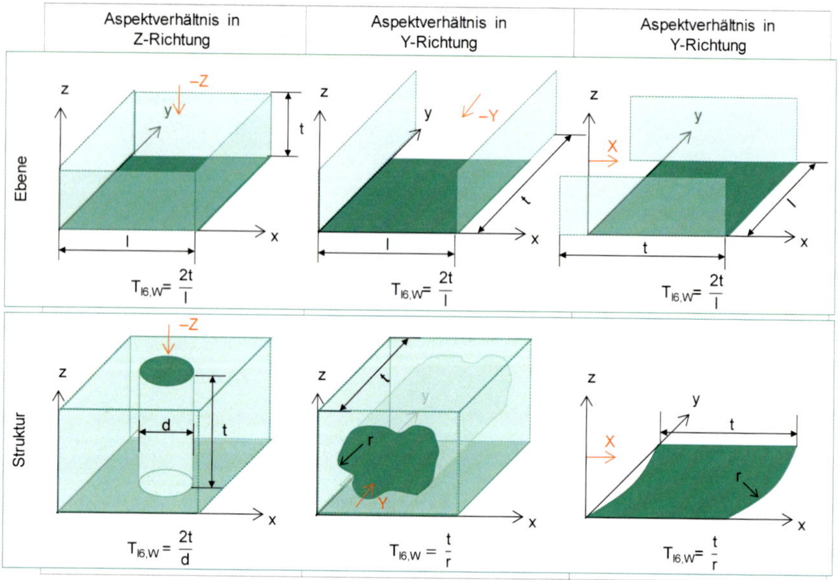

Abbildung A-13: Aspektverhältnis im Abgleich Bearbeitungselement zu Fertigungstechnologie

A.11 Eigenschaftstransformationen Fertigungsverfahren

Transformation of Properties of Manufacturing Processes

Legende wie Abbildung 5-23:
1 = Transformation
0 = keine Transform.

Verfahrensausprägung	Werkstück-Transformation (global) θ_g $\bar{\theta}_g = (T_{g3})$	Bearbeitungselement-Transformation (lokal, individuell) $\theta_{l,j}$ $\bar{\theta}_{l,j} = (T_{l1}, T_{l2}, T_{l3}, T_{l4}, T_{l5}, T_{l7}, T_{l8}, T_{l9})$	Bearbeitungselement-Transformation (lokal, gesamt) $\theta_{l,J}$ $\bar{\theta}_{l,J} = (T_{l1}, T_{l2}, T_{l3}, T_{l4}, T_{l5}, T_{l7}, T_{l8}, T_{l9})$
LB-PBF	$\bar{\theta}_g = (1)$	$\bar{\theta}_{l,j} = (0, 0, 0, 0, 0, 0, 0, 0)$	$\bar{\theta}_{l,J} = (1, 1, 1, 1, 1, 1, 1, 1)$
Außendrehen	$\bar{\theta}_g = (0)$	$\bar{\theta}_{l,j} = (1, 1, 1, 1, 1, 1, 1, 1)$	$\bar{\theta}_{l,J} = (0, 0, 0, 0, 0, 0, 0, 0)$
Innendrehen	$\bar{\theta}_g = (0)$	$\bar{\theta}_{l,j} = (1, 1, 1, 1, 1, 1, 1, 1)$	$\bar{\theta}_{l,J} = (0, 0, 0, 0, 0, 0, 0, 0)$
Rundbohren	$\bar{\theta}_g = (0)$	$\bar{\theta}_{l,j} = (1, 0, 0, 1, 0, 1, 0, 1)$	$\bar{\theta}_{l,J} = (0, 0, 0, 0, 0, 0, 0, 0)$
Gewindebohren	$\bar{\theta}_g = (0)$	$\bar{\theta}_{l,j} = (1, 0, 0, 1, 0, 1, 0, 1)$	$\bar{\theta}_{l,J} = (0, 0, 0, 0, 0, 0, 0, 0)$
3-A-Fräsen	$\bar{\theta}_g = (0)$	$\bar{\theta}_{l,j} = (1, 1, 1, 1, 1, 1, 1, 1)$	$\bar{\theta}_{l,J} = (0, 0, 0, 0, 0, 0, 0, 0)$
3+2-A-Fräsen	$\bar{\theta}_g = (0)$	$\bar{\theta}_{l,j} = (1, 1, 1, 1, 1, 1, 1, 1)$	$\bar{\theta}_{l,J} = (0, 0, 0, 0, 0, 0, 0, 0)$
5-A-Fräsen	$\bar{\theta}_g = (0)$	$\bar{\theta}_{l,j} = (1, 1, 1, 1, 1, 1, 1, 1)$	$\bar{\theta}_{l,J} = (0, 0, 0, 0, 0, 0, 0, 0)$
Hubsägen	$\bar{\theta}_g = (0)$	$\bar{\theta}_{l,j} = (1, 0, 0, 0, 0, 1, 1, 0)$	$\bar{\theta}_{l,J} = (0, 0, 0, 0, 0, 0, 0, 0)$
Kreissägen	$\bar{\theta}_g = (0)$	$\bar{\theta}_{l,j} = (1, 0, 0, 0, 0, 1, 1, 0)$	$\bar{\theta}_{l,J} = (0, 0, 0, 0, 0, 0, 0, 0)$
Bandsägen	$\bar{\theta}_g = (0)$	$\bar{\theta}_{l,j} = (1, 0, 0, 0, 0, 1, 1, 0)$	$\bar{\theta}_{l,J} = (0, 0, 0, 0, 0, 0, 0, 0)$
Außenrund-schleifen	$\bar{\theta}_g = (0)$	$\bar{\theta}_{l,j} = (1, 1, 1, 1, 1, 1, 1, 1)$	$\bar{\theta}_{l,J} = (0, 0, 0, 0, 0, 0, 0, 0)$
Innenrund-schleifen	$\bar{\theta}_g = (0)$	$\bar{\theta}_{l,j} = (1, 1, 1, 1, 1, 1, 1, 1)$	$\bar{\theta}_{l,J} = (0, 0, 0, 0, 0, 0, 0, 0)$
Planschleifen	$\bar{\theta}_g = (0)$	$\bar{\theta}_{l,j} = (1, 1, 1, 1, 1, 1, 1, 0)$	$\bar{\theta}_{l,J} = (0, 0, 0, 0, 0, 0, 0, 0)$
Koordinaten-schleifen	$\bar{\theta}_g = (0)$	$\bar{\theta}_{l,j} = (1, 1, 1, 1, 1, 1, 1, 1)$	$\bar{\theta}_{l,J} = (0, 0, 0, 0, 0, 0, 0, 0)$
Polieren (manuell)	$\bar{\theta}_g = (0)$	$\bar{\theta}_{l,j} = (0, 0, 0, 0, 0, 1, 0, 0)$	$\bar{\theta}_{l,J} = (0, 0, 0, 0, 0, 0, 0, 0)$
Polieren (automatisiert)	$\bar{\theta}_g = (0)$	$\bar{\theta}_{l,j} = (0, 0, 0, 0, 0, 1, 0, 0)$	$\bar{\theta}_{l,J} = (0, 0, 0, 0, 0, 0, 0, 0)$
Strahlspanen	$\bar{\theta}_g = (0)$	$\bar{\theta}_{l,j} = (0, 0, 0, 0, 0, 0, 0, 0)$	$\bar{\theta}_{l,J} = (0, 0, 0, 0, 0, 1, 0, 0)$
Senk-funkenerosion	$\bar{\theta}_g = (0)$	$\bar{\theta}_{l,j} = (1, 1, 1, 1, 1, 1, 1, 1)$	$\bar{\theta}_{l,J} = (0, 0, 0, 0, 0, 0, 0, 0)$
2D-Draht-funkenerosion	$\bar{\theta}_g = (0)$	$\bar{\theta}_{l,j} = (1, 0, 0, 1, 1, 1, 1, 1)$	$\bar{\theta}_{l,J} = (0, 0, 0, 0, 0, 0, 0, 0)$
2,5D-Draht-funkenerosion	$\bar{\theta}_g = (0)$	$\bar{\theta}_{l,j} = (1, 0, 0, 1, 1, 1, 1, 1)$	$\bar{\theta}_{l,J} = (0, 0, 0, 0, 0, 0, 0, 0)$
Rekristallisa-tionsglühen	$\bar{\theta}_g = (1)$	$\bar{\theta}_{l,j} = (0, 0, 0, 0, 0, 0, 0, 0)$	$\bar{\theta}_{l,J} = (1, 0, 0, 0, 0, 1, 1, 1)$
Spannungs-armglühen	$\bar{\theta}_g = (1)$	$\bar{\theta}_{l,j} = (0, 0, 0, 0, 0, 0, 0, 0)$	$\bar{\theta}_{l,J} = (1, 0, 0, 0, 0, 1, 1, 1)$
Ausschei-dungshärten	$\bar{\theta}_g = (1)$	$\bar{\theta}_{l,j} = (0, 0, 0, 0, 0, 0, 0, 0)$	$\bar{\theta}_{l,J} = (1, 0, 0, 0, 0, 1, 1, 1)$
Nitrieren	$\bar{\theta}_g = (1)$	$\bar{\theta}_{l,j} = (0, 0, 0, 0, 0, 0, 0, 0)$	$\bar{\theta}_{l,J} = (1, 0, 0, 0, 0, 1, 1, 1)$
Einsatzhärten	$\bar{\theta}_g = (1)$	$\bar{\theta}_{l,j} = (0, 0, 0, 0, 0, 0, 0, 0)$	$\bar{\theta}_{l,J} = (1, 0, 0, 0, 0, 1, 1, 1)$
HIP	$\bar{\theta}_g = (0)$	$\bar{\theta}_{l,j} = (0, 0, 0, 0, 0, 0, 0, 0)$	$\bar{\theta}_{l,J} = (1, 0, 0, 0, 0, 1, 1, 1)$

Abbildung A-14: Eigenschaftstransformationen weiterer Verfahrensausprägungen

A.12 Struktur Prozesskettensimulation

Structure of the Process Chain Simulation

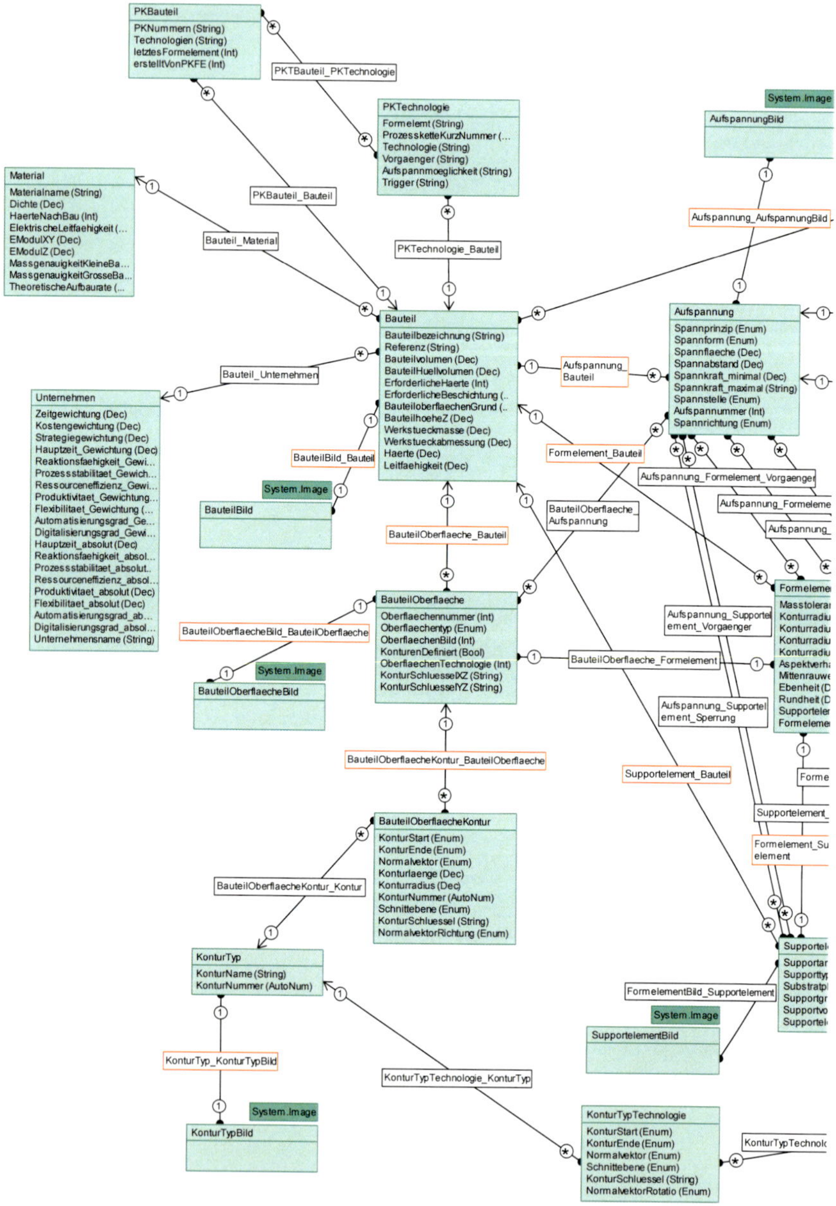

Abbildung A-15: Vollständige Simulationsstruktur und Klassenrelationen (I/III)

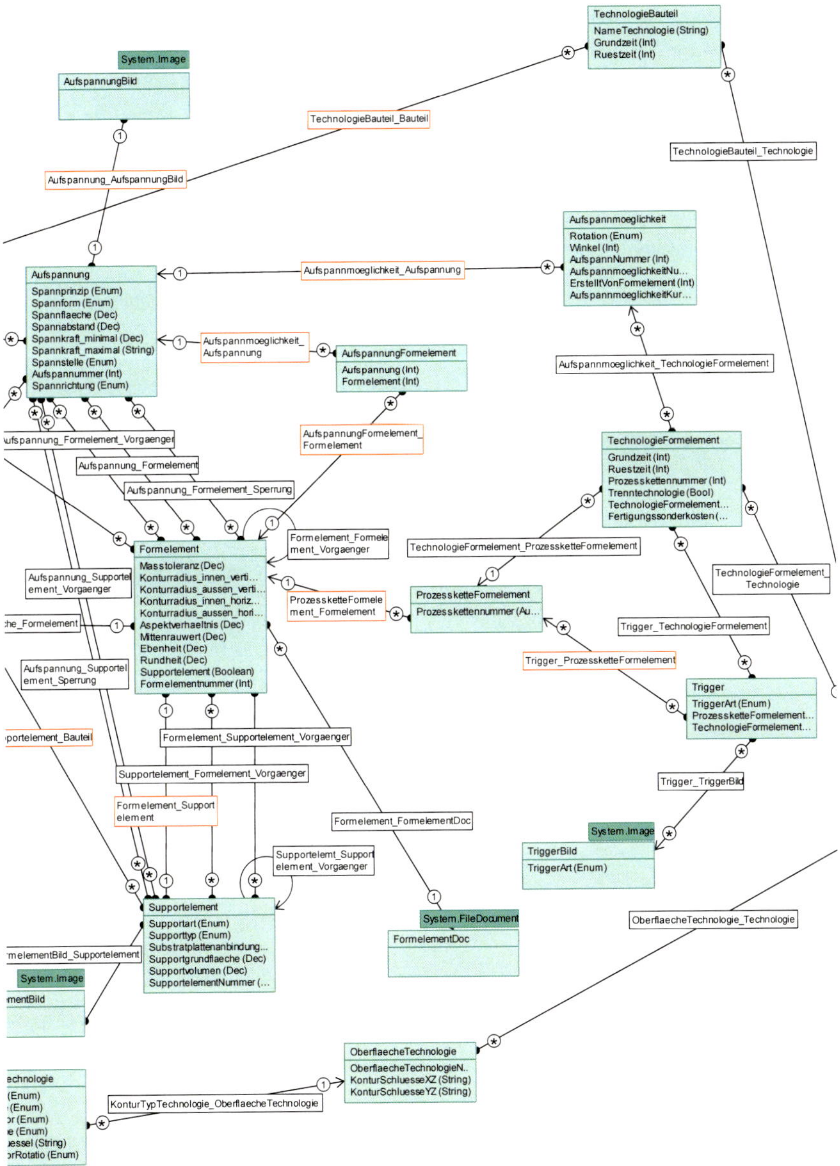

Abbildung A-16: Vollständige Simulationsstruktur und Klassenrelationen (II/III)

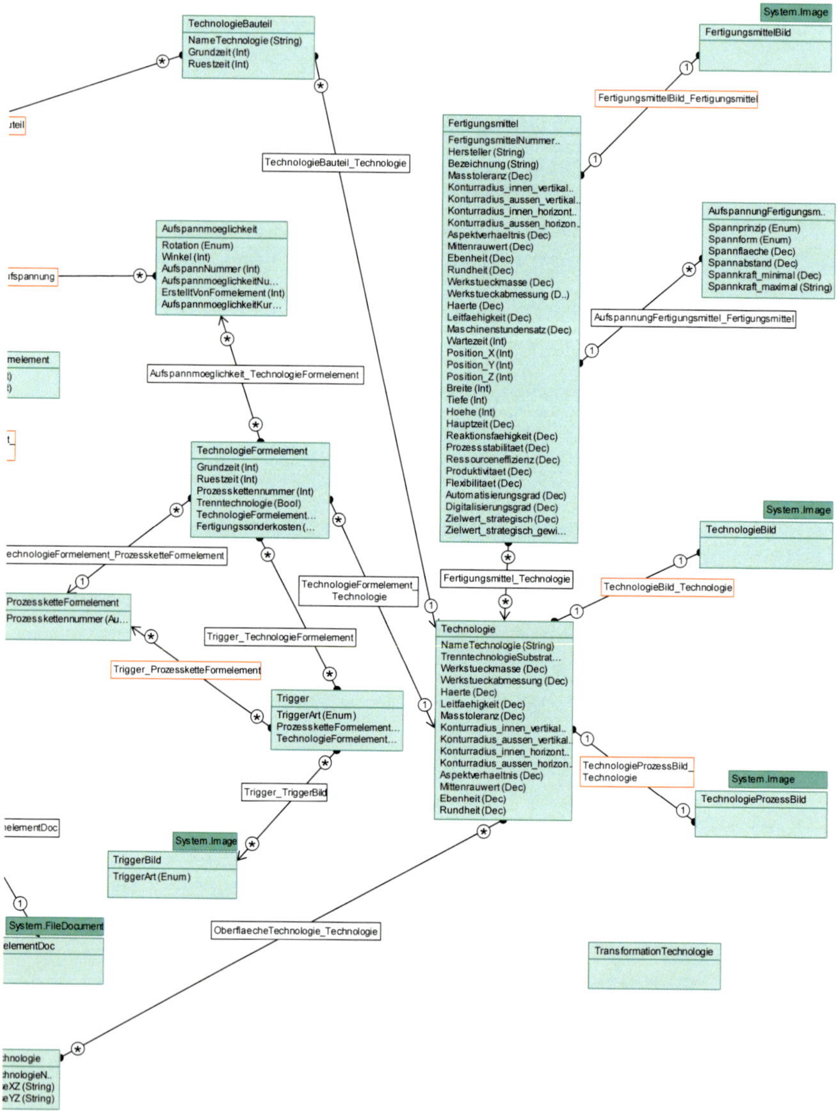

Abbildung A-17: Vollständige Simulationsstruktur und Klassenrelationen (III/III)

A.13 Fertigungszeitermittlung

Production Time Calculation

Die Ermittlung der Zeiten zur Zuordnung zu Fertigungsmitteln findet i. A. a. verbreitete Zeitermittlungsverfahren statt [WIEN19, S. 205–207]. Die berücksichtigten Vorgabe-zeiten sind in Abbildung A-18 aufgeführt.

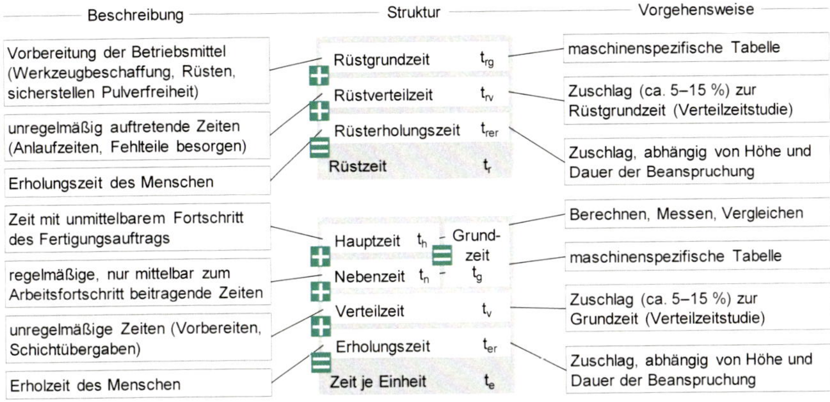

Abbildung A-18: Struktur und Ermittlung von Vorgabezeiten

A.14 Berechnungen Prozessketten-Ähnlichkeits-Performance-Matrix

Calculations for Process Chain Similarity and Performance Matrix

$$w \approx \frac{R}{3} \tag{A-1}$$

$$R_{PkS} = PkS_{max} - PkS_{min} \text{ bzw. } R_{PkP} = PkP_{max} - PkP_{min} \tag{A-2}$$

$$\bar{x} = \frac{1}{n}\sum_{i=1}^{n} x_i \tag{A-3}$$

$$\sigma = \sqrt{\frac{\sum (x_i - \bar{x})^2}{n}} \tag{A-4}$$

In der Reihe **Ergebnisse aus der Produktionstechnik** zuletzt erschienen:

Vogel, Paul-Alexander:
Entwicklung eines Prozessmodells für die nicht-isotherme vakuum-unterstützte Dünnglasumformung
ISBN: 978-3-98555-140-8
Erscheinungsdatum: 21.06.2023

Ochel, Tim:
Prognostik zur Resilienzsteigerung im Werkzeugbau
ISBN: 978-3-98555-161-3
Erscheinungsdatum: 22.05.2023

Greipel, Jonathan:
Grouping of Inspection Characteristics to Reduce Costs of Adaptive Inspection Planning in Variant Production
ISBN: 978-3-98555-157-6
Erscheinungsdatum: 03.05.2023

Troß, Nico:
Mehrskalenmodellierung der thermo-mechanischen Werkzeugbelastung beim Trockenwälzfräsen
ISBN: 978-3-98555-158-3
Erscheinungsdatum: 19.04.2023

Nicksch, Christoph:
Konfiguration verteilter Large-Scale Metrology Systeme in rekonfigurierbaren Montageumgebungen
ISBN: 978-3-98555-152-1
Erscheinungsdatum: 20.03.2023

Chavan, Prateek:
Substructuring Methods for Efficient Prediction of Spindle-Holder-Tool Assembly Dynamics
ISBN: 978-3-98555-160-6
Erscheinungsdatum: 05.06.2023

Schneidermann, Dennis:
Orchestration von Vertrauen in interorganisationalen Wissensnetzwerken der Fabrikplanung
ISBN: 978-3-98555-153-8
Erscheinungsdatum: 15.05.2023

Welsing, Martin:
Bewertung der ökologischen Nachhaltigkeit von Produktions-netzwerkkonfigurationen
ISBN: 978-3-98555-155-2
Erscheinungsdatum: 19.04.2023

Beckers, Alexander:
Auslegung wirtschaftlich-technologisch optimierter Fertigungsprozessfolgen mittels prozessübergreifender Modellierung
ISBN: 978-3-98555-154-5
Erscheinungsdatum: 18.04.2023

Gipperich, Marius:
Untersuchung eines Zweistrahlprozesses als Ansatz zur Prozessstabilitätserhöhung des drahtbasierten Laserauftragschweißens
ISBN: 978-3-98555-151-4
Erscheinungsdatum: 15.03.2023

Edition Wissenschaft
Apprimus

Ahmad, Mubarik:

Anregungsgerechte Auslegung und Tolerierung schnelllaufender Getriebe unter Berücksichtigung kurz- und langwelliger Verzahnungsabweichungen

ISBN: 978-3-98555-130-9

Erscheinungsdatum: 06.03.2023

Priwisch, Martin:

Kontaktfreie Bahnlaufregelung zur Herstellung funktionaler Mehrlagensysteme in einem kontinuierlichen Laminierprozess

ISBN: 978-3-98555-139-2

Erscheinungsdatum: 27.02.2023

Cremer, Sven:

Controlling der Migration in Produktionsnetzwerken

ISBN: 978-3-98555-145-3

Erscheinungsdatum: 09.02.2023

Ohlert, Marius:

Contact between Abrasive Media and Workpiece in Robot-guided Centrifugal Finishing

ISBN: 978-3-98555- 144-6

Erscheinungsdatum: 07.02.2023

Graberg, Tim:

Operationalisierung von digitalen Schatten im Werkzeugbau

ISBN: 978-3-98555-141-5

Erscheinungsdatum: 06.02.2023

Müller, Tobias:

Modellbildung mittels Symbolischer Regression zur Messunsicherheitsbestimmung komplexer Messprozesse

ISBN: 978-3-98555-146-0

Erscheinungsdatum: 30.01.2023

Motschke, Tobias:

Analyse und Modellierung der Dämpfungseigenschaften von Spindellagern

ISBN: 978-3-98555-148-4

Erscheinungsdatum: 06.03.2023

Frye, Maik:

Recommending Data Preprocessing Pipelines for Machine Learning Applications in Production

ISBN: 978-3-98555-147-7

Erscheinungsdatum: 15.02.2023

Schmidhuber, Matthias:

Sozio-technische Problemlösungsfähigkeit von PPS-Systemen

ISBN: 978-3-98555- 143-9

Erscheinungsdatum: 07.02.2023

Schwarberg, Thomas:

Bestimmung der Logik von Innovationsideen für technische Systeme

ISBN: 978-3-98555- 142-2

Erscheinungsdatum: 07.02.2023

Nienheysen, Philipp:

Werkstattgerechte Schadensanalyse in CFK-Strukturbauteilen mit optisch georteter Ultraschallmesstechnik

ISBN: 978-3-98555-136-1

Erscheinungsdatum: 30.01.2023

Kreß, Julian Maximilian:

Erbringung hybrider Leistungsangebote in Wertschöpfungsnetzwerken

ISBN: 978-3-98555-128-6

Erscheinungsdatum: 24.01.2023

Edition Wissenschaft
Apprimus

MIX
Papier | Fördert gute Waldnutzung
FSC® C083411

Zeitfracht Medien GmbH
Ferdinand-Jühlke-Straße 7
99095 Erfurt, Deutschland
produktsicherheit@kolibri360.de